El metaverso

El metaverso

Y cómo lo revolucionará todo

MATTHEW BALL

Traducción de Aurora González Sanz

PAIDÓS EMPRESA

Obra editada en colaboración con Editorial Planeta - España

Título original: *The Metaverse: And How it Will Revolutionize Everything*

© 2022, Matthew Ball

© 2022, Traducción: Aurora González Sanz

© 2022, Centro de Libros PAPF, SLU. - Barcelona, España

Derechos reservados

© 2022, Ediciones Culturales Paidós, S.A. de C.V.
Bajo el sello editorial PAIDÓS M.R.
Avenida Presidente Masarik núm. 111,
Piso 2, Polanco V Sección, Miguel Hidalgo
C.P. 11560, Ciudad de México
www.planetadelibros.com.mx
www.paidos.com.mx

Primera edición impresa en España: octubre de 2022
ISBN: 978-84-234-3427-5

Primera edición impresa en México: noviembre de 2022
ISBN: 978-607-569-373-6

Impreso en los talleres de Impregráfica Digital, S.A. de C.V.
Av. Coyoacán 100-D, Valle Norte, Benito Juárez
Ciudad De Mexico, C.P. 03103
Impreso en México – *Printed in Mexico*

Para Rosie, Elise y Hillary

Sumario

PARTE 3

Cómo el metaverso lo revolucionará todo

Introducción

La tecnología a menudo da sorpresas que nadie predice. Pero los desarrollos más grandes y fantásticos se prevén, a menudo, con décadas de antelación. En la década de 1930, Vannevar Bush, entonces presidente de la Carnegie Institution de Washington, empezó a trabajar en un hipotético dispositivo electromecánico que almacenaría todos los libros, documentos y mensajes, y los uniría mecánicamente mediante asociación de palabras clave, en lugar de los modelos tradicionales de almacenamiento, en su mayoría jerárquicos. A pesar de la enormidad de su archivo, Bush subrayó que este «Memex» (abreviatura de *memory extender*, extensor de memoria) podría consultarse «con una rapidez y flexibilidad extraordinarias».

En los años que siguieron a estas primeras investigaciones, Bush se convirtió en uno de los ingenieros y científicos más influyentes de la historia de Estados Unidos. De 1939 a 1941 fue vicepresidente y temporalmente presidente del Comité Asesor Nacional para la Aeronáutica, la agencia predecesora de la NASA. En este puesto, Bush convenció al presidente Franklin D. Roosevelt para que estableciera lo que se convertiría en la Oficina de Investigación y Desarrollo Científico (OSRD), una nueva agencia federal que sería dirigida por Bush y que dependería directamente del presidente. La agencia recibió una financiación casi ilimitada, principalmente para proyectos secretos que ayudarían a la lucha de Estados Unidos en la Segunda Guerra Mundial.

Sólo cuatro meses después de la fundación de la OSRD, el presidente Roosevelt aprobó el programa de la bomba atómica, conocido como Proyecto Manhattan, tras una reunión con Bush y el vicepresidente Henry A. Wallace. Para gestionar el programa, Roosevelt creó un «alto mando político» formado por él mismo, Bush, Wallace, el secretario de Guerra Henry L. Stimson, el jefe de Estado Mayor del Ejército, George C. Marshall, y James B. Conant, que dirigía una subsección de la OSRD cuyo mando ejercía antes Bush. Además, el Comité Asesor sobre Uranio (posteriormente denominado Comité Ejecutivo S-1) dependería directamente de Bush.

Una vez terminada la guerra en 1945, pero dos años antes de dejar su cargo de director de la OSRD, Bush escribió dos famosos ensayos: el primero, *Ciencia, la frontera sin fin*, estaba dirigido al presidente y en él Bush pedía un aumento de las inversiones gubernamentales en ciencia y tecnología, en lugar de una reducción en tiempos de paz, así como la creación de la Fundación Nacional de Ciencias. El segundo texto, «Cómo podríamos pensar», apareció en *The Atlantic* y detallaba públicamente la visión de Bush sobre el Memex.

En los siguientes años, Bush se alejó de los cargos públicos y de la opinión pública. Pero muy pronto, sus diversas contribuciones al Gobierno, la ciencia y la sociedad comenzaron a converger. A partir de la década de 1960, el Gobierno de Estados Unidos financió una serie de proyectos dentro del Departamento de Defensa, en colaboración con una red de investigadores externos, universidades y otras instituciones no gubernamentales que, en conjunto, desarrollaron las bases de internet. Al mismo tiempo, el Memex de Bush estaba formando la creación y evolución del *hipertexto*, uno de los conceptos subyacentes de la red informática mundial, que suele estar escrito en HTML (Lenguaje de Marcado de Hipertexto) y permite a los usuarios acceder instantáneamente a una extensión casi infinita de contenidos en línea haciendo clic en un texto determinado. Veinte años más tarde, el Gobierno federal de Estados Unidos creó el Grupo de Trabajo de

Ingeniería de Internet para guiar la evolución técnica del conjunto de protocolos de internet y, con la ayuda del Departamento de Defensa, fundó el Consorcio de la World Wide Web, que, entre otras funciones, gestiona el desarrollo continuo de HTML.

Aunque el progreso tecnológico suele ocurrir alejado de la vista de todos, la ciencia ficción suele ofrecer al público general la visión más clara del futuro. En 1968, menos del 10 por ciento de los hogares estadounidenses tenían un televisor en color, pero la segunda película más taquillera del año, *2001: Una odisea del espacio*, imaginaba un futuro en el que la humanidad había comprimido estos aparatos del tamaño de una nevera en pantallas del tamaño de un posavasos y los utilizaba distraídamente durante el desayuno. Cualquiera que hoy en día vea la película comparará instantáneamente estos dispositivos con los iPads. Como es habitual, la tecnología imaginada, al igual que el Memex de Bush, tardó más en llegar de lo que se preveía en un principio. Los iPads aparecieron en las tiendas 45 años después del estreno de la innovadora película de Stanley Kubrick, y más de una década después de la fecha en que se sitúa la película futurista.

Para 2021, las tabletas se habían convertido en algo cotidiano y la navegación espacial empezaba a estar al alcance de todos. A lo largo de ese verano, los multimillonarios Richard Branson, Elon Musk y Jeff Bezos compitieron por llevar los viajes cotidianos a la órbita inferior e iniciar una era de ascensores espaciales y colonización interplanetaria. Sin embargo, lo que pareció un indicio de que el futuro por fin había llegado fue otro concepto de ciencia ficción que había aparecido décadas antes, el metaverso.

En julio de 2021, el fundador y CEO de Facebook, Mark Zuckerberg, dijo: «En este próximo capítulo de nuestra empresa, creo que pasaremos efectivamente de que la gente nos vea principalmente como una empresa de comunicación social a ser una empresa del metaverso. Y, obviamente, todo el trabajo que estamos haciendo en las aplicaciones que la gente utiliza hoy en día contribuye directamente a esta visión».[1] Poco después, Zuckerberg

1. Newton, Casey, «Mark in the Metaverse: Facebook's CEO on Why the Social Network Is Becoming "a Metaverse Company"», *The Verge*, 22 de julio de

anunció públicamente una división centrada en el metaverso y ascendió al jefe de Facebook Reality Labs —división que trabaja en varios proyectos futuristas, como Oculus VR (realidad virtual), gafas AR (realidad aumentada) e interfaces cerebro-máquina— a director de tecnología. En octubre de 2021, Zuckerberg proclamó que Facebook cambiaría su nombre a Meta Platforms[2] para reflejar su cambio a este «metaverso». Para sorpresa de muchos accionistas de Facebook, Zuckerberg también dijo que sus inversiones en el metaverso reducirían los ingresos operativos en más de 10.000 millones de dólares en 2021, al mismo tiempo que advertía que estas inversiones crecerían en los próximos años.

Las atrevidas declaraciones de Zuckerberg fueron las que más llamaron la atención, pero muchos de sus compañeros y competidores habían lanzado iniciativas similares y hecho anuncios parecidos en los meses anteriores. En mayo, Satya Nadella, CEO de Microsoft, empezó a hablar de un «metaverso empresarial» dirigido por Microsoft. Asimismo, Jensen Huang, CEO y fundador de NVIDIA, gigante de la informática y los semiconductores, había dicho a los inversores que «la economía del metaverso [...] será más grande que la economía del mundo físico»[3] y que las plataformas y los procesadores de NVIDIA estarían en el centro de éste.[4] En el cuarto trimestre de 2020 y el primero de 2021, la industria de los videojuegos tuvo dos de sus mayores ofertas públicas iniciales (OPI) en Unity Technologies y Roblox

---

2021, <https://www.theverge.com/22588022/mark-zuckerberg-facebook-ceo-metaverse-interview>.

2. En aras de la claridad, en este libro se llamará Facebook a Meta Platforms. Explicar el metaverso y sus diversas plataformas, al mismo tiempo que se habla de un primer líder del metaverso llamado Meta Platforms, sólo confundiría las cosas.

3. En 2021, el Fondo Monetario Internacional, las Naciones Unidas y el Banco Mundial estimaron el PIB mundial en unos 90-95 billones de dólares.

4. Takahashi, Dean, «Nvidia CEO Jensen Huang Weighs in on the Metaverse, Blockchain, and Chip Shortage», *Venture Beat*, 12 de junio de 2021, <https://venturebeat.com/2021/06/12/nvidia-ceo-jensen-huang-weighs-in-on-the-metaverse-blockchain-chip-shortage-arm-deal-and-competition/>.

Corporation, las cuales envolvieron sus historias de empresa y ambiciones con discursos relacionados con el metaverso.

Durante el resto de 2021, el término *metaverso* se convirtió casi en un chiste, ya que todas las empresas y sus ejecutivos parecían forzarse a mencionarlo como algo que haría a su empresa más rentable, a sus clientes más felices y a sus competidores menos amenazantes. Antes de la salida a bolsa de Roblox, en octubre de 2020, el «metaverso» sólo había aparecido cinco veces en los archivos de la Comisión de Valores de Estados Unidos.[5] En 2021, el término se mencionó más de 260 veces. Ese mismo año, Bloomberg, una empresa de software que proporciona datos e información financiera a los inversores, catalogó más de mil artículos que contenían la palabra *metaverso*. En la década anterior sólo hubo siete.

El interés por el metaverso no se limitó a las naciones y corporaciones occidentales. En mayo de 2021 una de las principales empresas chinas, el gigante de los juegos de internet Tencent, describió públicamente su visión del metaverso, llamándolo «realidad hiperdigital». Al día siguiente, el Ministerio de Educación, Ciencia y Tecnología de Corea del Sur anunció «La Alianza (surcoreana) del Metaverso», que abarca más de 450 empresas, entre ellas SK Telecom, Woori Bank y Hyundai Motor. A principios de agosto, el gigante surcoreano de los videojuegos Krafton, creador de PlayerUnknown's Battlegrounds (también conocido como PUBG), completó su oferta pública inicial, la segunda más grande de la historia del país. Los banqueros inversores de Krafton se aseguraron de decir a los posibles inversores que la empresa sería también un líder mundial en el metaverso. En los meses siguientes, los gigantes chinos de internet Alibaba y ByteDance, la empresa matriz de la red social mundial TikTok, empezaron a registrar varias marcas del metaverso y a adquirir varias empresas emergentes relacionadas con la realidad virtual y el 3D. Krafton, por su parte, se comprometió públicamente a lanzar un «metaverso de PUBG».

5. Datos extraídos de la base de datos de Bloomberg el 2 de enero de 2022 (excluye una docena de referencias a empresas que sólo incluían «metaverso» en sus nombres).

El metaverso captó algo más que la imaginación de los capitalistas tecnológicos y los aficionados a la ciencia ficción. Poco después de que Tencent desvelara públicamente su visión de la realidad hiperdigital, el Partido Comunista de China (PCCh) inició su mayor ofensiva contra la industria nacional de los videojuegos. Entre las nuevas políticas se encuentra la prohibición de que los menores los usen entre lunes y jueves, limitando también el horario de 20.00 a 21.00 horas los viernes, sábados y domingos (en otras palabras, era imposible que un menor jugara a videojuegos más de tres horas a la semana). Además, empresas como Tencent utilizarían su software de reconocimiento facial y el documento nacional de identidad del jugador para asegurarse periódicamente de que el jugador no estaba usando el dispositivo de un adulto para eludir las normas. Tencent también prometió 15.000 millones de dólares en ayudas para el «valor social sostenible», que, según Bloomberg, se centraría en «aumentar los ingresos de los pobres, la mejora de la asistencia médica, la promoción de la eficiencia económica rural y la subvención de programas de educación».[6] Alibaba, otro gigante chino, se comprometió con una cantidad similar tan sólo dos semanas después. El mensaje del PCCh era claro: acude a tus compatriotas, no a los avatares virtuales.

La preocupación del PCCh por el creciente papel de los contenidos y plataformas de juegos en la vida pública se hizo todavía más explícita en agosto, cuando el periódico estatal *Security Times*[7] advirtió a sus lectores de que el metaverso es un «concepto grandioso e ilusorio» y que «invertir ciegamente [en él] puede volverse en tu contra».[8] Algunos comentaristas interpretaron las diversas advertencias, prohibiciones e impuestos de China como

6. Huang, Zheping, «Tencent Doubles Social Aid to $15 Billion as Scrutiny Grows», Bloomberg, 18 de agosto de 2021, <https://www.bloomberg.com/news/articles/2021-08-19/tencent-doubles-social-aid-to-15-billion-as-scrutiny-grows>.

7. El *Security Times* citó al autor de este libro al describir el metaverso.

8. Che, Chang, «Chinese Investors Pile into "Metaverse," Despite Official Warnings», *SupChina*, 24 de septiembre de 2021, <https://supchina.com/2021/09/24/chinese-investors-pile-into-metaverse-despite-official-warnings/>.

una confirmación de la importancia del metaverso. Para un país comunista y de planificación centralizada, gobernado por un único partido, el potencial de un mundo paralelo para la colaboración y la comunicación es una amenaza, independientemente de que esté dirigido por una única corporación o por comunidades descentralizadas.

Sin embargo, China no es la única que se preocupa. En octubre, los miembros del Parlamento Europeo empezaron a manifestar su preocupación. Una de las voces más importantes fue la de Christel Schaldemose, negociadora de la Unión Europea en su mayor revisión de la normativa de la era digital (la mayor parte de la cual pretendía frenar el poder de los llamados grandes gigantes tecnológicos, como Facebook, Amazon y Google). En octubre, declaró al periódico danés *Politiken* que «los planes del metaverso son muy muy preocupantes» y que la Unión «debe tenerlos en cuenta».[9]

Es posible que los numerosos anuncios, críticas y advertencias sobre el metaverso no sean más que una cámara de eco del mundo real sobre una fantasía virtual, o que se trate más bien de impulsar nuevos relatos, lanzamientos de productos y marketing que de cambiar nuestra vida. Al fin y al cabo, la industria tecnológica tiene un historial de uso de palabras de moda que se promocionan durante mucho más tiempo del que acaban durando en el mercado, como los televisores 3D, o que resultan estar lejos de lo que se prometió en un principio, como las gafas de realidad virtual o los asistentes virtuales. Pero es raro que las empresas más grandes del mundo se reorienten públicamente en torno a estas ideas en una fase temprana, preparándose así para ser evaluadas por los empleados, los clientes y los accionistas sobre la base de su éxito en la realización de sus visiones más ambiciosas.

La desmesurada respuesta al metaverso refleja la creciente creencia de que se trata de la próxima gran plataforma informá-

---

9. Bostrup, Jens, «EU's Danske Chefforhandler: Facebooks store nye projekt "Metaverse" er dybt bekymrende», *Politiken*, 18 de octubre de 2021, <https://politiken.dk/viden/art8429805/Facebooks-store-nye-projekt-Meta verse-er-dybt-bekymrende>.

tica y de redes, de alcance similar a la transición del ordenador personal y el ADSL de los años noventa a la era de la informática móvil y la nube que vivimos hoy. Este cambio popularizó un término de la escuela de negocios que antes era poco conocido, *disrupción*, y transformó casi todas las industrias al tiempo que reconfiguraba la sociedad y la política modernas. Sin embargo, hay una diferencia crítica entre ese cambio y el inminente cambio al metaverso: el tiempo. La mayoría de las industrias e individuos no previeron la importancia de los móviles y la nube, y en consecuencia se quedaron estancados a la hora de reaccionar a los cambios y luchar contra la disrupción en comparación con aquellos que entendían mejor lo que estaba ocurriendo. Los preparativos para el metaverso están ocurriendo mucho antes, y de forma proactiva. En 2018 comencé a escribir una serie de ensayos en línea sobre el metaverso, entonces un concepto oscuro y marginal. En los años transcurridos, estos ensayos han sido leídos por millones de personas, ya que el metaverso ha pasado del mundo de la ciencia ficción de bolsillo a la portada de *The New York Times* y a los informes de estrategia empresarial de todo el mundo.

El metaverso. Y cómo lo revolucionará todo actualiza, amplía y refunde todo lo que he escrito anteriormente sobre el metaverso. El objetivo principal del libro es ofrecer una definición clara, completa y autorizada de esta idea aún incipiente. Pero mis ambiciones son más amplias: espero ayudarte a entender lo que se necesita para hacer realidad el metaverso, por qué generaciones enteras acabarán trasladándose y viviendo en él, y cómo alterará para siempre nuestra vida cotidiana, nuestro trabajo y nuestra forma de pensar. En mi opinión, el valor colectivo de estos cambios será de decenas de billones de dólares.

Parte 1

¿Qué es el metaverso?

Capítulo 1

Una breve historia del futuro

El término *metaverso* fue acuñado por el autor Neal Stephenson en su novela de 1992 *Snow Crash*. A pesar de su influencia, el libro de Stephenson no ofrecía una definición específica del metaverso, sino que describía un mundo virtual persistente que alcanzaba y afectaba a casi todos los aspectos de la existencia humana, con los que interactuaba. Era un lugar para el trabajo y el ocio, para la autorrealización y el agotamiento físico, para el arte y el comercio. Constantemente había unos 15 millones de avatares controlados por humanos en «La Calle», que Stephenson llamó «el Broadway, los Campos Elíseos del metaverso», pero que se extendía por todo un planeta virtual de más de dos veces y media el tamaño de la Tierra. Como contrapunto, el año en que se publicó la novela de Stephenson había menos de 15 millones de usuarios totales de internet en el mundo real.

Aunque la visión de Stephenson era vívida y, para muchos, inspiradora, también era distópica. *Snow Crash* se sitúa en algún momento de principios del siglo XXI, años después de un colapso económico mundial. La mayoría de los niveles de gobierno han sido sustituidos por «entidades cuasinacionales organizadas por franquicias» y *burbclaves*, una contracción de la expresión *enclaves suburbanos*. Cada *burbclave* funciona como una «ciudad-Estado con su propia constitución, fronteras, leyes, policías, todo»[10] y algunos incluso ofrecen una «ciudadanía» basada exclusivamente en la raza. El metaverso ofrece refugio y oportunidades a millones de personas. Es un lugar virtual en el que un repartidor de pizzas en el «mundo real» puede ser un espadachín de talento con acceso interno a los clubes de moda. Pero la novela de Stephenson era clara: en *Snow Crash* el metaverso ha empeorado la vida del mundo real.

Al igual que Vannevar Bush, la influencia de Stephenson en la tecnología moderna no hace más que crecer con el tiempo, aunque la mayor parte del público lo desconozca. Las conversaciones con Stephenson ayudaron a inspirar a Jeff Bezos a fundar el fabricante aeroespacial privado y la empresa de vuelos espaciales suborbitales Blue Origin en el año 2000, en la que el autor trabajó a tiempo parcial hasta 2006, cuando se convirtió en asesor principal de la empresa (cargo que aún ocupa). A partir de 2021, Blue Origin se considera la segunda empresa más valiosa de su sector, sólo aventajada por SpaceX, de Elon Musk. Dos de los tres fundadores de Keyhole, ahora conocida como Google Earth, han dicho que sus ideas estuvieron inspiradas por un producto similar descrito en *Snow Crash*, y que una vez intentaron reclutar a Stephenson para la compañía. De 2014 a 2020, Stephenson fue también «futurista jefe» en Magic Leap, una empresa de realidad mixta que igualmente se inspiró en su trabajo. Más tarde, la empresa recaudó más de 500 millones de dólares de corporaciones como Google, Alibaba y AT&T, alcanzando un valor máximo de 6.700 millones de dólares, antes de que las dificultades para hacer realidad sus grandes ambiciones dieran lugar a una recapitalización y a la salida de su fundador.[11] Las novelas de Stephenson han servido de inspiración para varios proyectos de criptomonedas y esfuerzos no criptográficos para construir redes informáti-

10. Stephenson, Neal, *Snow Crash*, Random House, Nueva York, 1992, p. 7.

11. La valoración de la empresa se redujo finalmente en más de dos tercios, y los inversores contrataron a Peggy Johnson, vicepresidenta ejecutiva de Qualcomm y Microsoft durante mucho tiempo, para dirigirla como CEO. Durante este tiempo, Stephenson dejó la empresa, junto con muchos otros empleados a tiempo completo y otros directivos.

cas descentralizadas, así como para la producción de películas basadas en CGI que se ven en casa, pero que se generan en directo a través de la actuación de actores captados en movimiento que pueden estar a decenas de miles de kilómetros de distancia.

A pesar de su gran repercusión, Stephenson siempre ha advertido contra una interpretación literal de sus obras, especialmente de *Snow Crash*. En 2011, el novelista declaró a *The New York Times*: «... puedo estar todo el día hablando de lo equivocado que estaba»[12] y, cuando *Vanity Fair* le preguntó por su influencia en Silicon Valley en 2017, recordó a la revista que «tuviera en cuenta que [*Snow Crash* fue escrito] antes de internet tal y como lo conocemos, antes de la red informática mundial, sólo me inventaba las cosas».[13] En consecuencia, debemos ser cautelosos a la hora de leer demasiado en la visión específica de Stephenson. Y aunque él acuñó el término *metaverso*, no fue ni mucho menos el primero en introducir el concepto.

En 1935, Stanley G. Weinbaum escribió un relato corto titulado «Las gafas de Pigmalión»[14] sobre la invención de unas gafas mágicas similares a las de la realidad virtual que producían una «película con visión plana y sonido [...] el espectador interviene en el relato, habla a las sombras y las sombras le responden, y en lugar de desarrollarse en una pantalla, se refiere por completo a quien participa en él».[15] El cuento de Ray Bradbury de 1950, «La

12. Schwartz, John, «Out of a Writer's Imagination Came an Interactive World», *The New York Times*, 5 de diciembre de 2011, <https://www.nytimes.com/2011/12/06/science/out-of-neal-stephensons-imagination-came-a-new-online-world.html>.

13. Robinson, Joanna, «The Sci-Fi Guru Who Predicted Google Earth Explains Silicon Valley's Latest Obsession», *Vanity Fair*, 23 de junio de 2017, <https://www.vanityfair.com/news/2017/06/neal-stephenson-metaverse-snow-crash-silicon-valley-virtual-reality#:~:text=The%20Sci%2DFi%20Guru%20Who,media%20is%20driving%20us%20insane>.

14. Pigmalión es una referencia al mitológico rey chipriota Pigmalión. En el poema épico *Las metamorfosis*, de Ovidio, Pigmalión esculpe una escultura tan bella y realista que se enamora de ella y se casa con ella; la diosa Afrodita la transforma en una mujer viva.

15. Weinbaum, Stanley Grauman, *Pigmalion's Spectacles* (1935), edición Kindle, p. 2.

pradera», imagina una familia nuclear en la que los padres son suplantados por una guardería de realidad virtual de la que los niños nunca quieren salir. (Los niños acaban encerrando a sus padres en la guardería, que luego los mata.) El relato de Philip K. Dick de 1953 «Problema con las burbujas» se sitúa en una época en la que los humanos han explorado las profundidades del espacio exterior, pero nunca han conseguido encontrar vida. Anhelando conectar con otros mundos y formas de vida, los consumidores empiezan a comprar un producto llamado «Worldcraft» a través del cual pueden construir y «poseer [sus] propios mundos», que son trabajados hasta el punto de producir vida sensible y civilizaciones plenamente realizadas (la mayoría de los propietarios de Worldcraft acaban destruyendo sus mundos en lo que Dick describió como una «neurótica» «orgía de ruptura» destinada a «suponer que algún dios sufre de hastío»). Unos años más tarde, se publicó la novela de Isaac Asimov *El sol desnudo*. En ella describía una sociedad en la que las interacciones cara a cara («ver») y el contacto físico se consideraban un desperdicio y a la vez repugnantes, y la mayor parte del trabajo y la socialización tienen lugar a través de hologramas proyectados a distancia y televisores 3D.

En 1984, William Gibson popularizó el término *ciberespacio* en su novela *Neuromante*, definiéndola como «una alucinación consensuada experimentada diariamente por miles de millones de operadores legítimos, en todas las naciones [...]. Una representación gráfica de datos abstraída de los bancos de cada ordenador del sistema humano. Una complejidad impensable. Líneas de luz que se extienden en el no espacio de la mente, racimos y constelaciones de datos. Como las luces de la ciudad, que se alejan». Gibson llamó a la abstracción visual del ciberespacio «Matrix», un término que Lana y Lilly Wachowski reutilizaron 15 años después para su película del mismo nombre. En la película de las Wachowski, Matrix se refiere a una simulación persistente del planeta Tierra tal y como era en 1999, pero a la que toda la humanidad está conectada sin saberlo, indefinidamente y a la fuerza en el año 2199. El propósito de esta simulación es aplacar a la raza humana para que pueda ser utilizada como baterías bioeléctricas por las máquinas sensibles, pero hechas por el hombre, que conquistaron el planeta en el siglo XXII.

El programa es más optimista que el bolígrafo

Independientemente de las diferencias entre las visiones de cada autor, los mundos sintéticos de Stephenson, Gibson, las Wachowski, Dick, Bradbury y Weinbaum se presentan como distopías. Sin embargo, no hay razón para suponer que ese resultado sea inevitable, e incluso probable, en el metaverso actual. Una sociedad perfecta no suele dar lugar a mucho drama humano, y el drama humano es la raíz de la mayor parte de la ficción.

Como contrapunto, tengamos en cuenta al filósofo y teórico cultural francés Jean Baudrillard, que acuñó el término *hiperrealidad* en 1981 y cuyas obras se relacionan a menudo con las de Gibson y con aquéllas en las que Gibson influyó.[16] Baudrillard describió la hiperrealidad como un estado en el que la realidad y las simulaciones estaban tan perfectamente integradas que eran indistinguibles. Aunque a muchos les parezca una idea aterradora, Baudrillard sostenía que lo importante era dónde los individuos tendrían más significado y valor, y especulaba que esto ocu-

16. Cuando le preguntaron por Baudrillard en abril de 1991, Gibson dijo: «Es un escritor de ciencia ficción genial» (Fischlin, Daniel, Veronica Hollinger, Andrew Taylor, William Gibson y Bruce Sterling, «"The Charisma Leak": A Conversation with William Gibson and Bruce Sterling», *Science Fiction Studies* 19, n.º 1 [marzo de 1992], p. 13). Las Wachowski intentaron involucrar a Baudrillard en su película, pero éste se negó y más tarde describió la película como una lectura errónea de sus ideas (Lancelin, Aude, «The Matrix Decoded: *Le Nouvel Observateur* Interview with Jean Baudrillard», *Le Nouvel Observateur* 1, n.º 2 [julio de 2004]). Cuando Morfeo introduce al protagonista de la película en el «mundo real», le dice a Neo: «Como en la visión de Baudrillard, toda tu vida ha transcurrido dentro del mapa, no del territorio». (Wachowski, Lana y Lilly, *The Matrix*, dirigida por Lana Wachowski y Lilly Wachowski [1999; Burbank, CA: Warner Bros., 1999], DVD.) Recordemos también el nombre original de Tencent para su visión del metaverso: «realidad hiperdigital».

rriría en el mundo simulado.[17] La idea del metaverso también es inseparable de las ideas del Memex, pero mientras que Bush imaginaba una serie infinita de documentos vinculados entre sí mediante palabras, Stephenson y otros concebían mundos infinitamente interconectados.

Más instructivos que los textos de Stephenson y los que los inspiraron son los numerosos esfuerzos por construir mundos virtuales en las últimas siete décadas. Esta historia no sólo muestra una progresión de varias décadas hacia el metaverso, sino que también revela más sobre su naturaleza. Estos metaversos potenciales no se han centrado en la subyugación o el lucro, sino en la colaboración, la creatividad y la autoexpresión.

Algunos observadores sitúan la historia de los «protometaversos» en la década de 1950, durante el auge de los ordenadores centrales, que representaron la primera vez que los individuos podían compartir mensajes puramente digitales entre sí a través de una red de diferentes dispositivos. La mayoría, sin embargo, comienza en la década de 1970 con los mundos virtuales basados en texto, conocidos como MUD (*Multi-User Dungeons* [mazmorras multijugador]). Los MUD eran una versión basada en el software del juego de rol Dragones y Mazmorras. Mediante comandos basados en texto que se asemejaban a los idiomas humanos, los jugadores podían interactuar, explorar un mundo ficticio poblado por personajes no jugables y monstruos, conseguir potenciadores y conocimientos y, finalmente, recuperar un cáliz mágico, derrotar a un mago malvado o rescatar a una princesa.

La creciente popularidad de los MUD inspiró la creación de las alucinaciones compartidas multijugador (o MUSH, *Multi-User Shared Hallucinations*) o las experiencias multijugador

17. Zickgraf, Ryan, «Mark Zuckerberg's 'Metaverse' Is a Dystopian Nightmare», *Jacobin*, 25 de septiembre de 2021, <https://jacobin.com/2021/09/facebook-zuckerberg-metaverse-stephenson-big-tech#:~:text=The%20Facebook%20founder%20intends%20to,real%20%E2%80%94%20and%20no%20logging%20off.&text=The%20new%20issue%20of%20Jacobin%20will%20be%20out%20on%20Tuesday>.

(MUX, *Multi-User Experiences*). A diferencia de los MUD, que pedían a los jugadores que desempeñaran papeles concretos en el contexto de un relato específico y normalmente fantástico, los MUSH y MUX permitían a los participantes definir el mundo y su objetivo de forma colaborativa. Los jugadores podían elegir situar su MUSH en una sala de justicia, asumiendo papeles como el de acusado, abogado, demandante, juez y miembro del jurado. Uno de los participantes podría decidir transformar el proceso relativamente mundano en una situación de rehenes, que se disiparía con un poema que los demás jugadores se encargarían de improvisar.

El siguiente gran salto se produjo en 1986 con el lanzamiento del juego en línea Habitat de Commodore 64, que fue publicado por Lucasfilm, la productora fundada por el creador de *Star Wars*, George Lucas. Habitat se describía como «un entorno virtual online multijugador» y, como referencia a la novela *Neuromante* de Gibson, «un ciberespacio». A diferencia de los MUD y los MUSH, el mundo de Habitat era gráfico, lo que permitía a los usuarios ver realmente los entornos y personajes virtuales, aunque sólo en 2D pixelado. También permitía a los jugadores un mayor control sobre el entorno del juego. Los «ciudadanos» de Habitat estaban a cargo de las leyes y estándares de su mundo virtual, y tenían que hacer trueques entre ellos para obtener los recursos necesarios y evitar que les robaran o los mataran por sus mercancías. Este desafío dio lugar a períodos de caos, tras los cuales la comunidad de jugadores estableció nuevas reglas, estándares y autoridades para mantener el orden.

Aunque Habitat no es tan recordado como otros videojuegos de la década de 1980, como Comecocos y Super Mario Bros., trascendió el atractivo de los MUD y MUSH, convirtiéndose en un éxito comercial. El título fue también el primer juego que reutilizó el término sánscrito *avatar*, que se traduce más o menos como «el descenso de una deidad desde el cielo», para referirse al cuerpo virtual de un usuario. Décadas después, su uso se ha vuelto común, en gran parte porque Stephenson lo aplicó en *Snow Crash*.

En la década de 1990 no hubo grandes juegos «protometaverso», pero los avances continuaron. Durante esa década, millones de consumidores participaron en los primeros mundos virtuales isométricos en 3D (también conocidos como 2,5D), que daban la ilusión de un espacio tridimensional, pero sólo permitían a los usuarios moverse en dos ejes. Poco después aparecieron los mundos virtuales en 3D. Algunos juegos, como Web World, creado en 1994, y Activeworlds, de 1995, también permitían a los usuarios construir colectivamente un espacio virtual visible en tiempo real, en lugar de mediante comandos y votaciones asíncronas, e introducían una serie de herramientas gráficas y de símbolos para facilitar la construcción de ese mundo. Cabe destacar que Activeworlds también tenía el propósito expreso de construir el metaverso de Stephenson, pidiendo a los jugadores que no se limitasen a disfrutar de sus mundos virtuales, sino que dedicasen su tiempo a ampliarlos y poblarlos. En 1998, OnLive! Traveler se lanzó con un chat de voz espacial, que permitía a los usuarios escuchar la posición de otros jugadores en relación con otros participantes, y que la boca de un avatar se moviera en respuesta a las palabras pronunciadas por el jugador.[18] Al año siguiente, Intrinsic Graphics, una empresa de software de juegos en 3D, completó la escisión de la empresa Keyhole. Aunque Keyhole no se hizo ampliamente popular hasta mediados de la década siguiente tras su adquisición por parte de Google, implicó la primera oportunidad de que cualquiera pudiera acceder a una reproducción virtual de todo el planeta. En los quince años siguientes, gran parte del mapa se actualizó parcialmente en 3D y se conectó a la base de datos mucho más amplia de productos y datos cartográficos de Google, lo que permitió a los usuarios consultar información como el tráfico en tiempo real.

Fue con el lanzamiento de Second Life en 2003 cuando muchos, especialmente los de Silicon Valley, empezaron a contem-

18. Dionisio, J. D. N., W. G. Burns III, y R. Gilbert, «3D Virtual Worlds and the Metaverse: Current Status and Future Possibilities», *ACM Computing Surveys* 45, edición 3, junio de 2013, <http://dx.doi.org/10.1145/2480741.2480751>.

plar la posibilidad de una existencia paralela en el espacio virtual. En su primer año, Second Life atrajo a más de un millón de usuarios frecuentes y, poco después, numerosas organizaciones del mundo real establecieron sus propios negocios y presencias dentro de la plataforma. Entre ellas se encontraban empresas con ánimo de lucro como Adidas, BBC y Wells Fargo, así como organizaciones sin ánimo de lucro como la Sociedad Estadounidense contra el Cáncer y Save the Children, e incluso universidades, como la de Harvard, cuya facultad de Derecho ofrecía cursos exclusivos dentro de Second Life. En 2007, se lanzó una Bolsa de valores en la plataforma con el objetivo de ayudar a las empresas de Second Life a obtener capital utilizando la moneda de la plataforma, los dólares Linden.

Es importante destacar que el desarrollador Linden Labs no intercedió en las transacciones en Second Life, ni gestionó activamente lo que se fabricaba o vendía. En su lugar, las transacciones se hacían directamente entre compradores y vendedores y se basaban en el valor y la necesidad percibidos. En general, Linden Labs funcionaba más como un gobierno que como un creador de juegos. La empresa ofrecía algunos servicios de cara al usuario, como la gestión de la identidad, los registros de propiedad y un sistema legal dentro del mundo, pero no se centraba en construir directamente el universo de Second Life. Se trataba de crear una economía próspera a través de una infraestructura, unas capacidades técnicas y unas herramientas cada vez mejores que atrajeran a más desarrolladores y creadores, que a su vez crearían cosas para que otros usuarios las disfrutaran, lugares que visitar y artículos que comprar, atrayendo a más usuarios y, por tanto, más gastos, lo que a su vez atraería más inversiones de desarrolladores y creadores. Para ello, Second Life también ofrecía a los usuarios la posibilidad de importar objetos y texturas virtuales realizados fuera de la plataforma. En 2005, apenas dos años después de su lanzamiento, el PIB anualizado de Second Life superaba los 30 millones de dólares. En 2009, superó los 500 millones de dólares, y ese año los usuarios cobraron 55 millones de dólares en moneda del mundo real.

A pesar del éxito de Second Life, fue el auge de las plataformas de mundos virtuales Minecraft y Roblox lo que llevó sus ideas al público general en la década de 2010. Además de ofrecer importantes mejoras técnicas en comparación con sus predecesores, Minecraft y Roblox también se centraron en los usuarios infantiles y adolescentes, por lo que eran mucho más fáciles de usar, en lugar de limitarse a ofrecer mayores capacidades. Los resultados han sido sorprendentes.

A lo largo de la década de 2010, grupos de usuarios colaboraron en Minecraft para construir ciudades tan grandes como Los Ángeles, aproximadamente 1.300 kilómetros cuadrados. Un *streamer* de videojuegos, Aztter, construyó una impresionante ciudad ciberpunk con unos 370 millones de bloques de Minecraft, habiendo trabajado una media de 16 horas al día durante un año.[19] Pero el tamaño no es el único logro de la plataforma. En 2015, Verizon construyó un teléfono móvil dentro de Minecraft que podía hacer y recibir videollamadas en directo al «mundo real». Cuando el virus de la COVID-19 se extendió por China en febrero de 2020, una comunidad de jugadores chinos de Minecraft recreó rápidamente los hospitales de 1,2 millones de metros cuadrados construidos en Wuhan como homenaje a los trabajadores «IRL» (*in real life* [en el mundo real]), y recibieron cobertura por parte de la prensa mundial.[20] Un mes después, Reporteros sin Fronteras encargó la construcción de un museo dentro de Minecraft que estaba compuesto por más de 12,5 millones de bloques ensamblados por 24 constructores virtuales de 16 países diferentes durante unas 250 horas combinadas. La Biblioteca Sin Censura, como se llamó, permitía a los usuarios de países como Rusia, Arabia Saudí y Egipto leer literatura prohibida, así

19. Ye, Josh, «One Gamer Spent a Year Building This Cyberpunk City in Minecraft», *South China Morning Post*, 15 de enero de 2019, <https://www.scmp.com/abacus/games/article/3029100/one-gamer-spent-year-building-cyberpunk-city-minecraft>.

20. Ye, Josh, «Minecraft Players Are Recreating China's Rapidly Built Wuhan Hospitals», *South China Morning Post*, 20 de febrero de 2020, <https://www.scmp.com/abacus/games/article/3051485/minecraft-players-are-recreating-chinas-rapidly-built-wuhan-hospitals>.

como obras que promovían la libertad de expresión y detallaban la vida de periodistas como Jamal Khashoggi, cuyo asesinato fue ordenado por los líderes políticos de Arabia Saudí.

A finales de 2021, más de 150 millones de personas al mes utilizaban Minecraft, más de seis veces más que en 2014, cuando Microsoft compró la plataforma. A pesar de ello, Minecraft estaba lejos del tamaño del nuevo líder del mercado, Roblox, que había pasado de menos de 5 millones a 225 millones de usuarios mensuales en ese mismo período. Según Roblox Corporation, el 75 por ciento de los niños de entre 9 y 12 años en Estados Unidos utilizaban regularmente la plataforma en el segundo trimestre de 2020. Combinados, los dos títulos acumulaban más de 6.000 millones de horas de uso mensual cada uno, que abarcaban más de 100 millones de mundos de juego diferentes y habían sido diseñados por más de 15 millones de usuarios. El juego de Roblox con más horas de uso —Adopt Me!— fue creado por dos jugadores aficionados en 2017 y permitía a los usuarios incubar, criar e intercambiar varias mascotas. A finales de 2021, el mundo virtual de Adopt Me! había sido visitado más de 30.000 millones de veces, más de quince veces la media de turistas mundiales en 2019. Además, los desarrolladores de Roblox, muchos de los cuales son también pequeños equipos con menos de 30 miembros, han recibido más de mil millones de dólares en pagos de la plataforma. A finales de 2021, Roblox se había convertido en la empresa de juegos más valiosa fuera de China, con un valor de casi el 50 por ciento más que los famosos gigantes de los juegos Activision Blizzard y Nintendo.

A pesar del enorme crecimiento de las audiencias y las comunidades de desarrolladores de Minecraft y Roblox, muchas otras plataformas comenzaron a surgir y a crecer hacia el final de la década de 2010. En diciembre de 2018, por ejemplo, el exitoso videojuego Fortnite lanzó el Fortnite Creative Mode, su propia versión de la construcción de mundos de Minecraft y Roblox. Mientras tanto, Fortnite también se estaba transformando en una plataforma social para experiencias ajenas al juego. En 2020, la estrella del hiphop (y miembro de la familia Kardashian) Travis Scott organizó un concierto al que asistieron en directo 28 millones de jugadores, y millones más lo vieron en directo en las redes sociales. El tema que Scott estrenó durante el concierto, en el que participó Kid Cudi, debutó en el número 1 de la lista «Billboard Hot 100» una semana después, fue el primer tema número 1 de Cudi y terminó 2020 como el tercer mayor debut del año en Estados Unidos. Además, varios de los temas que Scott interpretó de su álbum «Astroworld», estrenado en 2018, volvieron a las listas de *Billboard* tras el concierto. Dieciocho meses después, el vídeo oficial del evento de Fortnite había acumulado casi 200 millones de visitas en YouTube.

La historia de varias décadas de los mundos virtuales sociales, desde los MUD hasta Fortnite, ayuda a explicar por qué las ideas del metaverso han pasado recientemente de la ciencia ficción y las patentes a la vanguardia de la tecnología de consumo y empresarial. Ahora estamos en el momento en que estas experiencias pueden atraer a cientos de millones de personas y sus límites tienen que ver más con la imaginación humana que con las posibilidades técnicas.

A mediados de 2021, tan sólo unas semanas antes de que Facebook desvelara sus intenciones de metaverso, Tim Sweeney, CEO y fundador del fabricante de Fortnite, Epic Games, tuiteó un código de prelanzamiento de un juego que la compañía lanzó en 1998, Unreal, recordando que los jugadores «podían entrar en portales y viajar entre servidores gestionados por usuarios cuando Unreal 1 fue estrenado en 1998. Recuerdo un momento en el que la gente de la comunidad había creado un mapa de grutas sin combate y estaban de pie charlando en círculo. Sin embargo, este estilo de juego no duró mucho».[21] Unos minutos más tarde añadió: «Hemos tenido aspiraciones con respecto al metaverso durante mucho mucho tiempo [...], pero ha sido en los últimos años cuando se ha empezado a reunir rápidamente una masa crítica de piezas funcionales».[22]

21. Sweeney, Tim (@TimSweeneyEpic), Twitter, 13 de junio de 2021, <https://twitter.com/timsweeneyepic/status/1404241848147775488>.

22. Sweeney, Tim (@TimSweeneyEpic), Twitter, 13 de junio, 2021, <https://twitter.com/TimSweeneyEpic/status/1404242449053241345?s=20>.

Éste es el curso de todas las transformaciones tecnológicas. El internet móvil existe desde 1991 y se predijo mucho antes, pero no fue hasta finales de la década de 2000 cuando la combinación necesaria de velocidades inalámbricas, dispositivos inalámbricos y aplicaciones inalámbricas avanzó hasta tal punto que todos los adultos del mundo desarrollado —y en una década, la mayoría de los habitantes del planeta— quisieran y pudieran permitirse un smartphone y un plan de banda ancha. Esto, a su vez, condujo a una transformación de los servicios de información digital y de la cultura humana en general. Pensemos lo siguiente: cuando el pionero de la mensajería instantánea ICQ fue adquirido por el gigante de internet AOL en 1998, tenía 12 millones de usuarios. Una década después, Facebook tenía más de 100 millones de usuarios mensuales. A finales de 2021, Facebook tenía 3.000 millones de usuarios mensuales, y unos 2.000 millones utilizaban el servicio a diario.

Parte de este cambio también es resultado del relevo generacional. Durante los dos primeros años que siguieron al lanzamiento del iPad, era habitual ver informes de prensa y vídeos virales en YouTube de bebés y niños pequeños que cogían una revista o un libro «analógico» e intentaban «deslizar» su inexistente pantalla táctil. Hoy, esos niños de un año tienen entre once y doce años. Un niño que tenía cuatro años en 2011 está ahora encaminado hacia la edad adulta. Estos consumidores de medios de comunicación gastan ahora su propio dinero en contenidos, algunos incluso están creando contenidos por sí mismos. Y mientras estos consumidores, antes incomprensibles, entienden ahora por qué los adultos encontraban tan cómicos sus inútiles esfuerzos por pellizcar un papel, las generaciones mayores no están mucho más cerca de entender cómo las visiones del mundo y las preferencias de los jóvenes difieren de las suyas.

Roblox es el caso perfecto de este fenómeno. La plataforma se lanzó en 2006 y pasó aproximadamente una década antes de que tuviera mucho público. Pasaron otros tres años antes de que los no jugadores se fijaran realmente en el título (y los que lo hicieron se burlaron en gran medida de sus gráficos de baja calidad). Dos años después, era una de las mayores experiencias mediáticas de la historia. Esta cronología de quince años se debe en parte a las mejoras técnicas, pero no es casualidad que los principales usuarios de Roblox sean los mismos niños que crecieron como «nativos del iPad». El éxito de Roblox, en otras palabras, requirió que otras tecnologías influyeran en la forma de pensar de los consumidores, además de permitirlo.

La lucha que se avecina por controlar el metaverso (y a ti)

A lo largo de los últimos setenta años, los «protometaversos» han pasado de ser chats basados en texto y MUD a vívidas redes de mundos virtuales con poblaciones y economías que rivalizan con pequeñas naciones. Esta trayectoria continuará en las próximas décadas aportando más realismo, diversidad de experiencias, participantes, influencia cultural y valor a los mundos virtuales. Con el tiempo, se hará realidad una versión del metaverso tal y como lo imaginaron Stephen, Gibson, Baudrillard y otros.

Habrá muchas guerras por la supremacía en este metaverso y sobre él. Se librarán entre los gigantes tecnológicos y las nuevas empresas que surjan a través del hardware, los estándares técnicos y las herramientas, así como los contenidos, las carteras digitales y las identidades virtuales. Esta lucha estará motivada por algo más que el potencial de ingresos o la necesidad de sobrevivir al «cambio del metaverso».

En 2016, un año antes de que su compañía lanzara Fortnite y mucho antes de que el término *metaverso* entrara en la conciencia pública, Tim Sweeney[23] dijo a los periodistas: «Este metaver-

23. En su sentencia en el caso de Epic Games, Inc. contra Apple Inc., el juzgado de distrito declaró: «En general, consideramos que las creencias personales del Sr. Sweeney sobre el futuro del metaverso son sinceras» (*Epic Games, Inc. contra Apple Inc.*, Juzgado de Distrito de Estados Unidos, Distrito Norte de California, Caso 4:20-cv- 05640-YGR, Documento 812, archivado el 10 de septiembre, 2021.)

so va a ser mucho más penetrante y poderoso que cualquier otra cosa. Si una empresa central se hace con el control, será más poderosa que cualquier Gobierno y será un dios en la Tierra».[24] Es fácil encontrar hiperbólica tal declaración, sin embargo, el origen de internet sugiere que puede no serlo.

Los cimientos del actual internet se construyeron a lo largo de varias décadas y a través de una serie de consorcios y grupos de trabajo informales compuestos por laboratorios de investigación gubernamentales, universidades y tecnólogos e instituciones independientes. Estos colectivos, en su mayoría sin ánimo de lucro, se centraron normalmente en el establecimiento de estándares abiertos que los ayudaran a compartir información de un servidor a otro y, al hacerlo, facilitaran la colaboración en futuras tecnologías, proyectos e ideas.

Los beneficios de esta investigación fueron de gran alcance. Por ejemplo, cualquiera con una conexión a internet podía crear un sitio web en cuestión de minutos y sin coste alguno utilizando HTML puro, e incluso más rápido si utilizaban una plataforma como GeoCities. Una única versión de este sitio era (o al menos podía ser) accesible por todos los dispositivos, navegadores y usuarios conectados a internet. De esta forma, se eliminaban los intermediarios entre usuarios y desarrolladores, que podían producir contenidos para cualquiera y hablar con quien quisieran. El uso de estándares compartidos también facilitó y abarató la contratación y el trabajo con proveedores externos, la integración de software y aplicaciones de terceros y la reutilización del código. El hecho de que muchos de estos estándares fueran libres y de código abierto significaba que las innovaciones individuales a menudo beneficiaban a todo el ecosistema, a la vez que ejercían una presión competitiva sobre las patentes, y ayudaban a controlar la codicia de las plataformas que se interponían entre la web y sus usuarios (por ejemplo, fabricantes de dispositivos,

24. Takahashi, Dean, «The DeanBeat: Epic Graphics Guru Tim Sweeney Foretells How We Can Create the Open Metaverse», *Venture Beat*, 9 de diciembre de 2016, <https://venturebeat.com/2016/12/09/the-deanbeat-epic-boss-tim-sweeney-makes-the-case-for-the-open-metaverse/>.

sistemas operativos, navegadores y proveedores de servicios de internet).

Y lo que es más importante, nada de esto impidió que las empresas obtuvieran beneficios en internet, desplegaran un muro de pago o crearan tecnología patentada. Por el contrario, la «apertura» de internet permitió que se crearan más empresas, en más áreas, que llegaran a más usuarios y que obtuvieran mayores beneficios, al tiempo que impedía que los gigantes anteriores a internet (y, sobre todo, las empresas de telecomunicaciones) lo pudiesen controlar. La apertura es también la razón por la que se considera que internet ha democratizado la información, y por la que las empresas de capital abierto más valiosas del mundo actual se fundaron (o renacieron) en la era de internet.

No es difícil imaginar lo diferente que sería internet si hubiera sido creada por conglomerados multinacionales de medios de comunicación con el fin de vender *widgets*, poner anuncios, recoger datos de los usuarios para obtener beneficios o controlar la experiencia de los usuarios de principio a fin (algo que AT&T y AOL intentaron, pero no consiguieron). Descargar un JPG podría costar dinero, y un PNG podría costar un 50 por ciento más. Las videollamadas sólo podrían hacerse a través de una aplicación o un portal de un operador de banda ancha, y sólo podrían hacerlas aquellos que también tuvieran ese mismo proveedor de banda ancha (imagínate algo así como: «Bienvenido a su Xfinity Browser™, haga clic aquí para Xfinitybook™ o Xfinity-Calls™ con la tecnología de Zoom™; lo siento, "Abuela" no está en nuestra red, pero puede llamarla por dos dólares...»). Imagínate que se necesitara un año, o mil dólares, para hacer un sitio web. O si los sitios web sólo funcionaran en Internet Explorer o Chrome, y tuvieras que pagar a un determinado navegador una cuota anual por el privilegio de utilizarlo. O tal vez tuvieras que pagar a tu proveedor de banda ancha una cuota extra para leer ciertos lenguajes de programación o utilizar una determinada tecnología web (imagina, de nuevo, «Esta web requiere Xfinity Premium con 3D»). Cuando Estados Unidos demandó a Microsoft en 1998 por supuestas violaciones de la ley antimonopolio, centró su caso en la decisión de Microsoft de incluir Internet Explorer, el navegador web propiedad de la empresa, en el sistema operativo (SO) Windows. Sin embargo, si una empresa hubiera creado internet, ¿es concebible que hubiera permitido un navegador de la competencia? De ser así, ¿habría permitido a los usuarios hacer lo que quisieran en esos navegadores, o acceder (y modificar) los sitios que quisieran?

Un «internet corporativo» es la expectativa actual para el metaverso. La naturaleza no lucrativa de internet y su historia temprana se deben a que los laboratorios de investigación gubernamentales y las universidades eran las únicas instituciones con el talento informático, los recursos y las ambiciones para construir una «red de redes», y pocos en el sector lucrativo entendían su potencial comercial. Nada de esto ocurre cuando hablamos del metaverso. Por el contrario, está siendo promovido y construido por empresas privadas, con el propósito explícito de comerciar, recopilar datos, hacer publicidad y vender productos virtuales.

Además, el metaverso está surgiendo en un momento en el que las mayores plataformas tecnológicas verticales y horizontales ya han establecido una enorme influencia en nuestra vida, así como en las tecnologías y modelos de negocio de la economía moderna. Este poder refleja en parte los bucles de retroalimentación profundizados en la era digital. La ley de Metcalfe, por ejemplo, afirma que el valor de una red de comunicación es proporcional al cuadrado del número de sus usuarios, una relación que ayuda a mantener el crecimiento de las grandes redes sociales y servicios y supone un reto para los competidores advenedizos. Cualquier negocio basado en la inteligencia artificial o el aprendizaje automático se beneficia de ventajas similares a medida que sus conjuntos de datos crecen. Los principales modelos de negocio de internet —publicidad y venta de software— también están impulsados por la escala, ya que las empresas que venden otro espacio publicitario o una aplicación no encuentran casi ningún coste adicional al hacerlo, y tanto los anunciantes como los desarrolladores se centran principalmente en los lugares donde ya están los consumidores, en lugar de donde podrían estar.

Pero para asegurar sus bases de usuarios y desarrolladores, al tiempo que se expanden a nuevas áreas y bloquean a los posibles competidores, los gigantes tecnológicos han gastado la última década cerrando sus ecosistemas. Lo han hecho agrupando a la fuerza sus numerosos servicios, impidiendo a los usuarios y desarrolladores exportar fácilmente sus propios datos, cerrando varios programas de socios y obstaculizando (o directamente bloqueando) los estándares abiertos y con ánimo de lucro que podrían amenazar su hegemonía. Estas maniobras, combinadas con los circuitos de retroalimentación que se derivan de tener comparativamente más usuarios, datos, ingresos, dispositivos, etcétera, han cerrado efectivamente gran parte de internet. Hoy en día, un desarrollador debe esencialmente recibir permiso y proporcionar un pago. Los usuarios tienen poca propiedad de su identidad, de sus datos o de sus privilegios online.

Es aquí donde los temores de una distopía del metaverso parecen justos, más que alarmistas. La propia idea del metaverso significa que una parte cada vez mayor de nuestra vida, trabajo, ocio, tiempo, riqueza, felicidad y relaciones se desarrollará dentro de mundos virtuales, en lugar de extenderse o ayudarse a través de dispositivos y software digitales. Será un plano paralelo de existencia para millones, si no miles de millones, de personas, que se asienta sobre nuestras economías digitales y físicas y une ambas. Como resultado, las empresas que controlan estos mundos virtuales y sus átomos virtuales serán probablemente más dominantes que las que lideran la economía digital actual.

El metaverso también agudizará muchos de los difíciles problemas de la existencia digital actual, como los derechos de los datos, su seguridad, la información errónea y la radicalización, el poder y la regulación de las plataformas, el abuso y la felicidad de los usuarios. Las filosofías, la cultura y las prioridades de las empresas que lideren la era del metaverso ayudarán, por tanto, a determinar si el futuro es mejor o peor que nuestro momento actual, y no sólo más virtual o remunerativo.

Mientras las mayores corporaciones del mundo y las *startups* más ambiciosas se dedican al metaverso, es esencial que nosotros —usuarios, desarrolladores, consumidores y votantes—

comprendamos que tenemos capacidad de decisión sobre nuestro futuro y la posibilidad de restablecer el *statu quo*. Sí, el metaverso puede parecer desalentador y aterrador, pero también ofrece la oportunidad de acercar a la gente, de transformar industrias que se han resistido durante mucho tiempo a la disrupción y que deben evolucionar y de construir una economía global más igualitaria. Esto nos lleva a uno de los aspectos más emocionantes del metaverso: lo poco que se entiende hoy en día.

Capítulo 2

Confusión e incertidumbre

A pesar de toda la fascinación que despierta el multiverso, el término no tiene una definición consensuada ni una descripción coherente. La mayoría de los líderes del sector lo definen de la manera que se ajusta a su propia visión del mundo y/o a las capacidades de sus empresas.

Por ejemplo, Satya Nadella, CEO de Microsoft, ha descrito el metaverso como una plataforma que convierte «el mundo entero en un lienzo de aplicaciones»[25] que podría ser aumentada por el software en la nube y el aprendizaje automático. No es de extrañar, pues Microsoft ya tenía una «pila tecnológica»[26] que encajaba de forma natural en el metaverso aún no existente y que abarcaba el sistema operativo de la empresa, Windows, la oferta de computación en la nube Azure, la plataforma de comunicaciones Microsoft Teams, las gafas de realidad aumentada HoloLens, la plataforma de juegos Xbox, la red profesional LinkedIn y los

25. Nadella, Satya, «Building the Platform for Platform Creators», LinkedIn, 25 de mayo de 2021, <https://www.linkedin.com/pulse/building-platform-creators-satya-nadella>.

26. George, Sam, «Converging the Physical and Digital with Digital Twins, Mixed Reality, and Metaverse Apps», Microsoft Azure, 26 de mayo de 2021, <https://azure.microsoft.com/en-ca/blog/converging-the-physical-and-digital-with-digital-twins-mixed-reality-and-metaverse-apps/>.

propios «metaversos» de Microsoft, como Minecraft, Microsoft Flight Simulator e incluso el juego de disparos en primera persona Halo.[27]

El discurso de Mark Zuckerberg se centró en la realidad virtual inmersiva,[28] así como en las experiencias sociales que conectan a personas que viven lejos. En particular, la división Oculus de Facebook es el líder del mercado de la realidad virtual tanto en ventas de unidades como en inversión, mientras que su red social es la mayor y más utilizada a nivel mundial. Por su parte, *The Washington Post* describió la visión de Epic del metaverso como «un espacio comunal digitalizado y expansivo en el que los usuarios pueden mezclarse libremente con las marcas y con los demás de forma que permitan la autoexpresión y provoquen alegría [...], una especie de patio de recreo en línea en el que los usuarios podrían unirse a sus amigos para jugar a un juego multijugador como Fortnite de Epic, para después ver una película a través de Netflix y más tarde llevar a sus amigos a probar un nuevo coche que está diseñado exactamente igual en el mundo real que en este mundo virtual. No tendría nada que ver (en opinión de Sweeney) con las noticias cargadas de publicidad que encontramos en plataformas como Facebook».[29]

27. Chalk, Andy, «Microsoft Says It Has Metaverse Plans for Halo, Minecraft, and Other Games», *PC Gamer*, 2 de noviembre de 2021, <https://www.pcgamer.com/microsoft-says-it-has-metaverse-plans-for-halo-minecraft-and-other-games/>.

28. Las «aplicaciones de realidad virtual» se refieren técnicamente a las simulaciones generadas por ordenador de objetos o entornos tridimensionales con una interacción aparentemente real, directa o física con el usuario (Dionisio, J. D. N., W. G. Burns III y R. Gilbert, «3D Virtual Worlds and the Metaverse: Current Status and Future Possibilities», *ACM Computing Surveys 45*, volumen 3 (junio de 2013), <http://dx.doi.org/10.1145/2480741.2480751>). En el uso moderno, se refiere más comúnmente a la realidad virtual inmersiva, en la que el sentido de la vista y el sonido de un usuario se sitúan completamente dentro de este entorno, en contraste con la visualización en un dispositivo como un televisor, en el que sólo partes de sus sentidos están inmersos en el entorno.

29. Park, Gene, «Epic Games Believes the Internet Is Broken. This Is Their Blueprint to Fix It», *The Washington Post*, 28 de septiembre de 2021, <https://

En muchos casos, el discurso del metaverso demostró que los ejecutivos ven la necesidad de utilizar la palabra de moda antes de tener una idea real de lo que significa, y mucho menos para su negocio. En agosto de 2021, Match Group, propietaria de sitios de citas como Tinder, Hinge y OKCupid, dijo que sus servicios recibirían pronto «funciones aumentadas, herramientas de autoexpresión, inteligencia artificial (IA) conversacional y una serie de elementos que consideraríamos metaversos, que tienen el elemento de transformar el proceso de conocer gente en línea». No se han facilitado más detalles, aunque es de suponer que sus iniciativas relacionadas con el metaverso incluirán bienes virtuales, monedas, avatares y entornos que faciliten el romance.

Después de que las megacorporaciones chinas Tencent, Alibaba y ByteDance comenzaran a posicionarse como líderes en el vagamente definido pero en apariencia inminente metaverso, sus competidores nacionales tropezaron al tratar de explicar cómo ellos también se convertirían en pioneros en este futuro multimillonario. Por ejemplo, el jefe de relaciones con los inversores de NetEase, otro gigante chino de los videojuegos, dijo en el tercer trimestre de 2021 de la empresa que: «El *metaverso* es, en efecto, la nueva palabra de moda hoy en día. Aunque, por otro lado, creo que nadie ha tenido experiencia de primera mano sobre lo que es. Pero en NetEase estamos tecnológicamente preparados. Sabemos cómo acumular los conocimientos y los conjuntos de habilidades pertinentes cuando llegue ese día. Así que creo que, cuando llegue, probablemente nos contaremos entre los corredores más rápidos en el espacio del metaverso».[30]

Una semana después de que Zuckerberg detallara por primera vez su estrategia del metaverso, Jim Cramer, de la CNBC, se

---

www.washingtonpost.com/video-games/2021/09/28/epic-fortnite-metaverse-facebook/>.

30. Sherman, Alex, «Execs Seemed Confused About the Metaverse on Q3 Earnings Calls», CNBC, 20 de noviembre de 2021, <https:// www.cnbc.com/ 2021/11/20/executives-wax-poetic-on-the-metaverse-during-q3-earnings -calls.html>.

convirtió en objeto de burlas en la red tras intentar explicar el metaverso a los inversores de Wall Street.[31]

Jim Cramer (**JC**): Tienes que ir a la conferencia telefónica de Unity del primer trimestre, donde realmente se explica lo que es el metaverso, que es la idea de que estás, estás, estás mirando, básicamente puedes estar en Oculus, donde sea. Y dices: «Me gusta cómo le queda esa camisa a esa persona». Quiero comprar esa camisa y es (o en última instancia es) una NVIDIA, eh, basado en NVIDIA. Y cuando estaba en NVIDIA con Jensen Huang, ¿qué ocurre? Puedes, es concebible. Bien. David, escúchame. Porque esto es importante.

David Faber (**DF**): Estoy leyendo lo que Zuckerberg tenía que decir al respecto.

JC: No te dijo nada... ¡no, no lo hizo!

DF: «Un entorno sincrónico persistente en el que podemos estar juntos, que creo que probablemente se parecerá a una especie de híbrido entre las plataformas sociales que hemos visto hoy, pero un entorno en el que estás encarnado dentro de él». Eso me dice lo que es: es la Holocubierta.

JC: Es un holograma. Es como la idea.

DF: Es como *Star Trek*.

JC: En definitiva, podrías entrar en una habitación, digamos que estás solo y te sientes un poco solo, ¿vale? Y te gusta la música clásica, pero entras en la habitación y le dices a la primera persona que ves: «¿Crees que te gusta hacer... te gusta Mozart, ya sabes, Haffner?». Y luego la segunda persona dice: «Antes de escuchar a Haffner, ¿has escuchado la *Novena* de Beethoven?». Déjame decirte que esa gente no existe. ¿De acuerdo?

DF: Entendido.

JC: Eso es el metaverso.

Aunque Cramer estaba obviamente confundido, gran parte de la comunidad tecnológica sigue discutiendo los elementos cla-

31. CNBC, «Jim Cramer Explains the "Metaverse" and What It Means for Facebook», 29 de julio de 2021, <https://www.cnbc.com/video/2021/07/29/jim-cramer-explains-the-metaverse-and-what-it-means-for-facebook.html>.

ve del metaverso. Algunos observadores debaten si la realidad aumentada forma parte del metaverso o está separada de él, y si el metaverso sólo puede experimentarse a través de gafas de realidad virtual inmersivas o si simplemente esos dispositivos mejoran la experiencia. Para muchos miembros de la comunidad de criptomonedas y blockchain, el metaverso es una versión descentralizada del internet actual, en el que son los usuarios, y no las plataformas, quienes controlan sus sistemas subyacentes, así como sus propios datos y bienes virtuales. Algunas figuras importantes, como el antiguo director de tecnología de Oculus VR, John Carmack, sostienen que si el metaverso es operado principalmente por una sola empresa, entonces no sería el metaverso. El CEO de Unity, John Riccitiello, no apoya esta opinión, aunque señala que la solución al peligro de un metaverso controlado de forma centralizada son las tecnologías como el motor multiplataforma y la *suite* de servicios de Unity, que «reduce la altura del muro del jardín amurallado». Facebook no ha aclarado si el metaverso puede ser operado de forma privada o no, pero la compañía sí dice que sólo puede haber un metaverso, al igual que existe «internet», no «una interred» ni «los internets». Microsoft y Roblox, en cambio, hablan de «metaversos».

En la medida en que existe un entendimiento común del metaverso, podría describirse así: un mundo virtual interminable en el que todo el mundo se disfraza de avatares cómicos y compite en juegos de RV [realidad virtual] inmersivos para ganar puntos, se mete en sus franquicias favoritas y hace realidad sus fantasías más improbables. Esto cobró vida en *Ready Player One*, de Ernest Cline, una novela de 2011 considerada como un sucesor espiritual, aunque más convencional, de *Snow Crash*, de Stephenson, y que fue adaptada al cine por Steven Spielberg en 2018. Al igual que Stephenson, Cline nunca proporcionó una definición clara del metaverso (o lo que él llamaba «el Oasis»), sino que lo describió a través de lo que se podía hacer y lo que se podía ser en él. Esta visión del metaverso es similar a la forma en que el ciudadano medio entendía internet en los años noventa: era la «superautopista de la información» o la «red informática mundial», por la que «navegábamos» con el teclado y el «ratón», pero ahora en 3D. Un cuarto de siglo después, es obvio que esta concepción de internet era una forma pobre y engañosa de describir lo que estaba por venir.

El desacuerdo y la confusión sobre el metaverso, además de su conexión con novelas de ciencia ficción parcialmente distópicas en las que los tecnocapitalistas gobiernan dos planos de la existencia humana, dan lugar a diversas críticas. Algunos sostienen que el término representa poco más que una insípida propaganda de marketing. Otros se preguntan en qué se diferenciará el metaverso de experiencias como Second Life, que existe desde hace décadas y, aunque en su día se esperaba que cambiara el mundo, acabó desapareciendo de la memoria y se desinstaló de los ordenadores personales.

Algunos periodistas han sugerido que el repentino interés de las grandes empresas tecnológicas por la nebulosa idea del metaverso es, en realidad, un esfuerzo por evitar las regulaciones.[32] Si los Gobiernos de todo el mundo se convencen de que este cambio de plataforma disruptivo es inminente, esta teoría supone que ni siquiera las empresas más grandes y afianzadas de la historia necesitan ser disueltas: los mercados libres y los competidores que surjan después harán el trabajo. Otros han argumentado que, por el contrario, el metaverso está siendo utilizado por dichos advenedizos para que los legisladores abran investigaciones antimonopolio sobre los grandes líderes tecnológicos actuales. Una semana antes de presentar la demanda contra Apple por motivos antimonopolio, Sweeney tuiteó «Apple ha prohibido el metaverso», con los documentos legales de la empresa detallando cómo las políticas de Apple impedirían su aparición.[33] El juez federal que tramita la demanda pareció aceptar al menos parte de la teoría del «metaverso como estrategia reguladora», declarando en el tribunal: «Seamos claros. Epic está

32. Dwoskin, Elizabeth, Cat Zakrzewski y Nick Miroff, «How Facebook's "Metaverse" Became a Political Strategy in Washington», *The Washington Post*, 24 de septiembre de 2021, <https://www.washingtonpost.com/technology/2021/09/24/facebook-washington-strategy-metaverse/>.

33. Sweeney, Tim (@TimSweeneyEpic), Twitter, 6 de agosto de 2020, <https://twitter.com/timsweeneyepic/status/1291509151567425536>.

aquí porque, si se le concede el rescate, podría convertir a esta empresa de muchos millones en una empresa de muchos billones. No lo hacen por pura bondad».[34] El juez también declaró que en relación con la demanda de Epic contra Apple y Google, «el expediente revela dos razones principales que motivan la acción: en primer lugar, Epic Games busca un cambio sistemático que le reportaría enormes ganancias económicas y riqueza. En segundo lugar, [la demanda] es un mecanismo para desafiar las políticas y prácticas de Apple y Google que son un impedimento para la visión del Sr. Sweeney sobre el metaverso que se avecina».[35] Otros han argumentado que los CEO están utilizando el término vagamente subestimado para justificar aquellos proyectos de I+D favoritos que están a años de ser lanzados al público, probablemente con mucho más retraso y que tienen poco interés para los accionistas.

La confusión es una característica necesaria de la perturbación

Todas las tecnologías nuevas y especialmente disruptivas merecen ser examinadas y ser objeto de escepticismo. Pero los debates actuales sobre el metaverso siguen siendo confusos porque, al menos hasta ahora, el metaverso es sólo una teoría. Es una idea intangible, no un producto tangible. Como resultado, es difícil falsificar cualquier afirmación específica, y es inevitable que el metaverso se entienda dentro del contexto de las propias capacidades y preferencias de una empresa determinada.

34. Lancaster, Alaina, «Judge Gonzalez Rogers Is Concerned That Epic Is Asking to Pay Apple Nothing», *The Law*, 24 de mayo de 2021, <https:// www.law.com/therecorder/2021/05/24/judge-gonzalez-rogers-is-concerned-that-epic-is-asking-to-pay-apple-nothing/?slreturn=20220006091008>.
35. Koetsier, John, «The 36 Most Interesting Findings in the Groundbreaking Epic Vs Apple Ruling That Will Free The App Store», *Forbes*, 10 de septiembre de 2021, <https://www.forbes.com/sites/johnkoetsier/2021/09/10/the-36-most-interesting-findings-in-the-groundbreaking-epic-vs-apple-ruling-that-will-free-the-app-store/?sh=56db5566fb3f>.

Sin embargo, el gran número de empresas que ven un valor potencial en el metaverso pone de manifiesto el tamaño y la diversidad de la oportunidad. Además, el debate sobre lo que es el metaverso, su importancia, cuándo llegará, cómo funcionará y los avances tecnológicos necesarios es precisamente lo que genera la oportunidad de una disrupción generalizada. Lejos de refutarlo, la incertidumbre y la confusión son características de la disrupción.

Pensemos en internet. La descripción que hace Wikipedia de internet (que no ha cambiado prácticamente desde mediados de la década de 2000) es la siguiente: «El sistema global de redes informáticas interconectadas que utiliza el conjunto de protocolos de internet (TCP/IP) para comunicarse entre redes y dispositivos. Se trata de una "red de redes" formada por redes privadas, públicas, académicas, empresariales y gubernamentales de alcance local y mundial, conectadas por una amplia gama de redes electrónicas, inalámbricas y ópticas. Internet ofrece una amplia gama de recursos y servicios de información, como los documentos de hipertexto interconectados y las aplicaciones de la red informática mundial (WWW), el correo electrónico, la telefonía y el intercambio de archivos».[36]

El resumen de Wikipedia aborda algunos de los estándares técnicos subyacentes de internet y describe su alcance, así como algunos de sus casos de uso. La persona media puede leerlo hoy y relacionarlo fácilmente con su uso personal y probablemente reconocerá por qué es una definición eficaz. Pero incluso si se entendía esta definición en la década de 1990 —o incluso después del efecto 2000—, no explicaba claramente cómo sería el futuro. Incluso los expertos tenían dificultades para entender qué construir en internet, y mucho menos cuándo hacerlo o mediante qué tecnologías. El potencial y las necesidades de internet son evidentes ahora, pero en aquel momento casi nadie tenía una visión de futuro coherente, fácil de comunicar y correcta.

36. Wikipedia, «Internet», última edición el 13 de octubre de 2021, <https://en.wikipedia.org/wiki/Internet>.

Esta confusión lleva a algunos tipos de errores comunes. A veces, la tecnología emergente se ve como un juguete trivial. En otros casos, se entiende su potencial, pero no su naturaleza. Lo más frecuente es que la gente no entienda qué tecnologías específicas prosperarán y por qué. En ocasiones, se acierta en todo excepto en el momento.

En 1998, Paul Krugman, que ganaría el Premio Nobel de Economía una década más tarde, escribió un artículo titulado (accidentalmente) de forma irónica «Por qué la mayoría de las predicciones de los economistas se equivocan» en el que afirmaba: «El crecimiento de internet se ralentizará drásticamente, ya que el fallo de la "ley de Metcalfe" —que afirma que el número de conexiones potenciales en una red es proporcional al cuadrado del número de usuarios— es evidente: ¡la mayoría de la gente no tiene nada que decirse! En 2005, más o menos, quedará claro que el impacto de internet en la economía no ha sido mayor que el del fax».[37] La predicción de Krugman, anterior a la burbuja de las puntocom, así como a la fundación de empresas como Facebook, Tencent y PayPal, fue rápidamente desmentida. Sin embargo, la importancia de internet se debatió durante más de una década después de su declaración. No fue hasta mediados de la década de 2010, por ejemplo, cuando Hollywood aceptó que el núcleo de sus negocios, no sólo los contenidos de bajo coste generados por los usuarios, como los vídeos de YouTube y las historias de Snapchat, se trasladarían a internet.

Incluso cuando se comprende bien la importancia de la próxima plataforma, sus premisas técnicas, las funciones de los dispositivos relacionados y los modelos de negocio pueden seguir siendo poco claros. En 1995, el fundador y CEO de Microsoft, Bill Gates, escribió su famoso memorando «Internet Tidal Wave» [El maremoto de internet], en el que explicaba que internet era «crucial para todas las partes de nuestro negocio» y «el desarrollo más importante que se ha producido desde que se in-

---

37. Krugman, Paul, «Why Most Economists' Predictions Are Wrong», *Red Herring Online*, 10 de junio de 1998.

trodujo el PC de IBM en 1981».[38] Este grito de guerra se considera el punto de partida de la estrategia de Microsoft «Embrace, Extend, Extinguish» [adoptar, extender, extinguir], que según el Departamento de Justicia formaba parte de los intentos de la empresa por utilizar su poder de mercado para alcanzar y luego eliminar a los líderes del mercado de software y servicios de internet.

Cinco años después del memorando de Gates, Microsoft lanzó su primer sistema operativo para teléfonos móviles. Sin embargo, la empresa interpretó mal el factor de forma móvil dominante (la pantalla táctil); el modelo de negocio de la plataforma (tiendas de aplicaciones y servicios, en lugar de ventas de sistemas operativos); el papel del dispositivo (que se convirtió en el dispositivo informático principal para la mayoría de los compradores, en lugar de uno secundario); el alcance de su atractivo (todo el mundo); su precio óptimo (entre 500 y 1.000 dólares); y su función (la mayoría de las funciones, en lugar de sólo el trabajo y las llamadas telefónicas). Como es bien sabido hoy, los errores de Microsoft llegaron a su punto álgido a partir de 2007, cuando se lanzó el primer iPhone. Cuando se le preguntó por las perspectivas del dispositivo, el segundo CEO de Microsoft, Steve Ballmer, se rio de forma lamentable y respondió: «¿500 dólares? ¿Totalmente subvencionado? ¿Con contrato? Dije que es el teléfono más caro del mundo y que no atrae a los clientes empresariales porque no tiene teclado, lo que hace que no sea una buena máquina para el correo electrónico».[39] El sistema operativo móvil de Microsoft nunca se recuperó de la fuerza disruptiva del iPhone y el iOS de Apple, ni de Android de Google, que se dirigió a muchos de los fabricantes de Windows típicos de Microsoft, como Sony, Samsung y Dell, pero era de licencia gratuita e incluso compartía una parte de los ingresos de la tienda de aplicacio-

38. Wired Staff, «May 26, 1995: Gates, Microsoft Jump on "Internet Tidal Wave"», *Wired*, 26 de mayo de 2021, <https://www.wired.com/2010/05/0526bill-gates-internet-memo/>.

39. CNBC, «Microsoft's Ballmer Not Impressed with Apple iPhone», 17 de enero de 2007, <https://www.cnbc.com/id/16671712>.

nes con los fabricantes de dispositivos. En 2016, la mayor parte del uso de internet en el mundo se hacía a través de ordenadores móviles. Al año siguiente —una década después del primer iPhone— Microsoft anunció que dejaría de dar soporte a su Windows Phone.

Facebook, uno de los mayores ganadores del auge del internet de los consumidores, también se equivocó al principio en la era móvil, pero fue capaz de corregir sus errores antes de ser desplazado. ¿Su error? Pensar que los navegadores, y no las aplicaciones, serían la forma dominante de acceder a la web.

Cuatro años después de que Apple lanzara la App Store del iPhone, tres años después de la famosa campaña publicitaria de Apple «Hay una aplicación para eso», y dos años después de que «Barrio Sésamo», entre otros, parodiara esa campaña, el gigante de las redes sociales seguía centrado en las experiencias basadas en el navegador. Aunque técnicamente Facebook lanzó una aplicación móvil el mismo día que Apple lanzó la App Store, y rápidamente se convirtió en la forma más popular de acceder a Facebook en un dispositivo móvil, esta aplicación era en realidad un «cliente ligero» que cargaba HTML dentro de una interfaz sin navegador. A mediados de 2012, Facebook relanzó finalmente su aplicación para iOS, que fue «reconstruida desde cero» para centrarse en el código específico del dispositivo. Al cabo de un mes, Mark Zuckerberg dijo que los usuarios consumían «el doble de historias de su muro de noticias» y que «el mayor error que cometimos como empresa fue apostar demasiado por HTML5 [...]. Tuvimos que empezar de nuevo y reescribir todo para que fuera nativo. Desperdiciamos dos años».[40] Irónicamente, el cambio tardío de Facebook a las aplicaciones nativas es parte de la razón por la que la empresa se considera un caso de estudio para pivotar con éxito un negocio hacia el móvil. A lo largo de 2012, la cuota de los ingresos publicitarios totales de Facebook en el sector móvil pasó

40. Olanoff, Drew, «Mark Zuckerberg: Our Biggest Mistake Was Betting Too Much On HTML5», *TechCrunch*, 11 de septiembre de 2021, <https:// techcrunch.com/2012/09/11/mark-zuckerberg-our-biggest-mistake-with -mobile-was-betting-too-much-on-html5/>.

de menos del 5 al 23 por ciento, pero esto es sólo una muestra de la cantidad de ingresos móviles que la empresa había perdido al apostar por HTML5 durante los años anteriores. El retraso en el cambio de Facebook tuvo otras consecuencias en forma de oportunidades perdidas y facturas multimillonarias. Una década después de que Facebook hiciera su cambio, el producto de Facebook con más usuarios diarios es WhatsApp, que la compañía adquirió en 2014 por casi 20.000 millones de dólares. WhatsApp se había desarrollado en 2009 específicamente para la mensajería basada en aplicaciones en los smartphones; en ese momento, Facebook tenía una ventaja de casi 350 millones de usuarios mensuales. Muchos en Wall Street también consideran que Instagram, la red social nativa para móviles que Facebook compró por 1.000 millones de dólares en los meses previos al relanzamiento de sus aplicaciones para iOS, es su activo más valioso.

Mientras que Microsoft y Facebook cometieron errores fundamentales sobre las tecnologías del futuro, muchos otros fracasaron porque apostaron por la tecnología adecuada, pero antes de que hubiera un mercado que la respaldara. En los años previos a la caída de las puntocom se invirtieron decenas de miles de millones de dólares en la construcción de redes de fibra óptica en todo Estados Unidos. Debido a los bajos costes marginales de la instalación de capacidad adicional, muchos patrocinadores construyeron una capacidad considerablemente mayor de la necesaria, esperando acaparar un mercado regional al proporcionar suficiente capacidad para todo el tráfico existente y futuro. Sin embargo, esto se basaba en la creencia errónea de que el crecimiento del tráfico de internet aumentaría exponencialmente en los años siguientes. Al final, lo habitual era que menos del 5 por ciento de la fibra estuviera «encendida» y el resto no se utilizara.

En la actualidad, los miles de kilómetros de «fibra oscura» que hay en Estados Unidos son un elemento muy poco apreciado de la economía digital del país, que ayuda silenciosamente a los propietarios de contenidos y a los consumidores a acceder a una infraestructura de gran ancho de banda y baja latencia a precios bajos. Pero en los años transcurridos entre el tendido de estos cables y la actualidad, muchas de las empresas del sector entraron en quiebra. Entre ellas se encuentran Metromedia Fiber Network, KPNQwest, 360networks y, en una de las mayores quiebras de la historia de Estados Unidos, Global Crossing. Otras empresas, como Qwest y Williams Communications, se salvaron por los pelos. Aunque finalmente cayeron por fraude contable, los tristemente célebres colapsos de WorldCom y Enron se vieron agravados por apuestas multimillonarias de que la demanda de banda ancha de alta velocidad superaría rápidamente a la oferta. Enron estaba tan convencida de la inminente e insaciable demanda de datos de alta velocidad que en 1999 desveló sus planes de comerciar con futuros de ancho de banda como el petróleo o el silicio, asumiendo que las empresas querrían reservar capacidad hasta con años de antelación para no encontrarse con enormes oscilaciones en los costes de entrega por bit.

Lo que hace que la transformación tecnológica sea difícil de predecir es el hecho de que no está causada por un solo invento, innovación o individuo, sino que requiere que se produzcan muchos cambios. Tras la creación de una nueva tecnología, la sociedad y los inventores individuales responden a ella, lo que da lugar a nuevos comportamientos y nuevos productos, que a su vez dan lugar a nuevos casos de uso de la tecnología subyacente, inspirando así nuevos comportamientos y creaciones. Y así sucesivamente.

Esta innovación recursiva es la razón por la que ni siquiera los que más creían en internet hace veinte años pudieron predecir cómo se utilizaría hoy. Los pronósticos más precisos solían ser tópicos como «cada vez nos conectaremos más a menudo, utilizando más dispositivos y con más fines», mientras que los menos precisos solían ser los que describían exactamente lo que haríamos en línea, cuándo, dónde, cómo y con qué fin. Ciertamente, pocos imaginaron un futuro en el que generaciones enteras se comunicarían principalmente a través de emojis, tuits o breves «historias» filmadas. O que el foro de inversión bursátil de Reddit, combinado con la inversión gratuita y sencilla a través de plataformas como Robinhood, impulsaría el auge de las estrategias de negociación «Sólo se vive una vez», que a su vez salvaron a empresas como GameStop y AMC Entertainment de la quiebra provocada por la COVID-19. O cuando las remezclas de TikTok, de sesenta segundos de duración, definirían las listas de Billboard y, con ellas, la banda sonora de nuestros desplazamientos diarios. En 1950, el Departamento de Planificación de Productos de IBM se pasó todo el año «insistiendo en que el mercado nunca llegaría a más de unos dieciocho ordenadores en todo el país».[41] ¿Por qué? Porque el departamento no podía imaginar por qué alguien necesitaría tales dispositivos, excepto para utilizar el software y las aplicaciones que IBM estaba desarrollando en ese momento.

Tanto si crees en el metaverso como si eres un escéptico o estás en un punto intermedio, deberías sentirte cómodo con el hecho de que es demasiado pronto para saber exactamente cómo será un «día en la vida» cuando llegue el metaverso. Pero la incapacidad de predecir con precisión cómo lo utilizaremos y cómo cambiará nuestra vida cotidiana no es un defecto. Más bien, es un requisito previo para la fuerza disruptiva del metaverso. La única manera de prepararse para lo que viene es centrarse en las tecnologías y características específicas que lo componen. Dicho de otro modo, tenemos que definir el metaverso.

<hr />

41. Mitchell Waldrop, M., *Complexity: The Emerging Science at the Edge of Order and Chaos*, Simon & Schuster, Nueva York, 1992, p. 155.

Capítulo 3

Una definición (por fin)

Habiendo hablado de los precedentes importantes, podemos empezar a concretar lo que es el metaverso. Aunque existen definiciones contrapuestas y mucha confusión, creo que es posible ofrecer una definición clara, completa y útil del término, aunque nos encontremos al principio de la historia del metaverso.

Esto es lo que quiero decir cuando escribo y hablo del metaverso: «Una **red masiva** e **interoperable** de **mundos virtuales 3D renderizados en tiempo real** que pueden ser experimentados **de forma sincrónica** y **persistente** por un **número efectivamente ilimitado de usuarios** con un **sentido de presencia individual**, y con **continuidad de datos**, como identidad, historia, derechos, objetos, comunicaciones y pagos».

Este capítulo analiza cada uno de los elementos de esta definición y, al hacerlo, explica no sólo el metaverso, sino también en qué se diferencia del internet actual, qué se necesita para realizarlo y cuándo podría lograrse.

Mundos virtuales

Si hay un aspecto del metaverso en el que todo el mundo está de acuerdo, desde los creyentes hasta los escépticos, pasando por los que apenas están familiarizados con el término, es que se basa en mundos virtuales. Durante décadas, la razón principal para construir un mundo virtual era un videojuego, como The Legend of Zelda o Call of Duty, o como parte de un largometraje, como los de Pixar o para *Matrix*, de Warner Bros. Por esto es por lo que a menudo se describe erróneamente el metaverso como un juego o una experiencia de entretenimiento.

Los mundos virtuales se refieren a cualquier entorno simulado generado por ordenador. Estos entornos pueden ser en 3D inmersivo, en 3D, en 2,5D (también conocido como 3D isométrico), en 2D, en capas sobre el «mundo real» a través de la realidad aumentada, o puramente basados en texto, como en los MUD y MUSH de la década de 1970. Estos mundos pueden no tener un usuario individual, como es el caso de una película de Pixar, o cuando se simula virtualmente una ecosfera para una clase de biología. En otros casos, pueden estar limitados a un solo usuario, como cuando se juega a Legend of Zelda, o ser compartidos con muchos otros, como en Call of Duty. Estos usuarios pueden afectar y ser afectados por este mundo virtual a través de cualquier número de dispositivos, como un teclado, un sensor de movimiento e incluso una cámara que sigue su movimiento.

Desde el punto de vista estilístico, los mundos virtuales pueden reproducir exactamente el «mundo real» (a menudo se denominan «gemelos digitales»), representar una versión ficticia de éste (como New Donk City de Super Mario Odyssey, o el Manhattan a escala 1:4 del juego Marvel's Spider-Man de PlayStation en 2018), o representar una realidad totalmente ficticia en la que lo imposible se vuelve común y corriente. El propósito de un mundo virtual puede ser «similar al de un juego», es decir, hay un objetivo como ganar, matar, anotar, derrotar o resolver, o al revés, los objetivos pueden ser la formación educativa o profesional, el comercio, la socialización, la meditación, la aptitud física, etcétera.

Quizá sea sorprendente que la mayor parte del crecimiento y la popularidad de los mundos virtuales en la última década se haya producido en aquellos que carecen o minimizan esos objetivos similares a los del juego. Pensemos en el juego más vendido hecho exclusivamente para la plataforma Nintendo Switch. Puede que te venga a la cabeza The Legend of Zelda: Breath of the Wild, de 2017 o Super Mario Odyssey, ambos considerados con frecuencia como algunos de los mejores juegos de la historia y parte de las franquicias de videojuegos más populares. Pero ninguno de los dos títulos se lleva la corona. En cambio, el vencedor es Animal Crossing: New Horizons, que procede de una franquicia célebre y popular, ha estado disponible para su compra menos de un tercio que los otros dos títulos de Nintendo y, sin embargo, los superó en ventas en casi un 40 por ciento. Aunque Animal Crossing: New Horizons es supuestamente un juego, su jugabilidad real se ha comparado a menudo con una forma virtual de jardinería. No hay objetivos explícitos, y mucho menos algo que ganar. En realidad, los usuarios recogen y elaboran objetos en una isla tropical, fomentan una comunidad de animales antropomórficos y comercian con otras creaciones y artículos decorativos.

En los últimos años, el mayor aumento en la creación de mundos virtuales se ha producido a través de mundos que no plantean ningún tipo de «juego». Por ejemplo, se hizo una recreación del Aeropuerto Internacional de Hong Kong utilizando el popular motor de juegos Unity. El propósito era simular el flujo de pasajeros, las implicaciones de los problemas de mantenimiento o las interrupciones de las pistas y otros eventos que podrían afectar a las opciones de diseño del aeropuerto y a la toma de decisiones operativas. En otros casos, se han recreado ciudades enteras y se han conectado a fuentes de datos en tiempo real sobre el tráfico de vehículos, el tiempo y otros servicios cívicos, como la policía, los bomberos y las ambulancias. El objetivo de un gemelo digital de este tipo es permitir a los urbanistas comprender mejor las ciudades que gestionan y tomar decisiones más informadas sobre la zonificación, la aprobación de obras, etcétera. Por ejemplo, ¿cómo afectaría un nuevo centro comercial a los tiempos de desplazamiento de los servicios médicos o policiales de emergencia? ¿Cómo puede afectar el diseño de un edificio concreto a las condiciones del viento, las temperaturas urbanas o la luz de la ciudad? Los mundos virtuales pueden resultar una ayuda esencial.

Los mundos virtuales pueden tener uno o muchos creadores diferentes, pueden ser profesionales o aficionados, con o sin ánimo de lucro. Sin embargo, su popularidad ha aumentado a medida que el coste, la dificultad y el tiempo necesarios para crearlos han caído en picado, lo que ha provocado un aumento del número de mundos virtuales y una mayor diversidad entre ellos y dentro de ellos. Adopt Me!, que tiene lugar dentro del juego Roblox, fue desarrollado en el verano de 2017 por solamente dos personas independientes y sin experiencia. Cuatro años más tarde, el juego contaba con casi dos millones de jugadores en un momento dado (The Legend of Zelda: Breath of the Wild ha vendido aproximadamente 25 millones de copias en total), y a finales de 2021, se había jugado más de 30.000 millones de veces.

Algunos mundos virtuales son totalmente persistentes, lo que significa que todo lo que ocurre en ellos es permanente. En otros casos, la experiencia se reinicia para cada jugador. Lo más frecuente es que un mundo virtual funcione en un punto intermedio. Pensemos en el famoso juego de desplazamiento lateral en 2D Super Mario Bros., lanzado en 1985 para el Nintendo Entertainment System. El primer nivel no dura más de 400 segundos. Si el jugador muere antes, puede tener una vida extra que le permita volver a intentarlo, pero el mundo virtual del nivel se habrá restablecido por completo como si el jugador nunca hubiera estado allí antes, es decir, todos los enemigos que se mataron vuelven a la vida y todos los objetos se restauran. Sin embargo, Super Mario Bros. también permite que algunos objetos persistan. Un jugador que muere en el nivel 3-4 conserva las monedas recogidas en los niveles anteriores, así como su progreso en el juego, hasta que se le acaban todas las vidas, tras lo cual se restablecen todos los datos.

Algunos mundos virtuales están limitados a un dispositivo o plataforma específicos. Algunos ejemplos son Legend of Zelda: Breath of the Wild, Super Mario Odyssey y Animal Crossing: New Horizons, que están disponibles exclusivamente en la Switch de Nintendo. Otros funcionan en varias plataformas, como los juegos para móviles de Nintendo, que funcionan en la mayoría de los dispositivos Android e iOS, pero no en la Nintendo Switch ni

en otras consolas. Algunos títulos se consideran totalmente multiplataforma. En 2019 y 2020, Fortnite estaba disponible en todas las principales consolas de videojuegos (por ejemplo, la
Switch de Nintendo, la Xbox One de Microsoft, la PlayStation 4
de Sony), en dispositivos de PC (es decir, los que ejecutan Windows o Mac OS), así como en las principales plataformas móviles
(iOS y Android).[42] Esto significaba que un jugador podía acceder
al juego, a su cuenta y a sus bienes de propiedad (por ejemplo,
una mochila o un atuendo virtual) desde casi cualquier dispositivo. En otros casos, los títulos están supuestamente disponibles en
múltiples plataformas, pero las experiencias están desconecta-
das. Call of Duty Mobile y Call of Duty Warzone, exclusivo para
PC y consolas, comparten la información de algunas cuentas y
son juegos de tipo *battle royale* [batalla] y mecánicas similares,
pero son juegos diferentes y los jugadores de un mundo virtual
no pueden jugar contra los del otro.

Al igual que en el mundo real, los modelos de gobierno de los
mundos virtuales varían mucho. La mayoría están controlados
de forma centralizada por la persona o el grupo que ha desarrollado y gestiona el mundo, lo que significa que tienen un control
unilateral sobre su economía, sus políticas y sus usuarios. En
otros casos, los usuarios se autogobiernan mediante diversas formas de democracia. Algunos juegos basados en blockchain aspi-
ran a funcionar de la forma más autónoma posible tras su lanzamiento.

3D

Aunque los mundos virtuales tienen muchas dimensiones, el
«3D» es una especificación crítica para el metaverso. Sin 3D, podríamos estar describiendo el internet actual. Al fin y al cabo, los
tablones de anuncios, los servicios de chat, los creadores de sitios

42. Después de que Epic Games demandara a Apple en agosto de 2020,
Apple retiró Fortnite de su App Store, impidiendo así que los usuarios pudieran
jugar al juego en dispositivos iOS.

web, las plataformas de imágenes y las redes de contenido inter-conectadas existen y son populares desde hace décadas.

El 3D es necesario no sólo porque implica algo nuevo. Los teóricos del metaverso sostienen que los entornos 3D son nece-sarios para hacer posible la transición de la cultura y el trabajo humanos del mundo físico al digital. Por ejemplo, Mark Zucker-berg ha afirmado que el 3D es un modelo de interacción intrín-secamente más intuitivo para los humanos que los sitios web, las aplicaciones y las videollamadas en 2D, especialmente en los ca-sos de uso social. Ciertamente, los humanos no evolucionaron durante miles de años para utilizar una pantalla táctil plana.

También debemos tener en cuenta la naturaleza de las comu-nidades online y las experiencias de las últimas décadas. En los años ochenta y principios de los noventa, internet se basaba principalmente en texto. Un usuario online representaba su identidad a través de un nombre de usuario o una dirección de correo electrónico y un perfil escrito, y se expresaba a través de salas de chat y tablones de anuncios. A finales de los noventa y principios de los 2000, los ordenadores personales empezaron a ser capaces de almacenar archivos de mayor tamaño, mientras que la velocidad de internet permitía cargarlos y descargarlos. En consecuencia, la mayoría de los usuarios de internet comen-zaron a presentarse en línea a través de fotos de visualización/perfil, así como sitios web personales que incluían un puñado de imágenes de baja resolución y a veces incluso clips de audio. Con el tiempo, esto condujo a la aparición de las primeras redes so-ciales convencionales, como MySpace y Facebook. A finales de la década de los 2000 y principios de 2010, empezaron a surgir formas totalmente nuevas de socialización en línea. Atrás queda-ban los días de los blogs personales actualizados con poca fre-cuencia o las páginas de Facebook que incluían una única foto de portada y una serie de antiguas actualizaciones de estado con sólo texto. En su lugar, los usuarios se expresaban a través de un flujo casi constante de fotos de alta resolución e incluso vídeos, muchos de los cuales se tomaban sobre la marcha y sin otro pro-pósito que el de compartir lo que estaban haciendo, comiendo o pensando en un momento dado. Una vez más, esto fue liderado por redes sociales totalmente nuevas como YouTube, Instagram, Snapchat y TikTok.

Esta historia aporta algunas lecciones. En primer lugar, los seres humanos buscan modelos digitales que representen mejor el mundo tal y como lo experimentan: con muchos detalles, mezclando audio y vídeo, y con una sensación de estar «en vivo» en lugar de ser estática o desactualizada. En segundo lugar, a medida que nuestras experiencias en línea se vuelven más «reales», ponemos más de nuestra vida real en la red, vivimos más conectados y la cultura humana en general se ve más afectada por el mundo en línea. En tercer lugar, el principal indicador de este cambio son las nuevas aplicaciones sociales, que en la mayoría de los casos son adoptadas por las generaciones más jóvenes. En conjunto, estas lecciones parecen respaldar la idea de que el próximo gran paso de internet es el 3D.

Si esto es así, podemos imaginar cómo un «internet 3D» podría finalmente afectar a las industrias que se han resistido en gran medida a la disrupción digital. Durante décadas, los futuristas han predicho que la educación, sobre todo la postsecundaria y la formación profesional, se vería parcialmente desplazada por la enseñanza a distancia y digital. En cambio, el coste de la educación tradicional y presencial ha seguido aumentando (en varias veces respecto a la tasa media de inflación), mientras que las solicitudes de ingreso en colegios y universidades siguen disparándose, a pesar de que la experiencia sigue siendo prácticamente la misma. Ninguna de las escuelas más prestigiosas del mundo ha intentado siquiera lanzar programas de educación a distancia que aspiren a igualar la calidad o el visto bueno de sus equivalentes presenciales, en parte porque es poco probable que las empresas los reconozcan como tales. Y para millones de padres de todo el mundo, la pandemia de la COVID-19 fue una muestra de la inadecuación del aprendizaje de los niños a través de una pantalla táctil 2D. Muchos imaginan que las mejoras de los mundos virtuales y las simulaciones en 3D, así como las gafas de realidad virtual (RV) y realidad aumentada (RA), reconfigurarán fundamentalmente nuestras prácticas pedagógicas. Los estudiantes de todo el mundo podrán entrar en un aula virtual, sentarse junto a sus compañeros mientras establecen contacto visual con su profesor y luego reducirse a células sanguíneas que viajan a través de un sistema circulatorio humano, tras lo cual estos estudiantes, que antes medían 15 micras de altura, vuelven a agrandarse y diseccionan un gato virtual. Es importante destacar que, aunque el metaverso debe entenderse como una experiencia en 3D, esto no significa que todo lo que haya dentro del metaverso sea en 3D. Muchas personas jugarán a juegos en 2D dentro del metaverso, o usarán el metaverso para acceder a programas y aplicaciones que luego experimentarán con dispositivos e interfaces de la era móvil. Además, la llegada del metaverso 3D no significa que la totalidad de internet y la informática en general vayan a hacer la transición a 3D; la era del internet móvil comenzó hace más de una década y media y, sin embargo, muchos siguen usando dispositivos y redes no móviles. Además, los datos transmitidos entre dos dispositivos móviles se siguen transmitiendo principalmente a través de la infraestructura de internet por cable (es decir, subterránea). Y, a pesar de la proliferación de internet en los últimos cuarenta años, todavía existen redes sin conexión y redes que utilizan protocolos patentados. Sin embargo, es el 3D lo que permite construir tantas experiencias nuevas en internet y crea los extraordinarios retos técnicos que se describen a continuación.

También debo señalar que el metaverso no requiere gafas de RV ni RV inmersiva. Puede que con el tiempo sean la forma más popular de experimentar el metaverso, pero la realidad virtual inmersiva es sólo una forma de acceder a él. Argumentar que la RV inmersiva es un requisito para el metaverso es similar a sostener que sólo se puede acceder a internet móvil a través de aplicaciones, excluyendo así los navegadores móviles. En realidad, ni siquiera necesitamos una pantalla para acceder a las redes de datos móviles y a los contenidos móviles, como suele ocurrir con los dispositivos de seguimiento de vehículos y con un sinfín de dispositivos y sensores de máquina a máquina y del internet de las cosas (IoT). (Por cierto, el metaverso tampoco necesitará pantallas, como veremos en el capítulo 9.)

Renderizado en tiempo real

El renderizado es el proceso de generación de un objeto o entorno en 2D o 3D mediante un programa informático. El objetivo de este programa es «resolver» una ecuación compuesta por muchas entradas, datos y reglas diferentes que determinan qué debe ser renderizado (es decir, visualizado) y cuándo, y mediante el uso de varios recursos informáticos, como una unidad de procesamiento gráfico (o GPU) y una unidad central de procesamiento (CPU). Como ocurre con cualquier problema matemático, el aumento de los recursos disponibles para resolverlo (en este caso, el tiempo, el número de CPU/GPU y la capacidad de procesamiento) permite abordar ecuaciones más complejas y ofrecer una solución más detallada.

Pongamos como ejemplo la película de 2013 *Monstruos University*. Incluso utilizando un procesador informático de nivel industrial, cada uno de los más de 120.000 fotogramas de la película habría tardado una media de 29 horas en renderizarse. En total, habrían tardado más de dos años en renderizar toda la película una sola vez, suponiendo que no se sustituyera ni cambiara una sola escena. Con este reto en mente, Pixar construyó un centro de datos de 2.000 ordenadores industriales conectados entre sí con un total de 24.000 núcleos que, cuando se asignan por completo, pueden renderizar un fotograma en aproximadamente siete segundos.[43] La mayoría de las empresas, por supuesto, no pueden permitirse un superordenador tan potente y, por tanto, pasan más tiempo esperando. Muchas empresas de arquitectura y diseño, por ejemplo, tienen que esperar toda la noche para renderizar un modelo muy detallado.

Dar prioridad a la fidelidad visual tiene lógica si se está creando una superproducción de Hollywood que se proyectará en una pantalla IMAX, o cuando se está vendiendo la renovación de un

43. Takahashi, Dean, «How Pixar Made Monsters University, Its Latest Technological Marvel», *Venture Beat*, 24 de abril de 2013, <https://venturebeat.com/2013/04/24/the-making-of-pixars-latest-technological-marvel-monsters-university/>.

edificio de varios millones de dólares. Sin embargo, las experiencias que se desarrollan en mundos virtuales requieren un renderizado en tiempo real. Sin el renderizado en tiempo real, el tamaño y los efectos visuales de los mundos virtuales se verían muy limitados, al igual que el número de usuarios y las opciones disponibles para cada uno. ¿Por qué? Porque experimentar un entorno inmersivo a través de imágenes renderizadas previamente requiere que todas las secuencias posibles hayan sido creadas de antemano, al igual que una novela de aventuras en la que en lugar de infinitas opciones se puede elegir sólo un puñado. En otras palabras, el coste de un mayor número de imágenes es una menor funcionalidad y libertad.

Comparemos, por ejemplo, la navegación por el Coliseo romano en un videojuego con la de Google Street View. Ambos ofrecen vistas de 360 grados y múltiples dimensiones de movimiento (mirar hacia arriba o hacia abajo, moverse a la izquierda o a la derecha, hacia atrás o hacia delante), pero el primero limita mucho las opciones, y si decides mirar de cerca una piedra determinada, todo lo que puedes hacer es hacer *zoom* en una imagen no diseñada para tal escrutinio. Será borrosa, y el ángulo de visión es fijo.

Aunque el renderizado en tiempo real permite que un mundo virtual esté «vivo» y responda a los datos introducidos por un usuario (o un grupo de usuarios), significa que hay que renderizar un mínimo de 30, e idealmente 120, fotogramas por segundo. Esta restricción afecta necesariamente a la cantidad de hardware que se utiliza y al número de ciclos, y, por tanto, a la complejidad de lo que se renderiza. Como es de esperar, el 3D inmersivo requiere una potencia de cálculo mucho más intensa que el 2D. Y, al igual que el estudio de arquitectura medio no puede enfrentarse a los superordenadores construidos por una filial de Disney, el usuario medio no puede permitirse las GPU o CPU que usa una empresa.

Red interoperable

En la mayoría de las visiones del metaverso es fundamental la capacidad del usuario de llevar su «contenido» virtual, como un avatar o una mochila, de un mundo virtual a otro, donde también puede cambiarse, venderse o mezclarse con otros bienes. Por ejemplo, si compro un traje en Minecraft, puedo usarlo en Roblox, o tal vez un sombrero que compré en Minecraft se combine con un jersey que conseguí en Roblox cuando asistía a un partido deportivo virtual desarrollado y operado por la FIFA. Y si los asistentes al partido recibieran un artículo exclusivo en este evento, podrían llevarlo con ellos de ese entorno a otros, e incluso venderlo en plataformas de terceros como si fuera una camiseta original del festival de Woodstock en 1969. Además, el metaverso debería hacer que, dondequiera que vaya un usuario o lo que decida hacer, sus logros, su historia e incluso sus finanzas sean reconocidos en multitud de mundos virtuales, así como en el real. Los análogos más cercanos son el sistema de pases internacionales, las calificaciones crediticias del mercado local y los sistemas de identificación nacional (como los números de la seguridad social).

Para hacer realidad esta visión, los mundos virtuales deben ser, en primer lugar, *interoperables*, término que hace referencia a la capacidad de los sistemas informáticos o el software de intercambiar y utilizar la información enviada por otros.

El ejemplo más significativo de interoperabilidad es internet, que permite que innumerables redes independientes, heterogéneas y autónomas puedan intercambiar información de forma segura, fiable y comprensible a nivel mundial. Todo esto es posible gracias a la adopción del conjunto de protocolos de la red (TCP/IP), un conjunto de protocolos de comunicación que indican a redes dispares cómo deben empaquetarse, dirigirse, transmitirse, enrutarse y recibirse los datos. Este conjunto está gestionado por el Grupo de Trabajo de Ingeniería de Internet (IETF), un grupo de estándares abiertos sin ánimo de lucro creado en 1986 bajo el Gobierno federal de Estados Unidos. (Desde entonces se ha convertido en un organismo totalmente independiente y global.)

El establecimiento de TCP/IP no produjo por sí solo el internet interoperable a nivel mundial que conocemos hoy. Decimos «internet», en lugar de «un internet», y elegimos usar «internet» por encima de otras alternativas prácticas, porque casi todas las redes informáticas del mundo, desde las pequeñas y medianas empresas y los proveedores de banda ancha hasta los fabricantes de dispositivos y las empresas de software, adoptaron voluntariamente el conjunto de protocolos de internet.

Además, se crearon nuevos organismos de trabajo para garantizar que, por muy grandes y descentralizados que fueran internet y la red informática mundial, siguieran interoperando. Estos organismos gestionaron la asignación y expansión de los dominios web jerárquicos de primer nivel (.com, .org, .edu), así como de las direcciones IP, que identifican de forma inequívoca a los dispositivos individuales en internet, el Localizador de Recursos Uniforme (o URL), que especifica la ubicación de un determinado recurso en una red informática, y el HTML.

También fue importante el establecimiento de estándares comunes para los archivos en internet (por ejemplo, JPEG para las imágenes digitales y MP3 para el audio digital), sistemas comunes de presentación de la información en internet que se basan en enlaces entre diferentes sitios web, páginas web y contenidos web (como HTML), y motores de navegación que podían renderizar esta información (como el WebKit de Apple). En la mayoría de los casos, se establecieron varios estándares que competían entre sí, pero surgieron soluciones técnicas para convertir unos en otros (por ejemplo, un JPEG en un PNG). Debido a la apertura de la primera web, la mayoría de estas alternativas eran de código abierto y buscaban la mayor compatibilidad posible. Hoy en día, una foto tomada con un iPhone puede subirse fácilmente a Facebook, descargarse de Facebook a Google Drive y publicarse en una reseña de Amazon.

Internet demuestra el alcance de los sistemas, los estándares técnicos y las convenciones necesarias para establecer, mantener y ampliar la interoperabilidad entre aplicaciones heterogéneas, redes, dispositivos, sistemas operativos, idiomas, dominios, países y mucho más. Sin embargo, se necesitará mucho más para hacer realidad la visión de una red interoperable de mundos virtuales.

Casi todos los mundos virtuales populares hoy en día utilizan sus propios motores de renderizado (muchos editores utilizan varios en sus títulos), guardan sus objetos, texturas y datos de los jugadores en archivos completamente diferentes y sólo con la información que esperan necesitar, y no tienen sistemas para intentar compartir datos con otros mundos virtuales. Como resultado, los mundos virtuales existentes no tienen una forma clara de encontrarse y reconocerse entre sí, ni tienen un lenguaje común en el que puedan comunicarse, y mucho menos de forma coherente, segura y completa.

Este aislamiento y fragmentación se debe a que los mundos virtuales actuales, y sus constructores, nunca diseñaron sus sistemas o experiencias para que fueran interoperables. Por el contrario, fueron concebidos como experiencias cerradas con economías controladas y optimizadas en consecuencia.

No hay una manera obvia o rápida de establecer estándares y soluciones. Consideremos, por ejemplo, la idea de un «avatar interoperable». Es relativamente fácil para los desarrolladores ponerse de acuerdo acerca de la definición de una imagen y la forma de presentarla, y como unidad de contenido estático en 2D formada por píxeles de colores distintos, el proceso de conversión de un tipo de archivo de imagen (por ejemplo, PNG) a otro (JPEG) es sencillo. Sin embargo, los avatares 3D son una cuestión más compleja. ¿Un avatar es una persona completa en 3D con un atuendo, o se compone de un avatar corporal y un atuendo? Si es esto último, ¿cuántas prendas de vestir lleva y qué define una camisa frente a una chaqueta que va por encima de las camisas? ¿Qué partes de un avatar pueden recolorearse? ¿Qué partes deben recolorearse juntas (está una manga separada de una camisa)? ¿La cabeza de un avatar es un objeto completo o es una descripción de docenas de subelementos como ojos individuales (con sus propias retinas), pestañas, narices, pecas, etcétera? Además, los usuarios esperan que un avatar de medusa antropomórfica y un androide con forma de caja se muevan de forma diferente. Lo mismo ocurre con los objetos. Si se coloca un tatuaje en el cuello del avatar, debe permanecer fijo en su piel independientemente de cualquier movimiento que haga. Una corbata colgada en el cuello, sin embargo, debería moverse con el avatar (y también interactuar con él) a medida que se mueve. Y debería moverse de forma diferente a un collar de conchas marinas, que a su vez debería moverse de forma diferente a un collar de plumas. No basta con compartir las dimensiones y los detalles visuales de un avatar. Los desarrolladores tienen que entender cómo funcionan y ponerse de acuerdo acerca de ello.

Incluso si se deciden y mejoran los nuevos estándares, los desarrolladores necesitarán un código que pueda interpretar, modificar y aprobar adecuadamente los bienes virtuales de terceros. Si Call of Duty quiere importar un avatar de Fortnite, probablemente querrá cambiar el estilo del avatar para que se ajuste al realismo de Call of Duty. Para ello, es posible que quiera rechazar aquellos que no tengan sentido en su mundo virtual, como el famoso *skin* Peely de Fortnite, un plátano antropomórfico gigante (que probablemente no pueda caber dentro de los coches o los marcos de las puertas de Call of Duty).

También hay otros problemas que resolver. Si un usuario compra un bien virtual en un mundo virtual pero luego lo utiliza en muchos otros, ¿dónde se gestiona su registro de propiedad y cómo se actualiza este registro? ¿Cómo solicita otro mundo virtual este bien en nombre de su supuesto propietario y luego valida que el usuario lo posee? ¿Cómo se gestiona la monetización? Las imágenes y los archivos de audio inalterables no sólo son más sencillos que los productos en 3D, sino que podemos enviar copias de ellos entre ordenadores y redes y, lo que es más importante, no tenemos que controlar cómo se utilizan ni quién tiene derecho a utilizarlos.

Y lo anterior sólo se refiere a los objetos virtuales. Hay otros retos, en gran medida únicos, en las identificaciones interoperables, las comunicaciones digitales y, sobre todo, los pagos.

Además, es necesario que los estándares que se seleccionen sean muy eficaces. Pensemos, por ejemplo, en el formato GIF.

Aunque es muy popular, técnicamente es horrible. Las imágenes GIF suelen ser muy pesadas (es decir, su tamaño de archivo es relativamente grande) a pesar de haber comprimido el archivo de vídeo de origen hasta el punto de descartar muchos fotogramas individuales y de que los restantes hayan perdido gran parte de su detalle visual. El formato MP4, por el contrario, suele ser entre cinco y diez veces más ligero y proporciona una claridad y un detalle de vídeo mucho mayores. Por tanto, el uso comparativamente extendido del GIF ha provocado un uso adicional del ancho de banda, más tiempo de espera para que se carguen los archivos y peores experiencias en general. Esto puede no parecer un resultado terrible, pero, como comentaré más adelante en este libro, las demandas computacionales, de red y de hardware del metaverso no tendrán precedentes. Y los objetos virtuales en 3D son mucho más pesados, y probablemente más importantes, que un archivo de imagen. Por tanto, los formatos que se seleccionen tendrán un profundo impacto en lo que es posible, en qué dispositivos y cuándo.

El proceso de estandarización es complicado, desordenado y largo. En realidad, es un problema empresarial y humano que se disfraza de tecnológico. Los estándares, a diferencia de las leyes de la física, se establecen por consenso, no por descubrimiento. La formación de un consenso a menudo requiere concesiones que no contentan a ninguna de las partes, lo que puede dar lugar a «bifurcaciones» cuando diferentes facciones se separan. Sin embargo, el proceso nunca termina. Constantemente surgen nuevos estándares, y los antiguos se actualizan y a veces se eliminan (poco a poco vamos abandonando el GIF). El hecho de que el proceso de estandarización del 3D se inicie décadas después de la aparición de los mundos virtuales, y con billones de dólares en juego, lo hará aún más difícil.

Teniendo en cuenta estos problemas, hay quienes afirman que es poco probable que «el metaverso» llegue a producirse. En su lugar, habrá muchas redes de mundos virtuales que compitan entre sí. Pero esta postura no es desconocida. Desde los años setenta hasta principios de los noventa, también hubo un debate constante sobre si se establecería un estándar común de interconexión (este período se conoce como la «guerra de protocolos»). La mayoría esperaba que el mundo y sus redes se fragmentaran en un puñado de pilas de protocolos propietarios que sólo se comunicaban con determinadas redes externas para fines específicos.

En retrospectiva, el valor de un internet único e integrado es evidente. Sin él, el 20 por ciento de la economía mundial no sería «digital» hoy en día (ni la mayor parte del resto estaría digitalizada). Y aunque no todas las empresas se han beneficiado de la apertura y la interoperabilidad, la mayoría de los negocios y usuarios sí lo han hecho. En consecuencia, es poco probable que la fuerza motriz de la interoperabilidad sea una voz visionaria o una tecnología recién introducida, sino que será la economía. Y la forma de aprovechar la economía al máximo será a través de unos estándares comunes que mejorarán la economía del metaverso atrayendo a más usuarios y desarrolladores, lo que dará lugar a mejores experiencias, que a su vez serán más baratas de crear y más rentables de operar, impulsando así una mayor inversión. No es necesario que todas las partes adopten los estándares comunes, siempre y cuando se permita que la gravedad económica haga su trabajo. Los que lo hagan crecerán y los que no lo hagan se verán limitados.

Por eso es tan importante entender cómo se establecerán los estándares de interoperabilidad del metaverso. Los líderes aquí tendrán un extraordinario poder blando al existir este internet de nueva generación. En muchos sentidos, ellos decidirán las reglas de la física, y cuándo, cómo y por qué se actualizarán.

A escala masiva

Para que «internet» sea «internet», aceptamos que tiene que tener un número aparentemente infinito de sitios y páginas web. No puede ser, por ejemplo, sólo un puñado de portales propiedad de unos pocos desarrolladores. El metaverso es similar. Debe tener un número masivo de mundos virtuales si quiere ser «el metaverso». Si no es así, se parece más a un parque temático digital:

un destino con un puñado de atracciones y experiencias cuidadosamente elegidas que nunca podrán ser tan diversas como el mundo exterior (real) ni competir con él.

En este sentido, resulta útil desentrañar la etimología del término *metaverso*. El neologismo de Stephenson proviene del prefijo griego *meta-* y la raíz *verso*, una retroformación de la palabra *universo*. En español *meta-* se traduce aproximadamente como «más allá» o «que trasciende» la palabra que le sigue. Por ejemplo, los metadatos son datos que describen datos, mientras que la metafísica se refiere a una rama de la filosofía «del ser, la identidad y el cambio, el espacio y el tiempo, la causalidad, la necesidad y la posibilidad», en lugar del estudio de «la materia, sus constituyentes fundamentales, su movimiento y comportamiento a través del espacio y el tiempo, y las entidades relacionadas de la energía y la fuerza».[44] En combinación, el *meta-* y el *verso* pretenden ser una capa unificadora que se sitúa por encima y a través de todos los «universos» individuales generados por ordenador, así como del mundo real, al igual que el universo contiene, según algunas estimaciones, 70 trillones de planetas.

Además, dentro del metaverso, podría haber «metagalaxias», una colección de mundos virtuales que operan todos bajo una misma autoridad y que están claramente conectados por una capa visual. De acuerdo con esta definición, Roblox formaría una metagalaxia, mientras que Adopt Me! sería un mundo virtual. ¿Por qué? Porque Roblox es una red de millones de mundos virtuales diferentes, uno de los cuales es Adopt Me!, pero Roblox no contiene todos los mundos virtuales (lo que lo convertiría en el metaverso). Los mundos virtuales individuales pueden tener subregiones específicas, al igual que las redes de internet tienen sus propias subredes, y la Tierra tiene continentes, que a menudo comprenden muchas naciones, que pueden dividirse en estados y provincias, cada uno con ciudades, condados, etcétera.

44. Wikipedia, «Metaphysics», última edición: octubre 28 de 2021, <https://en.wikipedia.org/wiki/Metaphysics>.

Una forma de pensar en una metagalaxia es pensar en el papel de Facebook en internet. Obviamente, Facebook no es internet, pero es una colección de páginas y perfiles de Facebook estrechamente integrados. En un sentido simplificado, es la versión actual de una metagalaxia 2D. La analogía también nos permite considerar el alcance probable de la interoperabilidad del metaverso. En el universo actual, no todos los productos pueden viajar a todas partes. Podríamos llevar un guitarra a Venus, pero sería inmediatamente destruida; técnicamente, podríamos llevar una granja de Ohio a la Luna, pero sería poco práctico. En la Tierra, la mayoría de los objetos fabricados por el hombre pueden ser llevados a la mayoría de los lugares, sin embargo, tenemos varias limitaciones sociales, económicas, culturales y de seguridad que pueden impedírnoslo.

El crecimiento del número de mundos virtuales debería impulsar su uso. Algunos líderes dentro del espacio de los mundos virtuales, como Tim Sweeney, creen que, con el tiempo, todas las empresas necesitarán operar sus propios mundos virtuales, tanto como planetas independientes como parte de plataformas de mundos virtuales líderes como Fortnite y Minecraft. Como ha dicho Sweeney, «al igual que hace unas décadas todas las empresas creaban una página web, y luego en algún momento todas las empresas crearon una página de Facebook».

Persistencia

Antes he hablado de la idea de la persistencia en un mundo virtual. Casi ningún juego actual muestra una persistencia total. En su lugar, funcionan durante un período finito antes de reiniciar parte o la totalidad de sus mundos virtuales. Pensemos en los exitosos juegos Fortnite y Free Fire. A lo largo de una partida, los jugadores construyen y destruyen diversas estructuras, prenden fuego a los bosques o matan a la fauna, pero después de unos 20 o 25 minutos, el mapa «termina» y es descartado por Epic Games y Garena para que el jugador no vuelva a experimentarlo, aunque conserve los objetos ganados o desbloqueados durante esa partida. De hecho, incluso dentro de una misma partida, el mundo virtual descarta datos, como una marca de bala en una roca indestructible, que puede «desaparecer» después de 30 segundos para reducir la complejidad del renderizado.

No todos los mundos virtuales se reinician como una partida de Fortnite. World of Warcraft, por ejemplo, se ejecuta continuamente. Sin embargo, sigue siendo erróneo decir que su mundo virtual persiste por completo. Si un jugador entra en una parte específica del mapa de World of Warcraft, derrota a sus enemigos, se va y después vuelve, lo más normal es que se encuentre de nuevo a esos enemigos. Un comerciante del juego que ha vendido a un jugador un objeto raro, al día siguiente puede ofrecerle otro como si fuera el primero. Sólo cuando el desarrollador, en este caso Activision Blizzard, realiza una gran actualización, el mundo virtual puede cambiar. Que las consecuencias de una determinada elección o evento perduren indefinidamente, o no, no es algo en lo que los jugadores puedan influir. Lo único que persiste es la memoria del jugador y su registro de haber derrotado a un enemigo o comprado un objeto.

El reto de la persistencia en los mundos virtuales puede ser un poco difícil de entender porque no nos encontramos este problema en el mundo real. Si cortas un árbol físico, desaparece independientemente de que recuerdes haberlo cortado personalmente, y sin importar cuántos otros árboles y actividades esté siguiendo la Madre Tierra. Con un árbol virtual, tu dispositivo y el servidor que lo gestiona deben decidir activamente si conservan esta información, la renderizan y la comparten con otros. Y si estos ordenadores deciden hacerlo, hay cuestiones adicionales de detalle: ¿el árbol simplemente «ha desaparecido» o está ahora talado en el suelo? ¿Deben los jugadores ver de qué lado fue cortado, o sólo que fue cortado genéricamente? ¿Y se «biodegrada»? Si es así, ¿cómo? ¿Genéricamente, o depende de su entorno local? Cuanta más información persista, mayores serán las necesidades de computación y menos memoria y potencia estarán disponibles para otras actividades.

El mejor ejemplo de la interacción entre computación y persistencia es el juego EVE Online. Aunque no es tan famoso como otros «protometaversos» de principios de la década de 2000, como Second Life, ni como otros más recientes, como Roblox, EVE Online es una maravilla. Con la excepción de los ocasionales períodos de inactividad para la resolución de problemas y las actualizaciones, EVE Online ha funcionado de forma continua y persistente desde su lanzamiento en 2003. Y, a diferencia de juegos como Fortnite, que fragmenta a sus decenas de millones de jugadores en partidas de 20 a 30 minutos con entre 12 y 150 jugadores, EVE Online coloca a sus cientos de miles de usuarios mensuales en un único mundo virtual compartido que abarca casi 8.000 sistemas estelares y casi 70.000 planetas.

Detrás del extraordinario mundo virtual de EVE Online hay una innovadora arquitectura de sistemas, pero también (y sobre todo) un brillante diseño creativo.

El mundo virtual de EVE Online es esencialmente un espacio tridimensional vacío con fondos de pantalla que parecen una galaxia. Los usuarios no pueden visitar realmente un planeta, y actividades como la minería son más parecidas a la configuración de un rúter inalámbrico que a la construcción de un equipo virtual. Así, la persistencia del juego consiste sobre todo en gestionar un conjunto relativamente modesto de derechos (las naves y los recursos de un jugador, por ejemplo) y los datos de localización relacionados. Esto supone menos trabajo de cálculo para los servidores de CCP Games, desarrolladores del juego, y para sus usuarios, cuyos dispositivos no necesitan renderizar un mundo cambiado, sino sólo unos pocos objetos. Recordemos que la complejidad es el enemigo del renderizado en tiempo real.

Además, en EVE Online ocurre muy poco a diario, cada trimestre o incluso cada año. Esto se debe a que el objetivo de EVE Online, en la medida en que existe, es que varias facciones de jugadores conquisten planetas, sistemas y galaxias. Esto se consigue principalmente mediante la creación de corporaciones, la formación de alianzas y el posicionamiento estratégico de las flotas. Para ello, gran parte de EVE Online tiene lugar en el «mundo real», a través de aplicaciones de mensajería y correos electrónicos de terceros, y no en los servidores de CCP. Los usuarios se han pasado años planeando ataques, yendo de incógnito con los gremios enemigos para luego traicionarlos, y creando enormes redes personales que comercian con recursos y construyen nuevas naves. Aunque se producen batallas a gran escala, son muy poco frecuentes y suponen la destrucción de activos en el mundo virtual (por ejemplo, naves) en lugar del propio mundo virtual. Lo primero es mucho más fácil de gestionar para un procesador que lo segundo, al igual que tirar una planta de jardín a la basura es más fácil que entender cómo afectará al ecosistema del jardín.

Lo que hace que EVE Online sea un ejemplo tan extraordinario es lo profundamente complejo que es —tanto técnica como sociológicamente— y, al mismo tiempo, lo limitado que es en comparación con la mayoría de las visiones del metaverso. En el *Snow Crash* de Stephenson, el metaverso es un mundo virtual enorme, del tamaño de un planeta y rico en detalles, con un número casi infinito de negocios únicos, lugares que visitar, actividades que hacer, cosas que comprar y gente que conocer. Casi todo y cualquier cosa hecha por cualquier usuario, en cualquier momento, puede persistir para siempre. Esto se aplica no sólo al mundo virtual, sino a los objetos individuales que lo componen. Nuestros avatares y zapatillas virtuales se desgastarían con el uso y reflejarían para siempre sus daños. Y según los principios de interoperabilidad, estas modificaciones persistirían allá donde vayamos.

La cantidad de datos que deben leerse, escribirse, sincronizarse (más adelante se habla de ello) y procesarse para crear y mantener esta experiencia no sólo no tiene precedentes, sino que va mucho más allá de lo que es posible hoy en día. Sin embargo, la versión literal del metaverso de Stephenson puede no ser siquiera deseable. Stephenson imaginó a los individuos despertando en el metaverso dentro de sus casas virtuales, y luego caminando o cogiendo un tren hasta un bar virtual. Mientras que el esqueumorfismo[45] suele ser útil, la «calle» como capa única que unifica todo en el mundo virtual probablemente no lo sea.

---

45. El *esqueumorfismo* se refiere a una técnica utilizada en el diseño gráfico en la que las interfaces se diseñan para imitar a sus homólogos del mundo

La mayoría de los participantes en el metaverso prefieren tele-transportarse de un destino a otro. Afortunadamente, es mucho más fácil gestionar la persistencia de los datos de un usuario (es decir, lo que posee y ha hecho) a través de varios mundos y a lo largo del tiempo, en lugar de la persistencia de las contribuciones más diminutas de cada usuario a un mundo del tamaño de un planeta. El modelo también refleja mejor el internet actual y, probablemente, nuestros modelos de interacción preferidos. En la web, a menudo navegamos directamente a una página web, como un documento específico en Google Docs o un vídeo en YouTube. No empezamos en una especie de «página de inicio de internet», luego hacemos clic en Google.com, luego navegamos a la página del producto correspondiente, y así sucesivamente.

Además, internet existe independientemente de cualquier sitio, plataforma o dominio de nivel superior como «.com». Si un sitio, o incluso muchos, dejasen de existir, el contenido podría perderse, pero internet, en su conjunto, persistiría. Muchos de los datos de un usuario, como las *cookies* o una dirección IP, por no hablar de los contenidos que ha creado, pueden existir sin un determinado sitio web, navegador, dispositivos, plataforma o servicio. Sin embargo, si un mundo virtual se desconecta, se reinicia o se cierra, es casi como si nunca hubiera existido para el jugador. Aunque siga funcionando, en el momento en que un jugador deja de jugar en un mundo, es probable que se pierdan los bienes virtuales que posee, su historial y sus logros, e incluso parte de su gráfico social. Esto es menos problemático cuando los mundos virtuales son «juegos», pero para que la sociedad humana se traslade de forma significativa a los espacios virtuales (por ejemplo, para la educación, el trabajo o la atención sanitaria), lo que hacemos en estos espacios debe perdurar de forma fiable, al igual que nuestros expedientes escolares y nuestros trofeos de béisbol. Para los filósofos, incluido John Locke, la identidad se entiende mejor como continuidad de la memoria. Si es así, nunca podremos tener una

---

real. Por ejemplo, la primera aplicación «Notas» del iPhone consistía en escribir en un papel amarillo con líneas rojas, como el bloc de notas común.

memoria virtual mientras todo lo que hayamos hecho y hacemos se olvide.

El aumento de la persistencia dentro de los mundos virtuales individuales será, sin embargo, esencial para el crecimiento del metaverso. Como explicaré a lo largo de este libro, muchas de las ideas de diseño que se han hecho populares en los últimos cinco años no son nuevas, sino más bien posibles. Así, puede que actualmente nos cueste entender por qué World of Warcraft necesita recordar para siempre las huellas exactas de un usuario en la nieve fresca, pero lo más probable es que algún diseñador acabe dando con la respuesta y, no mucho después, se convierta en una característica esencial de muchos juegos. Hasta entonces, los mundos virtuales que más necesitan de la persistencia son probablemente los que se basan en bienes inmuebles virtuales o los vinculados a espacios físicos. Por ejemplo, esperamos que los «gemelos digitales» se actualicen con frecuencia para reflejar los cambios en su homólogo del mundo real, y que las plataformas inmobiliarias sólo virtuales no se «olviden» de las nuevas obras de arte o la decoración añadida a una habitación determinada.

Sincrónico

No queremos que los mundos virtuales del metaverso se limiten a persistir o a respondernos en tiempo real. También queremos que sean experiencias *compartidas*. Para que esto funcione, cada participante en un mundo virtual debe tener una conexión a internet capaz de transmitir grandes volúmenes de datos en un tiempo determinado («gran ancho de banda»), así como una conexión de baja latencia («rápida») y continua[46] (sostenida e ininterrumpida) conexión a un servidor del mundo virtual (hacia y desde él).

Puede que esto no parezca un requisito descabellado. Al fin y al cabo, es probable que decenas de millones de hogares estén

---

46. A menudo se habla de una conexión «persistente», pero para diferenciarla de la persistencia de un mundo virtual, aquí usaré el término *continua*.

transmitiendo vídeo de alta definición en este momento, y que gran parte de la economía mundial funcionara a través de software de videoconferencias en vivo y sincrónico a lo largo de la pandemia de la COVID-19. Y los proveedores de banda ancha siguen presumiendo —y ofreciendo— mejoras en el ancho de banda y la latencia, así como los cortes de conexión son cada vez menos frecuentes.

Sin embargo, las experiencias sincrónicas en línea son quizá la mayor limitación a la que se enfrenta el metaverso hoy en día y la más difícil de resolver. Sencillamente, internet no se diseñó para las experiencias compartidas sincrónicas. En realidad, se diseñó para permitir el intercambio de copias estáticas de mensajes y archivos de una parte a otra (es decir, laboratorios de investigación y universidades que accedían a ellos de uno en uno). Aunque esto suena imposiblemente limitante, funciona bastante bien con casi todas las experiencias en línea de hoy en día, especialmente porque casi ninguna requiere una conexión continua para sentir que estás en directo.

Cuando un usuario cree que está navegando por una página web en vivo, como su muro de noticias de Facebook, que se actualiza constantemente, o la transmisión en directo de las elecciones en *The New York Times*, en realidad sólo está recibiendo páginas actualizadas con frecuencia. Lo que realmente ocurre es lo siguiente: para empezar, el dispositivo de ese usuario hace una petición a Facebook o al servidor del *Times*, ya sea a través de un navegador o una aplicación. El servidor procesa la solicitud y devuelve el contenido apropiado. Este contenido incluye un código que solicita actualizaciones al servidor en un intervalo determinado (digamos, cada 5 o 60 segundos). Además, cada una de estas transmisiones (desde el dispositivo del usuario o el del servidor correspondiente) puede viajar a través de un conjunto diferente de redes para llegar a su destinatario. Aunque parezca que se trata de una conexión en vivo, continua y bidireccional, en realidad son lotes de paquetes de datos unidireccionales, con un enrutamiento variable y no en vivo. El mismo modelo se aplica a lo que llamamos aplicaciones de «mensajería instantánea». Los usuarios, y los servidores entre ellos, se limitan en realidad a enviarse datos fijos entre sí, mientras realizan frecuentes comprobaciones de disponibilidad de recursos de red para solicitar información (enviar un mensaje o enviar un recibo de lectura).

Incluso Netflix funciona de forma no continua, aunque el término *streaming* y la experiencia objetivo —reproducción ininterrumpida— sugieran lo contrario. En realidad, los servidores de la empresa envían a los usuarios distintos lotes de datos, muchos de los cuales viajan por diferentes rutas de red desde el servidor hasta el usuario. A menudo, Netflix envía contenido al usuario antes de que lo necesite, por ejemplo, 30 segundos antes. De esta forma, si se produce un error temporal en la entrega (por ejemplo, si se congestiona una ruta específica o el usuario pierde brevemente su conexión wifi), el vídeo seguirá reproduciéndose. El resultado del método de Netflix es una entrega que parece continua, pero sólo porque no se entrega como tal.

Netflix también tiene otros trucos. Por ejemplo, la empresa recibe archivos de vídeo desde meses hasta horas antes de que estén disponibles para el público. Esto le da una ventana durante la cual puede realizar un análisis exhaustivo basado en el aprendizaje automático que le permite reducir (o «comprimir») el tamaño de los archivos mediante el análisis de los datos de los fotogramas para determinar qué información se puede descartar. En concreto, los algoritmos de la empresa «observarán» una escena con cielos azules y decidirán que, si el ancho de banda de internet de un espectador disminuye repentinamente, 500 tonos diferentes de azul pueden simplificarse a 200, o 50, o 25. La analítica de la empresa de *streaming* hace esto incluso en función del contexto, reconociendo que las escenas de diálogo pueden tolerar una mayor compresión que las de acción de ritmo más rápido. Además, Netflix precargará los contenidos en los nodos locales. Cuando eliges ver el último episodio de *Stranger Things*, en realidad está a sólo unas calles de distancia y, por tanto, llega enseguida.

Los métodos anteriores sólo funcionan porque Netflix es una experiencia no sincrónica; no se puede «precargar» nada en los contenidos que se producen en directo. Por eso las transmisiones de vídeo en directo, como las de CNN o Twitch, son sustancialmente menos fiables que las transmisiones bajo demanda de Net-flix o HBO Max. Pero incluso los *streamers* en directo tienen sus propios trucos. Por ejemplo, la transmisión suele retrasarse entre dos y treinta segundos, lo que significa que aún existe la posibilidad de preenviar el contenido en caso de congestión temporal. Las pausas publicitarias también pueden ser aprovechadas tanto por el servidor del proveedor de contenidos como por el usuario para restablecer la conexión en caso de que la anterior haya resultado poco fiable. La mayoría de los vídeos en directo requieren una conexión continua de un solo sentido, por ejemplo, del servidor de la CNN al usuario. A veces hay una conexión bidireccional, como en el caso de un chat de Twitch, pero sólo se comparte una escasa cantidad de datos (el chat en sí) y no es de importancia crítica, ya que no afecta directamente a lo que está ocurriendo en el vídeo (recuerda, probablemente ocurrió entre dos y treinta segundos antes).

En general, muy pocas experiencias en línea requieren un gran ancho de banda, baja latencia y conectividad continua, aparte de los mundos virtuales multiusuario renderizados en tiempo real. La mayoría de las experiencias sólo necesitan uno o, como mucho, dos de estos elementos. Los operadores en Bolsa de alta frecuencia (y especialmente los algoritmos de negociación de alta frecuencia) quieren los tiempos de entrega más bajos posibles, ya que esto puede ser la diferencia entre comprar o vender un valor con beneficios o con pérdidas. Sin embargo, las órdenes en sí son básicas y ligeras, y no requieren una conexión continua al servidor.

La mayor excepción es el software de videoconferencia, como Zoom, Google Meet o Microsoft Teams, que implica que muchas personas reciban y envíen archivos de vídeo de alta resolución, todos a la vez, y participen en una experiencia compartida. Sin embargo, estas experiencias sólo son posibles a través de soluciones de software que no funcionan realmente para mundos virtuales renderizados en tiempo real con muchos participantes.

Piensa en tu última llamada de Zoom. De vez en cuando, es probable que algunos datos llegasen demasiado tarde o no llegasen en absoluto, lo que significa que no se escuchó una o dos palabras, o tal vez, algunas de tus palabras no fueron escuchadas por los demás en la llamada. A pesar de ello, lo más probable es que tú o tus oyentes entendierais lo que se estaba diciendo y la llamada pudiera continuar. Tal vez perdiste temporalmente la conectividad, pero la recuperaste rápidamente. Zoom puede enviarte los datos que has perdido, y luego acelerar la reproducción y editar las pausas para «ponerte al día» y estar «en directo». Es posible que hayas perdido la conexión por completo, ya sea por un problema con tu red local o por un problema encontrado en algún lugar entre tu red local y un servidor remoto de Zoom. Si esto ha ocurrido, es probable que te reincorpores sin que nadie sepa que te has ido, y si se dan cuenta, es poco probable que tu ausencia haya sido perjudicial. Esto se debe a que las videoconferencias son experiencias compartidas que se centran en una sola persona, en lugar de ser compartidas por muchos usuarios que trabajan juntos. ¿Y si fueras el orador? La buena noticia es que la llamada podría continuar sin ti, ya sea con otro participante o esperando a que te reincorpores. Si en algún momento la congestión de la red hace que tú o los demás no podáis oír o ver lo que está pasando, Zoom dejará de cargar o descargar el vídeo de varios miembros de la llamada, para priorizar lo más importante: el audio. O bien, la llamada podría haberse visto interrumpida por una latencia variable —es decir, los distintos miembros de la llamada recibían el vídeo y el audio «en directo» con un cuarto, medio o incluso un segundo de retraso o de adelanto—, lo que provocaba dificultades para turnarse y constantes interrupciones. Con el tiempo, la llamada probablemente haya resuelto cómo gestionar esto. Sólo se necesita un poco de paciencia.

Los mundos virtuales tienen mayores requisitos de rendimiento y se ven más afectados que cualquiera de estas actividades por un contratiempo, por pequeño que sea. Se transmiten conjuntos de datos mucho más complejos y se necesitan con mucha más puntualidad y de todos los usuarios.

A diferencia de una videollamada, en la que hay un creador y varios espectadores, un mundo virtual suele tener muchos participantes compartidos. Por tanto, la pérdida de un individuo (por muy temporal que sea) afecta a toda la experiencia colectiva. E incluso si un usuario no se pierde del todo, sino que queda ligeramente desincronizado con el resto de la convocatoria, pierde totalmente su capacidad de afectar al mundo virtual.

Imagina que juegas a un juego de disparos en primera persona. Si el jugador A va 75 milisegundos por detrás del jugador B, puede disparar en un lugar donde cree que está el jugador B, pero éste y el servidor del juego saben que el jugador B se ha ido. Esta discrepancia significa que el servidor del mundo virtual debe decidir qué experiencias son «verdaderas» (es decir, cuáles deben ser renderizadas y persistir en todos los participantes) y qué experiencias deben ser rechazadas. En la mayoría de los casos, la experiencia del participante que se ha retrasado será rechazada para que los demás participantes puedan continuar. El metaverso no puede funcionar como un plano paralelo para la existencia humana si muchos de los que están en él experimentan versiones conflictivas (y luego invalidadas) de éste. Las restricciones computacionales en torno al número de usuarios por simulación (de las que hablaré en la siguiente sección) a menudo significan que si un usuario se desconecta de una sesión determinada, tampoco puede volver a unirse a ella. Esto interrumpe no sólo la experiencia de ese usuario, sino también la de sus amigos, que deben salir del mundo virtual si quieren reanudar el juego juntos, o tendrían que continuar sin esa persona.

En otras palabras, la latencia y los retrasos pueden frustrar a los usuarios individuales de Netflix y Zoom, pero en un mundo virtual, estos problemas ponen al individuo en riesgo de muerte virtual y al colectivo en un estado de constante frustración. En el momento de escribir este libro, sólo tres cuartas partes de los hogares estadounidenses pueden participar de forma consistente en la mayoría de los mundos virtuales en tiempo real. Menos de una cuarta parte de los hogares de Oriente Próximo pueden hacerlo.

Esta amplia descripción del reto de la sincronización es fundamental para entender cómo evolucionará y crecerá el metaverso en las próximas décadas. Aunque muchos consideran que el metaverso depende de las innovaciones en los dispositivos, como las gafas de realidad virtual, los motores de juego (como Unreal) o las plataformas como Roblox, las capacidades de la red definirán —y limitarán— gran parte de lo que es posible, cuándo y para quién.

Como veremos en capítulos posteriores, no hay soluciones sencillas, baratas o rápidas. Necesitaremos una nueva infraestructura de cableado, estándares inalámbricos, equipos de hardware y, potencialmente, incluso revisiones de los elementos fundamentales del conjunto de protocolos de internet, como el Protocolo de Puerta de Enlace de Frontera o BGP.

La mayoría de la gente nunca ha oído hablar del BGP, pero este protocolo está en todas partes, sirviendo como una especie de guardia de tráfico de la era digital al gestionar cómo y dónde se transmiten los datos a través de varias redes. El reto del BGP es que se diseñó para el caso de uso original de la interred de compartir archivos estáticos y asíncronos. No sabe, y mucho menos entiende, qué datos está transmitiendo (ya sea un correo electrónico, una presentación en directo o un conjunto de entradas destinadas a esquivar disparos virtuales en una simulación virtual renderizada en tiempo real), ni su dirección (entrante o saliente), el impacto de encontrar una congestión en la red, etcétera. En su lugar, el BGP sigue una metodología bastante estandarizada de talla única para el enrutamiento del tráfico, que esencialmente pondera el pasado más rápido y el camino más corto y barato (con una preferencia general por la última variable). Por lo tanto, incluso si una conexión se mantiene, podría ser una conexión innecesariamente larga (latente) y podría cortarse para dar prioridad al tráfico de red que no necesita ser entregado en tiempo real.

El BGP está gestionado por el Grupo de Trabajo de Ingeniería de Internet y puede ser revisado. Sin embargo, la viabilidad de cualquier cambio depende de la aceptación de miles de proveedores de servicios de internet, redes privadas, fabricantes de rúters, redes de distribución de contenidos, etcétera. Es probable que incluso una actualización sustancial sea insuficiente para un metaverso de escala global, al menos en un futuro próximo.

Usuarios ilimitados y presencia individual

Aunque Stephenson no proporcionó una fecha exacta, varias referencias en *Snow Crash* sugieren que la novela tiene lugar a mediados o finales de la década de 2010. El metaverso de Stephenson, que tenía aproximadamente dos veces y media el tamaño de la Tierra, estaba «ocupado por el doble de la población de la ciudad de Nueva York»[47] en cualquier momento. En total, 120 millones de los aproximadamente ocho mil millones de personas que vivían en el «mundo real» ficticio de Stephenson tenían acceso a ordenadores lo suficientemente potentes como para manejar el protocolo del metaverso y podían unirse cuando quisieran. En nuestro mundo real, no estamos ni cerca de conseguir lo mismo.

¿Cómo de lejos estamos? Incluso los mundos virtuales no persistentes de menos de diez kilómetros cuadrados de superficie, con una funcionalidad muy limitada, gestionados por las empresas de videojuegos más exitosas de la historia y que funcionan con dispositivos informáticos aún más potentes, siguen teniendo dificultades para mantener a más de 50 o 150 usuarios en una simulación compartida. Es más, 150 usuarios simultáneos (CCU) es un logro significativo, y sólo es posible por cómo se diseñan creativamente estos títulos. En Fortnite: Battle Royale, hasta 100 jugadores pueden participar en un mundo virtual sofisticadamente animado, y cada jugador controla un avatar detallado que puede utilizar más de una docena de objetos diferentes, realizar docenas de bailes y maniobras, y construir complejas estructuras de decenas de pisos de altura. Sin embargo, el mapa de aproximadamente 5 kilómetros cuadrados de Fortnite significa que sólo una o dos docenas de jugadores se cruzan a la vez, y para cuando los jugadores se ven obligados a entrar en una porción más pequeña del mapa, la mayoría de los jugadores han sido eliminados y convertidos en datos en un marcador.

Las mismas limitaciones técnicas dan forma a las experiencias sociales de Fortnite, como su famoso concierto de 2020 con

47. Stephenson, *Snow Crash, op. cit.*, p. 27.

Travis Scott. En ese caso, los «jugadores» convergían en una porción mucho más pequeña del mapa, lo que significa que el dispositivo medio tenía que renderizar y computar mucha más información. En consecuencia, el tope estándar del título de 100 jugadores por instancia se redujo a la mitad, mientras que muchos objetos y acciones, como la construcción, se desactivaron, lo que redujo aún más la carga de trabajo. Aunque Epic Games puede decir con razón que más de 12,5 millones de personas asistieron a este concierto en directo, estos asistentes fueron divididos en 250.000 copias separadas (es decir, vieron 250.000 versiones de Scott) del evento, que ni siquiera comenzó al mismo tiempo.

Otro buen ejemplo de los retos de los usuarios simultáneos es World of Warcraft, un «juego masivo en línea». Para jugar, los usuarios deben elegir primero un «reino», un servidor discreto que gestiona una copia completa del mundo virtual de aproximadamente 1.500 kilómetros cuadrados, y desde el que no pueden ver a ningún otro ni interactuar con él. En este sentido, quizá sea más exacto llamar al juego «Mundos» de Warcraft. Los usuarios pueden moverse entre reinos, uniendo así filosóficamente estos muchos mundos en un único juego online «multijugador masivo». Sin embargo, cada reino tiene un límite de varios cientos de participantes, y si hay demasiados usuarios en un área específica, el juego crea varias copias distintas y temporales de esta área, mientras divide los grupos de usuarios entre ellos.

EVE Online se distingue de juegos como World of Warcraft y Fortnite porque todos los usuarios forman parte de un reino singular y persistente. Pero, de nuevo, esto solamente es posible gracias a su diseño específico. Por ejemplo, la naturaleza del combate basado en el espacio también significa que la acción tiene una variedad limitada, es bastante simple (rayos láser en lugar de jugadores que saltan o bailan) y poco frecuente. Ordenar a una nave que extraiga recursos de un planeta, o enviar una sucesión de ráfagas desde y hacia una posición fija, es mucho menos complejo que un par de avatares animados individualmente que bailan, saltan y se disparan unos a otros. EVE Online no trata tanto de lo que el juego procesa y representa, sino de lo que los humanos planean y deciden fuera de él. Y como el juego está ambientado en la inmensidad del espacio, la mayoría de los usuarios están muy lejos unos de otros, lo que permite a los servidores de CCP Games tratarlos como si estuvieran en mundos virtuales distintos hasta que sea necesario. Además, a través del uso creativo del «tiempo de viaje», los usuarios no pueden converger instantáneamente en la misma ubicación, y existe un coste/riesgo estratégico por abandonar un lugar determinado.

Aun así, EVE Online se enfrenta inevitablemente a problemas de simultaneidad. En un momento de la década de 2000, un grupo de jugadores se dio cuenta de que un sistema estelar específico, Yulai, estaba cerca de muchos planetas de alto tráfico dentro de un importante cúmulo estelar, lo que lo convertía en un lugar atractivo para establecer un nuevo centro de comercio.[48] Tenían razón. Al poco tiempo de establecerse, muchos compradores empezaron a acudir a la zona, lo que atrajo a más vendedores, luego a más compradores, y así sucesivamente. Al final, el número de transacciones que se producían dentro de este centro hizo que los servidores de CCP Games empezaran a colapsar, lo que llevó al editor a modificar el universo de EVE Online para que el destino fuera menos cómodo de visitar.

Las lecciones del «problema de Yulai» ayudaron sin duda a CCP Games a diseñar, ampliar y revisar sus mapas en los años siguientes. Sin embargo, no ayudó al desarrollador a evitar otro resultado: el estallido repentino de batallas estratégicamente importantes en las que miles de usuarios convergen de repente para salvar a su facción o derrotar a otra. En enero de 2021 se produjo la mayor batalla de la historia de EVE. Fue más del doble del récord anterior y la culminación de un enfrentamiento de casi siete meses entre la Facción Imperium y una coalición de enemigos llamada PAPI. O, al menos, debería haberlo sido. Los únicos per-

48. Equipo de CCP, «Infinite Space: An Argument for Single-Sharded Architecture in MMOs», *Game Developer*, 9 de agosto de 2010, <https://www.gamedeveloper.com/design/infinite-space-an-argument-for-single-sharded-architecture-in-mmos>.

dedores reales fueron los servidores de CCP Games, que no pudieron mantener el ritmo de 12.000 jugadores que aparecieron en un solo sistema, y cualquiera de esos jugadores que esperaban una victoria decisiva. Aproximadamente la mitad de los jugadores no pudieron entrar nunca en el sistema, mientras que muchos de los que lo hicieron quedaron en una especie de purgatorio: si entraban en el juego, probablemente serían destruidos antes de tener la oportunidad de introducir algún comando coherente, mientras que salir significaba que su puesto en el servidor podría ser ocupado por un enemigo que destruiría a sus aliados. Hubo un ganador final —Imperium—, pero esto fue principalmente por defecto, ya que, lógicamente, el defensor es quien gana una batalla que nunca tiene lugar.

La simultaneidad es uno de los problemas fundamentales del metaverso por una razón fundamental: conduce a un aumento exponencial de la cantidad de datos que deben ser procesados, renderizados y sincronizados por unidad de tiempo. No es difícil crear un mundo virtual increíblemente exuberante que nadie puede tocar, porque es lo mismo que ver un vídeo de una máquina de Rube Goldberg meticulosamente diseñada y predecible.[49] Y si los jugadores —o, en este caso, los espectadores— no pueden influir en esta simulación, tampoco necesitan estar continuamente conectados o sincronizados con ella en tiempo real.

El metaverso sólo se convertirá en «el metaverso» si puede soportar que un gran número de usuarios experimenten el mismo evento, al mismo tiempo y en el mismo lugar, sin hacer concesiones sustanciales en cuanto a la funcionalidad del usuario, la interactividad del mundo, la persistencia, la calidad de la representación, etcétera. Imagina lo diferente —y limitada— que sería la sociedad actual si sólo 50 o 150 personas pudieran asistir a un

49. Se trata de intrincadas máquinas de reacción en cadena que realizan tareas relativamente sencillas mediante una compleja secuencia de acontecimientos. Por ejemplo, una bola puede colocarse en una copa volcando primero una ficha de dominó, que a su vez golpea a otras muchas fichas, lo que acaba encendiendo un ventilador que hace descender la bola por un carril, antes de que la bola vuele por el aire, caiga por una serie de plataformas y finalmente caiga en la copa que le corresponde.

partido deportivo, un concierto, un mitin político, un museo, una escuela o un centro comercial.

Sin embargo, estamos lejos de poder replicar la densidad y flexibilidad del «mundo real». Y es probable que siga siendo imposible durante algún tiempo. Durante el discurso de Facebook sobre el metaverso de 2021, John Carmack, antiguo director de tecnología y ahora asesor de tecnología de Oculus VR (que Facebook compró en 2014 para poner en marcha su transformación en el metaverso), se preguntó: «Si alguien me hubiera preguntado en el año 2000: "¿Podrías construir el metaverso si tuvieras cien veces la potencia de procesamiento que tienes hoy en tu sistema?", habría dicho que sí». Sin embargo, veintiún años después, y con el respaldo de una de las empresas más valiosas del mundo y centradas en el metaverso, creía que el metaverso estaba todavía a cinco o diez años de distancia y que habría que hacer serias concesiones de «optimización» para hacer realidad esta visión, a pesar de que ahora hay miles de millones de ordenadores cien veces más potentes que los cientos de millones de PC que funcionaban a principios de siglo.[50]

Lo que falta en esta definición

Así que ahora entendemos mi definición del metaverso: «Una **red masiva** e **interoperable** de **mundos virtuales 3D renderizados en tiempo real** que pueden ser experimentados **de forma sincrónica** y **persistente** por un **número efectivamente ilimitado de usuarios** con un **sentido de presencia individual**, y con **continuidad de datos**, como identidad, historia, derechos, objetos, comunicaciones y pagos». A muchos lectores les sorprenderá que en esta definición, así como en sus subdescripciones, falten los términos *descentralización*, *web3* y *blockchain*. Hay una buena razón. En los últimos años, estas tres palabras se

---

50. «John Carmack Facebook Connect 2021 Keynote», publicado por Upload VR, 28 de octubre de 2021, <https://www.youtube.com/watch?v=BnSUk0je6oo>.

han vuelto omnipresentes y se han enredado entre sí y con el término *metaverso*. La web3 se refiere a una versión futura de internet, definida de forma un tanto imprecisa, construida en torno a desarrolladores y usuarios independientes, en lugar de plataformas recopiladoras pesadas como Google, Apple, Microsoft, Amazon y Facebook. Se trata de una versión más descentralizada del internet actual, que muchos creen que es más fácil de realizar gracias a las blockchains (o, al menos, muy probablemente a través de ellas). Aquí es donde comienza el primer aspecto confuso.

Tanto el metaverso como la web3 son «estados sucesores» de la internet tal y como la conocemos hoy, pero sus definiciones son bastante diferentes. La web3 no requiere directamente ningún tipo de 3D renderizado en tiempo real ni experiencias sincrónicas, mientras que el metaverso no requiere descentralización, bases de datos distribuidas, blockchains o un cambio relativo del poder o valor en línea de las plataformas a los usuarios. Mezclar ambas cosas es un poco como confundir el auge de las repúblicas democráticas con la industrialización o la electrificación: una tiene que ver con la formación de la sociedad y la gobernanza, la otra, con la tecnología y su proliferación.

No obstante, el metaverso y la web3 pueden surgir en paralelo. Las grandes transiciones tecnológicas suelen conducir al cambio social porque suelen dar más voz a los consumidores individuales y permiten la aparición de nuevas empresas (y, por tanto, de líderes individuales), muchas de las cuales aprovechan el descontento generalizado con el presente para ser pioneras en un futuro diferente. También es cierto que muchas empresas centradas en la oportunidad del metaverso —especialmente las nuevas empresas tecnológicas y de medios de comunicación emergentes— están construyendo su negocio en torno a la tecnología blockchain. Por lo tanto, el éxito de estas empresas probablemente conducirá también a un aumento de la tecnología blockchain.

En cualquier caso, los principios de la web3 son probablemente fundamentales para establecer un metaverso próspero. La competencia es saludable para la mayoría de las economías, y muchos observadores creen que la actual generación móvil de internet e informática está demasiado concentrada en un puñado de actores. Además, el metaverso no será construido directamente por las plataformas subyacentes que lo hacen posible, al igual que el Gobierno federal de Estados Unidos no construyó Estados Unidos, ni el Parlamento Europeo la Unión Europea. En realidad, será construido por usuarios independientes, desarrolladores y pequeñas y medianas empresas, al igual que el mundo físico. Cualquiera que quiera que exista el metaverso —e incluso aquellos que no lo quieran— debería querer que el metaverso sea impulsado por estos grupos (y que los beneficie principalmente) y no por las megacorporaciones.

También hay otras consideraciones de la web3, como la de la confianza, que son claves para la salud y las perspectivas del metaverso. En los modelos de bases de datos y servidores centralizados, los defensores de la web3 sostienen que los llamados derechos virtuales o digitales son una fachada. El sombrero, el terreno o la película virtuales que un usuario compra no pueden ser realmente suyos porque nunca podrá controlarlos, sacarlos del servidor propiedad de la empresa que los «vendió» o asegurarse de que el supuesto vendedor no los borre, los retire o los modifique. Con unos 100.000 millones de dólares gastados en este tipo de artículos en 2021, los servidores centralizados obviamente no impiden un gasto considerable por parte de los usuarios; sin embargo, es lógico que este gasto se vea limitado por la necesidad de confiar en plataformas de un billón de dólares que siempre priorizarán sus intereses sobre los del usuario individual. ¿Invertirías tú, por ejemplo, en un vehículo que un concesionario podría reclamar en cualquier momento, o renovarías una casa que el Gobierno podría expropiar sin causa ni reparación, o una obra de arte que el pintor podría retirar una vez que se hubiera revalorizado? Quizá a veces, pero, definitivamente, no en la misma medida. Esta dinámica es especialmente un problema para los desarrolladores, que deben construir tiendas, negocios y marcas virtuales a pesar de no poder garantizar que se les permita operar en el futuro (y que, en cambio, podrían descubrir que la única forma de operar es pagar a su casero virtual el doble de alquiler).

Es posible que los sistemas legales se actualicen para proporcionar a los usuarios y desarrolladores una mayor autoridad sobre sus productos, datos e inversiones, pero la descentralización, según algunos, hace innecesaria la dependencia de las órdenes judiciales y su propia existencia es ineficiente.

Otra cuestión es si los modelos de servidores centralizados pueden llegar a soportar un metaverso casi infinito, persistente y a escala mundial. Algunos creen que la única manera de proporcionar los recursos informáticos necesarios para el metaverso es a través de una red descentralizada de servidores y dispositivos de propiedad individual —y compensados—. Pero me estoy adelantando.

Capítulo 4

El próximo internet

Mi definición del metaverso debería proporcionar algo de información sobre por qué a menudo se lo considera y describe, con razón, como el sucesor de la internet móvil. El metaverso exigirá el desarrollo de nuevos estándares y la creación de una nueva infraestructura, posiblemente requerirá la revisión del antiguo conjunto de protocolos de internet, implicará la adopción de nuevos dispositivos y hardware, e incluso podría alterar el equilibrio de poder entre los gigantes tecnológicos, los desarrolladores independientes y los usuarios finales.

La magnitud de esta transformación también explica por qué las empresas se están reposicionando a la espera del metaverso, aunque su llegada siga estando lejos y sus consecuencias sean poco claras. Como bien saben los astutos líderes empresariales, cada vez que surge una nueva plataforma informática y de red, el mundo y las empresas que lo lideran cambian para siempre.

En la era del *mainframe* [unidad central], que se extendió desde los años cincuenta hasta los setenta, los sistemas operativos informáticos dominantes eran los de «IBM y los siete enanitos», definidos habitualmente como Burroughs, Univac, NCR, RCA, Control Data, Honeywell y General Electric. La era de los ordenadores personales, que comenzó realmente en la década de 1980, fue liderada brevemente por IBM y su sistema operativo.

Sin embargo, los ganadores finales fueron los nuevos participantes, sobre todo Microsoft, cuyo sistema operativo Windows y el paquete de software Office funcionaban en casi todos los ordenadores del mundo y para fabricantes como Dell, Compaq y Acer. En 2004, IBM abandonó el negocio y vendió su línea ThinkPad a Lenovo. La historia de la era móvil es similar. Surgieron o emergieron nuevas plataformas, concretamente las de Apple iOS y Android de Google, mientras que Windows ha quedado fuera de la categoría y los fabricantes de la era del PC han sido desplazados por nuevos participantes como Xiaomi y Huawei.[51]

De hecho, los cambios generacionales en las plataformas informáticas y de redes alteran habitualmente incluso las categorías más estancadas y protegidas. En la década de 1990, por ejemplo, servicios de chat como AOL Instant Messenger e ICQ establecieron rápidamente plataformas de comunicación basadas en texto que competían por la clientela y el uso de muchas compañías telefónicas e incluso servicios postales. En la década de 2000, estos servicios fueron sustituidos por los centrados en el audio en directo, como Skype, que también se conectaba a los sistemas telefónicos tradicionales y sin conexión. La era móvil vio una nueva generación de líderes como WhatsApp, Snapchat y Slack. Estos actores no se centraron únicamente en ofrecer Skype, sino que se hicieron para los dispositivos móviles. Crearon servicios basados en diferentes comportamientos de uso, necesidades e incluso estilos de comunicación.

WhatsApp, por ejemplo, está pensado para un uso casi constante —no para llamadas programadas u ocasionales, como era el caso de Skype— y es un foro donde los emojis articulan más que las palabras escritas. Mientras que Skype se construyó originalmente en torno a la posibilidad de hacer llamadas de bajo o nulo coste frente a la tradicional «red telefónica pública conmutada» (es decir, teléfonos conectados a líneas telefónicas), Whats-

---

51. Otro líder importante en el mercado de los dispositivos móviles es Samsung, que, a diferencia de estos otros fabricantes, tiene 80 años. Sin embargo, nunca ha tenido una cuota de mercado significativa en los mercados de *mainframe* y PC.

App se saltó esta característica por completo. Snapchat consideró que en la comunicación móvil lo principal era la imagen y que la cámara frontal de los smartphones era más importante que la cámara trasera, más utilizada (y de mayor resolución), y construyó numerosos filtros de RA para mejorar esa experiencia. Slack, por su parte, construyó una herramienta basada en la productividad para las empresas con integración programática en varias herramientas de productividad, servicios en línea y más.

Otro ejemplo proviene del espacio de pagos, aún más regulado y estancado. A finales de la década de 1990, las redes de pago digital entre pares como Confinity y X.com de Elon Musk, que se fusionaron para crear PayPal, se convirtieron rápidamente en el método preferido de los consumidores para enviar dinero. En 2010, PayPal procesaba casi 100.000 millones de dólares en pagos al año. Una década después, esta suma superaba el billón de dólares (en parte debido a la adquisición por parte de Venmo en 2012).

Ya podemos ver precursores del metaverso. En cuanto a plataformas y sistemas operativos, los contendientes más sonados son plataformas de mundos virtuales como Roblox y Minecraft, y motores de renderizado en tiempo real como el motor Unreal de Epic Games y el motor homónimo de Unity Technologies. Todos ellos se ejecutan en un sistema operativo subyacente, como iOS o Windows, pero a menudo intermedian estas plataformas entre los desarrolladores y los usuarios finales. Discord, por su parte, opera la mayor plataforma de comunicación y red social centrada en los videojuegos y los mundos virtuales. Sólo en 2021 se liquidaron más de 16 billones de dólares a través de las redes de blockchain/criptodivisas, que para muchos expertos son habilitadores fundacionales del metaverso (como veremos en el capítulo 11). Visa, en cambio, procesó unos 10,5 billones de dólares.[52] Entender el metaverso como la «próxima generación de internet» ayuda a explicar mucho más que su potencial de disrupción. Consideremos, una vez más, que no existe una forma plural

52. Stark, Josh y Evan Van Ness, «The Year in Ethereum 2021», *Mirror*, 17 de enero de 2022, <https://stark.mirror.xyz/q3OnsK7mvfGt TQ72nfoxLyE-V5lfYOqUfJIoKBx7BG1I>.

del término *internet*. No hay una «internet de Facebook» ni una «internet de Google». En su lugar, Facebook y Google operan con plataformas, servicios y hardware que, a su vez, operan en internet, literalmente una «red de redes»[53] que opera de forma independiente, con diferentes pilas técnicas, pero que comparte estándares y protocolos comunes. No había obstáculos técnicos estrictos para que una sola empresa desarrollara, y luego poseyera y controlara, el conjunto de protocolos de internet (y algunos, como IBM, trataron de impulsar su propio conjunto de protocolos como parte de la llamada guerra de protocolos). Sin embargo, la mayoría cree que esto habría conducido a un internet más pequeño, menos lucrativo y menos innovador.[54]

Es de esperar que la fundación del metaverso sea muy similar a la de internet. Muchos intentarán construir el metaverso o apropiarse de él. Algunos podrían incluso lograrlo, como teme Sweeney. Sin embargo, es más probable que el metaverso se produzca a través de la integración parcial de muchas plataformas y tecnologías de mundos virtuales que compiten entre sí. Este proceso llevará tiempo, y también será imperfecto, inexorable, y se enfrentará a importantes limitaciones técnicas. Pero es el futuro que debemos esperar y por el que debemos trabajar.

Además, el metaverso no sustituirá ni alterará fundamentalmente la arquitectura subyacente de internet ni el conjunto de protocolos. Por el contrario, evolucionará para construir sobre ella de una manera que nos resultará peculiar. Pensemos en el «estado actual» de internet. Nos referimos a ello como la era del internet móvil, aunque la mayor parte del tráfico de internet se sigue transmitiendo a través de cables de línea fija —incluso los datos enviados desde y hacia los dispositivos móviles— y, en su mayor parte, se ejecuta en estándares, protocolos y formatos diseñados hace décadas (aunque han evolucionado desde enton-

53. El término *internet* es una abreviatura de «inter-redes».
54. Se ha afirmado que internet se está regionalizando, sobre todo el internet chino y, en menor medida, el de la UE. Hasta donde esta afirmación pueda ser cierta, se debería a la aplicación de la normativa que da lugar a diferencias clave (y necesarias) en las normas, los servicios y los contenidos.

ces). También seguimos utilizando algunos programas y equipos diseñados para el primer internet —como Windows o Microsoft Office— que han evolucionado desde entonces, pero que en general no han cambiado durante décadas. A pesar de ello, está claro que la «era del internet móvil» es distinta de la era del internet predominantemente fijo de la década de 1990 y principios de la de 2000. Ahora utilizamos principalmente diferentes dispositivos (fabricados por diferentes empresas) en nuevos lugares, para diferentes propósitos, utilizando diferentes tipos de software (principalmente aplicaciones, en lugar de software de uso general y navegadores web).

También reconocemos que internet es un conjunto de muchas «cosas» diferentes. Para interactuar con internet, la persona media suele utilizar un navegador web o una aplicación (software), a la que accede a través de un dispositivo que puede conectarse a su vez a «internet» mediante diversos conjuntos de chips, los cuales se comunican utilizando diversos estándares y protocolos comunes, que se transmiten a través de redes físicas. Cada una de estas áreas permite colectivamente las experiencias de internet. Ninguna empresa podría impulsar mejoras de extremo a extremo en internet, ni siquiera si manejara todo el conjunto de protocolos de la red.

¿Por qué los videojuegos están impulsando el próximo internet?

Si el metaverso es realmente un sucesor de internet, puede parecer extraño que sus pioneros procedan de la industria de los videojuegos. Al fin y al cabo, el desarrollo de internet es muy diferente.

Internet se originó en los laboratorios de investigación gubernamentales y en las universidades. Más tarde, se expandió a las empresas, luego a las pequeñas y medianas empresas y, más tarde, a los consumidores. La industria del entretenimiento fue posiblemente uno de los últimos segmentos de la economía mundial en adoptar internet, y la «guerra del *streaming*» no empezó realmente hasta 2019, casi veinticinco años después de la primera demostración pública de vídeo en *streaming*. Incluso el audio, una de las categorías de medios más sencillas de suministrar a través de IP, sigue siendo un medio mayoritariamente no digital, ya que la radio terrestre, la radio por satélite y los medios físicos representaron casi dos tercios de los ingresos de la música grabada en Estados Unidos en 2021.

El internet móvil no lo lideró el Gobierno, pero su desarrollo fue, en general, el mismo. Cuando se lanzó a principios de la década de 1990, el uso y el desarrollo de software se concentraron en las administraciones públicas y las empresas, y a finales de la década de 1990 y principios de la de 2000, en las pequeñas y medianas empresas. Fue a partir de 2008, con el lanzamiento del iPhone 3G, cuando el mercado masivo la adoptó, y las aplicaciones centradas en el consumidor surgieron, en su mayoría, en la década siguiente.

Si analizamos más detenidamente esta historia, podemos ver por qué el juego, una industria de ocio de 180.000 millones de dólares, parece estar preparado para alterar la economía mundial de 95 billones de dólares. La clave está en considerar el papel que tienen las limitaciones en todo desarrollo técnico.

Cuando surgió internet, el ancho de banda era limitado, la latencia considerable y la memoria y la capacidad de procesamiento de los ordenadores escasas. Esto significaba que sólo se podían enviar archivos pequeños y aun así se tardaba mucho tiempo. Casi todos los usos por parte de los consumidores, como el intercambio de fotos, la transmisión de vídeo y las comunicaciones constantes, eran imposibles. Pero la principal necesidad de las empresas —enviar mensajes y archivos básicos (una hoja de Excel sin formato, órdenes de compra de existencias)— era exactamente para lo que internet fue diseñado. La inmensidad de la economía de los servicios, y la importancia de las funciones de gestión en la economía de los bienes, era tal que incluso las modestas mejoras de la productividad resultaban extraordinariamente valiosas. Lo mismo ocurrió con los móviles. Los primeros dispositivos no podían jugar ni enviar fotos, y transmitir un vídeo o realizar una llamada por FaceTime era imposible. Sin embargo, el correo electrónico con tecnología *push* resultaba mucho más útil que los buscapersonas o las llamadas telefónicas.

Dada su complejidad, debería ser obvio que los mundos virtuales 3D renderizados en tiempo real y las simulaciones estaban aún más limitados por las primeras décadas del ordenador personal e internet que casi todos los demás tipos de software y programas. Por ello, los Gobiernos, las empresas y los pequeños y medianos negocios utilizaban muy poco o nada las simulaciones basadas en gráficos. Un mundo virtual que no puede simular de forma realista un incendio no es útil para los bomberos, una bala que no se curva con la gravedad no ayuda a los francotiradores militares y un estudio de arquitectura no puede diseñar un edificio basándose en la idea genérica del «calor del sol». Pero los videojuegos —*juegos*— no necesitan fuego, gravedad o termodinámica realistas. Lo que necesitan es ser divertidos. E incluso un juego monocromático de 8 bits puede ser divertido. Las consecuencias de este hecho se han agravado durante casi 70 años.

Durante décadas, la mayoría de las CPU y GPU técnicamente capaces que poseía un hogar o una pequeña empresa solían ser una consola de videojuegos o un PC enfocado a los juegos. Ningún otro programa informático requería la potencia de un juego. En el año 2000, Japón incluso impuso limitaciones a la exportación de su propio y querido gigante, Sony, por temor a que el nuevo dispositivo PlayStation 2 de la compañía pudiera utilizarse para el terrorismo a escala mundial (por ejemplo, para procesar sistemas de guiado de misiles).[55] Al año siguiente, al pregonar la importancia de la industria de la electrónica de consumo, el secretario de Comercio de Estados Unidos, Don Evans, declaró que «el superordenador de ayer es la PlayStation de hoy».[56] En 2010, el Laboratorio de

---

55. BBC, «Military Fears over PlayStation2», 17 de abril de 2000, <http://news.bbc.co.uk/2/hi/asia-pacific/716237.stm>.

56. «Secretary of Commerce Don Evans Applauds Senate Passage of Export Administration Act as Modern-day Legislation for Modern-day Technology», Oficina de Industria y Seguridad, Departamento de Comercio de Estados Unidos, 6 de septiembre de 2001.

Investigación de la Fuerza Aérea de Estados Unidos construyó el 33.º superordenador más grande del mundo utilizando 1.760 PlayStation 3 de Sony. El director del proyecto estimó que el «Condor Cluster» costaba entre el 5 y el 10 por ciento de los sistemas equivalentes y utilizaba el 10 por ciento de la energía.[57] El superordenador se utilizó para mejorar los radares, reconocer patrones, procesar imágenes por satélite e investigar la inteligencia artificial.[58] Las empresas que solían centrarse en impulsar las consolas y PC son ahora algunas de las empresas tecnológicas más poderosas de la historia de la humanidad. El mejor ejemplo es el gigante de la informática y de los sistemas en chip, NVIDIA, que dista mucho de ser un nombre conocido, pero que se sitúa junto a las plataformas tecnológicas de consumo Google, Apple, Facebook, Amazon y Microsoft como una de las diez mayores empresas de capital abierto del mundo. El CEO de NVIDIA, Jensen Huang, no fundó su empresa con la intención de que se convirtiera en un gigante de los videojuegos. De hecho, la fundó basándose en la creencia de que, con el tiempo, la computación basada en gráficos sería necesaria para resolver consultas y problemas que la computación de propósito general nunca podría. Pero para Huang, la mejor manera de desarrollar las capacidades y tecnologías necesarias era centrarse en los videojuegos. «Es extremadamente raro que un mercado sea simultáneamente grande y tecnológicamente exigente», dijo Huang a la revista *Time* en 2021. «Suele ocurrir que los mercados que requieren ordenadores realmente potentes son de tamaño muy reducido, ya sea la simulación del clima o el descubrimiento de fármacos de dinámica molecular. Los mercados son tan pequeños que no pueden permitirse grandes inversiones. Por eso no se ve una empresa fundada para inves-

57. Littell, Chas, «AFRL to Hold Ribbon Cutting for Condor Supercomputer», Base de la Fuerza Aérea Wright-Patterson, comunicado de prensa, 17 de noviembre de 2010, <https://www.wpafb.af.mil/News/Article-Display/Article/399987/afrl-to-hold-ribbon-cutting-for-condor-supercomputer/>.
58. Zyga, Lisa, «US Air Force Connects 1,760 PlayStation 3's to Build Supercomputer», Phys.org, 2 de diciembre de 2010. <https://phys.org/news/2010-12-air-playstation-3s-supercomputer.html>.

tigar el clima. Los videojuegos fueron una de las mejores decisiones estratégicas que hemos tomado.»[59]

NVIDIA se fundó sólo un año después de *Snow Crash*, que la comunidad de jugadores también consideró rápidamente una obra de referencia. A pesar de ello, Stephenson ha dicho que la aparición del metaverso a través de los juegos es «lo que eché totalmente de menos» en la novela. «Cuando pensaba en el metaverso, intentaba imaginar el mecanismo de mercado que haría que todo esto fuera asequible. *Snow Crash* se escribió cuando el hardware de gráficos en 3D era escandalosamente caro, sólo para unos pocos laboratorios de investigación. Pensé que si alguna vez fuera tan barato como la televisión, tendría que haber un mercado para los gráficos 3D tan grande como el de la televisión. Así que el metaverso de *Snow Crash* es algo así como la televisión. Lo que no supe anticipar, lo que realmente llegó para reducir el coste del hardware de gráficos 3D, fueron los juegos. Así que la realidad virtual de la que hablábamos y que imaginábamos hace veinte años no se produjo como habíamos previsto. En su lugar, se produjo en forma de videojuegos.»[60]

Por razones similares, las soluciones de software que mejor se adaptan al renderizado 3D en tiempo real también proceden de los juegos. Los ejemplos más notables son el motor Unreal de Epic Games, así como el Unity, de Unity Technologies, pero hay docenas de desarrolladores y editores de videojuegos con soluciones propias de renderizado en tiempo real muy capaces.

Existen alternativas no relacionadas con los juegos, pero, al menos por ahora, se consideran inferiores para el tiempo real, concretamente porque esa limitación no era necesaria para ellos desde el principio. Las soluciones de renderizado diseñadas para la fabricación o el cine no necesitaban procesar una imagen en

59. Shapiro, Even, «The Metaverse Is Coming. Nvidia CEO Jensen Huang on the Fusion of Virtual and Physical Worlds», *Time*, 18 de abril de 2021, <https://time.com/5955412/artificial-intelligence-nvidia-jensen-huang/>.

60. Ewalt, David M., «Neal Stephenson Talks About Video Games, the Metaverse, and His New Book, REAMDE», *Forbes*, 19 de septiembre de 2011. <https://www.forbes.com/sites/davidewalt/2011/09/19/neal-stephenson-reamde-video-games/?sh=21c94adc30fa>.

1/30 o 1/120 de segundo. En su lugar, daban prioridad a otros objetivos, como la maximización de la riqueza visual o la posibilidad de utilizar el mismo formato de archivo para diseñar y fabricar un objeto. Estas soluciones se diseñaron normalmente para funcionar en máquinas de gama alta, en lugar de en casi todos los dispositivos de consumo del mundo.

Una ventaja que a menudo se pasa por alto es el hecho de que los desarrolladores, editores y plataformas de juegos han tenido que luchar y trabajar en torno a la arquitectura de redes de internet durante décadas y, por lo tanto, tienen una experiencia única al pasar al metaverso. Los juegos en línea han necesitado conexiones de red sincrónicas y continuas desde finales de la década de 1990, y Xbox, PlayStation y Steam soportan el chat de audio en tiempo real en la mayoría de sus títulos desde mediados de la década de 2000. Para que esto funcione ha sido necesario contar con una IA predictiva que sustituya a un jugador durante una caída de la red antes de devolverle el control, un software personalizado que permita «retroceder» de forma imperceptible en el caso de que un jugador reciba de repente información antes que otro, y la creación de un juego que, en lugar de hacer caso omiso de los retos técnicos que probablemente afecten a la mayoría de los jugadores, se adapte a ellos.

Esta orientación del diseño conduce a la última ventaja que poseen las empresas de juegos: la capacidad de crear un lugar en el que alguien realmente quiera pasar tiempo. Daniel Ek, cofundador y CEO de Spotify, ha afirmado que el modelo de negocio dominante en la era de internet ha sido la descomposición de cualquier cosa hecha de átomos en bits: lo que antes era un despertador físico en una mesilla de noche es ahora una aplicación dentro del smartphone en una mesilla de noche, o simplemente datos almacenados en un altavoz inteligente cercano.[61] De forma simplificada, se puede pensar que la era del metaverso implica el uso de bits para producir despertadores 3D hechos de átomos

---

61. Ek, Daniel, «Daniel Ek—Enabling Creators Everywhere», *Colossus*, 14 de septiembre de 2021, <https://www.joincolossus.com/episodes/14058936/ek-enabling-creators-everywhere?tab=transcript>.

virtuales. Los que tienen más experiencia en átomos virtuales —décadas de ella— son los desarrolladores de juegos. Saben cómo hacer no sólo un reloj, sino una habitación, un edificio y un pueblo habitado por jugadores felices. Si la humanidad va a pasar alguna vez a una «red interoperable a escala masiva de mundos virtuales 3D renderizados en tiempo real», esa habilidad es la que nos va a llevar allí. Al hablar sobre lo que acertó y falló acerca del futuro en *Snow Crash*, Stephenson dijo a *Forbes* que «en lugar de que la gente vaya a los bares de la calle en *Snow Crash*, lo que tenemos ahora son gremios de Warcraft» que hacen incursiones en el juego.[62]

En la primera parte de este libro, he detallado de dónde proceden el término *metaverso* y sus ideas, los diversos esfuerzos por construirlo durante las últimas décadas, así como su importancia para nuestro futuro. He investigado el entusiasmo de las empresas por este posible sucesor del internet móvil, he revisado cómo esta confusión ha sido y sigue siendo significativa, he introducido una definición factible que explica lo que es el metaverso y he tocado el tema de por qué los creadores de videojuegos parecen estar a la vanguardia. Ahora explicaré lo que se necesita para hacer del metaverso una realidad.

---

62. Ewalt, David M., *op. cit.*

Parte 2

Construyendo el metaverso

Capítulo 5

Redes

Versiones del experimento mental «Si un árbol cae en un bosque y no hay nadie que lo oiga, ¿hace ruido?» se remontan a hace cientos de años. Este ejercicio perdura en parte porque es divertido, y es divertido porque depende de importantes tecnicidades e ideas filosóficas.

El idealista subjetivo George Berkeley, a quien se atribuye a menudo la pregunta anterior, sostenía que «ser es ser percibido». El árbol —que está en pie, que cae o que se ha caído— existe si alguien o algo lo percibe. Otros afirman que lo que entendemos por «sonido» son sólo vibraciones que se propagan a través de la materia, y que existen tanto si las recibe un observador como si no. O tal vez el sonido sea la sensación que experimenta el cerebro cuando esas vibraciones interactúan con las terminaciones nerviosas, y si no hay nervios que interactúen con las partículas vibrantes, no puede haber sonido. Por otra parte, el ser humano es capaz desde hace décadas de fabricar equipos físicos capaces de interpretar las vibraciones como sonido, lo que permite escucharlo a través de un observador artificial. Pero ¿eso cuenta? Entretanto, la comunidad de mecánicos cuánticos está de acuerdo en que, sin un observador, la existencia es, en el mejor de los casos, una conjetura que no puede probarse ni refutarse; lo único que puede decirse es que el árbol podría existir. (Albert

Einstein, que tuvo un papel decisivo en la fundación de la teoría de la mecánica cuántica, no estaba de acuerdo con esta opinión.)

En la segunda parte, explicaré lo que se necesita para alimentar y construir el metaverso, empezando por las capacidades de red y de computación, y pasando por los motores de juego y las plataformas que operan sus numerosos mundos virtuales, los estándares que se necesitan para unirlos, los dispositivos a través de los cuales se accede a ellos y los sistemas de pago que sustentan sus economías. A lo largo de todas estas explicaciones, quiero que tengas presente el árbol de Berkeley.

¿Por qué? Porque, aunque el metaverso esté «totalmente realizado», no existirá realmente. Éste, junto con cada uno de sus árboles, sus muchas hojas y los bosques en los que se encuentran, sólo serán datos almacenados en una red aparentemente infinita de servidores. Aunque podría argumentarse que mientras esos datos existan, el metaverso y su contenido también lo hacen, se requieren muchos pasos y tecnologías diferentes para que exista para cualquiera que no sea una base de datos. Además, cada parte de la «pila del metaverso» proporciona a una empresa una ventaja e informa de lo que es y no es posible para otra. Por ejemplo, se puede comprobar que hoy en día no hay más que unas pocas docenas de personas que puedan observar la caída de un árbol de alta fidelidad. ¿Cómo hacemos para llegar a más usuarios? Pues habrá que duplicar el mundo virtual; es decir, para que mucha gente oiga caer un solo árbol, deben caer muchos. (¡Chúpate ésa, Berkeley!) O tal vez sus observadores sean sometidos a un retraso temporal, por lo que tampoco podrán afectar a la caída ni probar su correlación. Otra técnica consiste en simplificar la corteza del árbol a un color marrón uniforme y sin textura, y el sonido de su caída a un golpe genérico.

Para desentrañar estas limitaciones y sus implicaciones, quiero empezar con un ejemplo real: el mundo virtual que considero más impresionante técnicamente hoy en día. No, no es Roblox ni Fortnite. De hecho, es probable que este mundo virtual llegue a menos personas en su vida útil que cada uno de esos títulos en un solo día. Ni siquiera es justo llamarlo juego, como son muchos de los mundos virtuales que hemos analizado hasta ahora. En realidad, está diseñado para reproducir con precisión una experiencia que muchos consideran desagradable, aburrida o aterradora: viajar en avión.

Ancho de banda

El primer Flight Simulator salió a la venta en 1979 y no tardó en conseguir un pequeño número de usuarios. Tres años más tarde (pero todavía dos décadas antes de que saliera la primera Xbox), Microsoft adquirió la licencia del título, y para 2006 había producido otras diez versiones. En 2012, Guinness World Records nombró Flight Simulator como la franquicia de videojuegos más longeva, pese a que seguía siendo desconocida para la mayoría de los jugadores. Hubo que esperar a la duodécima entrega, lanzada en 2020, para que Microsoft Flight Simulator (MSFS) se hiciera un hueco entre el público. La revista *Time* lo nombró uno de los mejores juegos del año. *The New York Times* dijo que MSFS ofrecía «una nueva forma de entender el mundo digital», proporcionando una visión «más real que la que podemos ver fuera [y] una imagen que ilumina nuestra comprensión de la realidad».[63]

En teoría, MSFS es lo que muchos creen que es: un juego. A los pocos segundos de abrir la aplicación, se recordará que la empresa Xbox Game Studios de Microsoft lo ha desarrollado y publicado. Sin embargo, el objetivo de MSFS no es ganar, matar, disparar, derrotar, vencer o marcar a otro jugador, ni a un competidor creado a través de IA. El objetivo es pilotar un avión virtual, un proceso que implica gran parte del trabajo que supone pilotar uno real. Los jugadores se comunicarán con el control de tráfico aéreo y con sus copilotos, esperarán a que se los autorice a despegar, ajustarán el altímetro y los flaps, comprobarán las reservas de combustible y las mezclas, soltarán el freno, pisarán lentamente el acelerador, etcétera, todo ello antes de seguir la ruta de vuelo se-

63. Manjoo, Farhad, «I Tried Microsoft's Flight Simulator. The Earth Never Seemed So Real», *The New York Times*, 19 de agosto de 2022, <https://www.nytimes.com/2020/08/19/opinion/microsoft-flight-simulator.html>.

leccionada o designada, al mismo tiempo que se controlan las rutas conflictivas y se adaptan a las rutas de vuelo de otros aviones virtuales.

Todas las ediciones de la serie MSFS ofrecían este tipo de funcionalidad, pero la de 2020 es extraordinaria: la simulación más realista y amplia de la historia. Su mapa tiene más de quinientos millones de kilómetros cuadrados —como el planeta Tierra «real»— e incluye dos billones de árboles renderizados de forma única (no dos billones de árboles copiados y pegados, ni dos billones de árboles compuestos por unas pocas docenas de variedades), 1.500 millones de edificios y casi todas las carreteras, montañas, ciudades y aeropuertos del mundo.[64] Todo parece «real» porque el mundo virtual de MSFS se basa en escaneos e imágenes de alta calidad de «lo real».

Las reproducciones y renderizados de Microsoft Flight Simulator no son perfectos, pero siguen siendo impresionantes. Los «jugadores» pueden pasar volando por delante de su propia casa y ver su buzón o el columpio del jardín delantero. Incluso cuando el «juego» reproduce una puesta de sol que se refleja en una bahía y que se refracta de nuevo por las alas del avión, resulta difícil distinguir entre una captura de pantalla de MSFS y una fotografía del mundo real.

Para ello, el «mundo virtual» de MSFS tiene un tamaño de casi 2,5 petabytes, es decir, 2.500.000 gigabytes, aproximadamente 1.000 veces más grande que Fortnite. No hay forma de que un dispositivo de consumo almacene esta cantidad de datos (tampoco la mayoría de los dispositivos empresariales). La mayoría de las consolas y ordenadores tienen un máximo de 1.000 gigabytes, mientras que la mayor unidad de almacenamiento conectado en red (NAS) para consumidores tiene 20.000 gigabytes y se vende por alrededor de 750 dólares. Incluso el espacio físico necesario para almacenar 2,5 petabytes es poco práctico.

64. Schiesel, Seth, «Why Microsoft's New Flight Simulator Should Make Google and Amazon Nervous», *Protocol*, 16 de agosto de 2020, <https://www.protocol.com/microsoft-flight-simulator-2020>.

Pero aunque un consumidor pudiera permitirse un disco duro de este tipo y tener espacio suficiente para albergarlo, el MSFS es un servicio en vivo. Se actualiza para reflejar el tiempo del mundo real (incluyendo la velocidad y dirección del viento, la temperatura, la humedad, la lluvia y la luz), el tráfico aéreo y otros cambios geográficos. Esto permite al jugador volar hacia huracanes del mundo real, o seguir a aviones comerciales de la vida real en su trayectoria exacta de vuelo mientras están en el aire en el mundo real. Esto significa que los usuarios no pueden «precomprar» o «predescargar» todo el MSFS, ya que gran parte de él aún no existe.

Microsoft Flight Simulator funciona almacenando una parte relativamente pequeña del «juego» en el dispositivo del consumidor, aproximadamente 150 GB. Esta parte es suficiente para ejecutar el juego: contiene todo el código, la información visual de numerosos aviones y varios mapas. Así, MSFS puede usarse sin conexión. Sin embargo, los usuarios sin conexión ven principalmente entornos y objetos generados de forma procesal, con puntos de referencia como Manhattan, ampliamente conocidos pero poblados con edificios genéricos, en su mayoría duplicados, que sólo tienen un parecido ocasional y a veces accidental con sus homólogos del mundo real. Existen algunas rutas de vuelo preprogramadas, pero no pueden imitar las rutas reales, ni un jugador puede ver el avión de otro.

Es cuando los jugadores se conectan a internet cuando MSFS se convierte en una maravilla, ya que los servidores de Microsoft transmiten nuevos mapas, texturas, datos meteorológicos, rutas de vuelo y cualquier otra información que el usuario pueda necesitar. En cierto sentido, los jugadores experimentan el mundo de MSFS exactamente como lo haría un piloto del mundo real. Cuando vuelan por encima o alrededor de una montaña, la nueva información llega a sus retinas a través de partículas de luz, revelando y descubriendo por primera vez lo que hay. Antes de eso, un piloto sólo sabe que, lógicamente, algo debe estar ahí.

Muchos jugadores suponen que esto es lo que ocurre en todos los videojuegos multijugador online. Pero la verdad es que la mayoría de los juegos online intentan enviar la mayor cantidad de información posible al usuario por adelantado, y la menor posible cuando está jugando. Esto explica por qué jugar a un juego, incluso a uno relativamente ligero como Super Mario Bros., requiere comprar CD que contienen archivos de juego de varios gigabytes, o pasar horas descargando estos archivos, y luego pasar aún más tiempo instalándolos. Y luego, de vez en cuando, puede que se nos pida que descarguemos e instalemos una actualización de varios gigabytes antes de poder volver a jugar. Estos archivos son tan grandes porque contienen casi todo el juego, es decir, su código, la lógica del juego y todos los activos y texturas necesarios para el entorno del juego (cada tipo de árbol, cada avatar, cada batalla de jefe, cada arma, etcétera).

En el caso del típico juego online, ¿qué es lo que realmente proviene de los servidores multijugador online? No mucho. Los archivos del juego de Fortnite para ordenador y consola tienen un tamaño aproximado de 30 GB, pero el juego en línea sólo implica 20-50 MB (o 0,02-0,05 GB) de datos descargados por hora. Esta información indica al dispositivo del jugador qué hacer con los datos que ya tiene. Por ejemplo, si estás jugando una partida online de Mario Kart, los servidores de Nintendo le dirán a tu Nintendo Switch qué avatares están usando tus oponentes y, por tanto, deben cargarse. Durante la partida, tu conexión continua con este servidor le permite enviar un flujo constante de datos sobre dónde están exactamente estos oponentes («datos de posición»), qué están haciendo (enviando un proyectil rojo hacia ti), comunicaciones (por ejemplo, el audio de tu compañero de equipo) y otras informaciones diversas, como cuántos jugadores siguen en la partida.

Que las partidas online sigan siendo «mayoritariamente off-line» sorprende incluso a los jugadores entusiastas. Al fin y al cabo, la mayor parte de la música y el vídeo se transmite por *streaming* —ya no descargamos previamente las canciones ni los programas de televisión, y mucho menos compramos CD físicos para almacenarlos— y los videojuegos son, supuestamente, una categoría de medios más sofisticada técnicamente y con mayor visión de futuro. Sin embargo, precisamente porque los juegos son tan complicados, quienes los hacen optan por marginar a internet, porque internet no es fiable. Las conexiones no son fiables, el ancho de banda no es fiable, la latencia no es fiable. Como dije en el capítulo 3, la mayoría de las experiencias en línea pueden sobrevivir a esta falta de fiabilidad, pero los juegos no. Por ello los desarrolladores han optado por depender lo menos posible de internet.

Este enfoque mayoritariamente offline de los juegos online funciona bien, pero impone muchas limitaciones. Por ejemplo, el hecho de que un servidor sólo pueda decir a los usuarios individuales qué activos, texturas y modelos deben ser renderizados significa que cada activo, textura y modelo debe ser conocido y almacenado de antemano. Si se envían los datos de renderizado en función de las necesidades, los juegos pueden tener una diversidad mucho mayor de objetos virtuales. Microsoft Flight Simulator aspira a que todas las ciudades no sólo se diferencien entre sí, sino que existan como en la vida real. Y no quiere almacenar 100 tipos de nubes y luego decirle a un dispositivo qué nube debe representar y con qué color, sino que quiere decir exactamente qué aspecto debe tener esa nube.

Actualmente, cuando un jugador ve a su amigo en Fortnite, puede interactuar utilizando sólo un conjunto limitado de animaciones precargadas (o emotes), como un saludo o un *moonwalk*. Muchos usuarios, sin embargo, imaginan un futuro en el que sus movimientos faciales y corporales en vivo se recrean en un mundo virtual. Para saludar a un amigo, no escogerán el gesto 17 de los 20 precargados en su dispositivo, sino que agitarán los dedos de forma única. Los usuarios también esperan llevar sus innumerables objetos virtuales y avatares a través de los innumerables mundos virtuales conectados al metaverso. Como sugiere el tamaño del archivo de MSFS, simplemente no es posible enviar tantos datos al usuario por adelantado. Para ello, no sólo se necesitan discos duros de tamaño impracticable, sino un mundo virtual que sepa de antemano todo lo que se puede crear o realizar.

La necesidad de «prever» un mundo virtual vivo tiene otras implicaciones. Cada vez que Epic Games modifica el mundo virtual de Fortnite —por ejemplo, para añadir nuevos destinos, vehículos o personajes no jugables—, los usuarios tienen que descargar e instalar una actualización. Cuantos más elementos añada Epic, más tiempo tardará en cargarlos y más tiempo tendrá que esperar el usuario. Cuanto más frecuentemente se actualice un mundo, más retrasos experimentará el usuario.

El proceso de actualización por lotes también significa que los mundos virtuales no pueden estar realmente «vivos». En su lugar, un servidor central elige enviar una versión específica de un mundo virtual a todos los usuarios, un mundo que perdurará hasta que la siguiente actualización lo sustituya. Cada edición no es necesariamente fija —una actualización puede tener cambios programados, como un evento de Nochevieja o una nevada que aumente a diario—, pero está preestablecida. Por último, hay limitaciones en cuanto a los lugares a los que pueden llegar los usuarios. Durante el evento de diez minutos de Travis Scott en Fortnite, unos treinta millones de jugadores fueron transportados instantáneamente desde el mapa central del juego a las profundidades de un océano nunca antes visto, luego a un planeta nunca antes visto y después a las profundidades del espacio exterior. Muchos de nosotros podemos imaginar que el metaverso funciona de forma similar, que los usuarios pueden saltar fácilmente de un mundo virtual a otro sin tener que soportar primero largos tiempos de carga. Pero para organizar el concierto, Epic tuvo que enviar a los usuarios cada uno de estos minimundos días u horas antes del evento a través de un parche estándar de Fortnite (los usuarios que no habían descargado e instalado la actualización antes de que comenzara el evento no pudieron participar en él). Luego, durante cada actuación, el dispositivo de cada jugador cargaba la siguiente actuación en segundo plano. Cabe destacar que cada uno de los destinos del concierto de Scott era más pequeño y limitado que el anterior, siendo el último una experiencia en gran medida «sobre raíles» en la que los usuarios simplemente volaban hacia adelante en un espacio en gran medida improvisado. Es similar a la diferencia entre explorar libremente un centro comercial y atravesar uno a través de una pasarela móvil.

No obstante, el concierto fue un importante logro creativo, pero, como suele ocurrir con los juegos en línea, dependió de decisiones técnicas que no pueden soportar el metaverso. De hecho, los mundos virtuales más parecidos al metaverso adoptan hoy un modelo híbrido de transmisión de datos local/nube, en el que el «núcleo del juego» está precargado, pero se envían varios datos en función de las necesidades. Este enfoque es menos importante para títulos como Mario Kart o Call of Duty, que tienen una diversidad de objetos y entornos relativamente pequeña, pero es fundamental para otros como Roblox y MSFS.

Dada la popularidad de Roblox y la inmensidad de MSFS, podría parecer que la infraestructura moderna de internet puede manejar transmisión de datos en directo al estilo del metaverso. Sin embargo, el modelo sólo funciona hoy en día de forma muy limitada. Roblox, por ejemplo, no necesita transmitir muchos datos en la nube porque la mayoría de sus objetos en el juego se basan en *pre-fabs*. El juego se limita a indicar al dispositivo del usuario cómo retocar, colorear o reorganizar los objetos descargados previamente. Además, la fidelidad gráfica de Roblox es relativamente modesta y, por tanto, el tamaño de sus archivos de texturas y entornos es también relativamente pequeño. En general, el uso de datos de Roblox es mucho mayor que el de Fortnite (entre 100 y 300 MB, en lugar de 30 o 50 MB, por hora), pero sigue siendo manejable. Con sus ajustes objetivos, MSFS necesita casi 25 veces más ancho de banda por hora que Fortnite y cinco veces más que Roblox. Esto se debe a que no envía datos sobre cómo reconfigurar o recolorear una casa precargada, sino que envía al dispositivo del usuario las dimensiones exactas, la densidad y la coloración de una nube de varios kilómetros o una réplica casi exacta de la costa del golfo de México. Pero incluso esta necesidad se simplifica de maneras que no encajan en «el metaverso».

Aunque el MSFS necesita muchos datos, no los necesita especialmente rápido. Al igual que los pilotos del mundo real, los pilotos de MSFS no pueden teletransportarse repentinamente del estado de Nueva York a Nueva Zelanda, ni ver el centro de Albany desde 30.000 pies de altura sobre Manhattan, ni descender del firmamento a la pista en pocos minutos. Esto proporciona al dispositivo del jugador mucho tiempo para descargar los datos que necesita, e incluso la capacidad de predecir (y, por tanto, empezar a descargar) lo que necesita antes de que el jugador seleccione siquiera un destino. Incluso si estos datos no llegan a tiempo, las consecuencias son modestas: algunos de los edificios de Manhattan se generarán temporalmente de forma procesal, en lugar de parecerse a los reales, y los detalles realistas se añadirán cuando lleguen.

Por último, el mundo virtual de MSFS tiene más en común con un diorama que con la bulliciosa e imprevisible calle de Neal Stephenson. El envío a los usuarios de este tipo de datos, que no pueden predecirse fácilmente y son mucho más voluminosos que los detalles visuales de un parque de oficinas o un bosque, requerirá bastante más de 1 GB por hora. Esto nos lleva al siguiente elemento de la conectividad a internet, posiblemente el menos comprendido hoy en día: la latencia.

Latencia

A menudo se confunden el ancho de banda y la latencia, y el error es entendible: ambos afectan a la cantidad de datos que se pueden enviar o recibir por unidad de tiempo. La forma clásica de diferenciar ambos conceptos es comparar la conexión a internet con una autopista. Puedes pensar en el «ancho de banda» como el número de carriles de la autopista, y la «latencia» como el límite de velocidad. Si una autopista tiene más carriles, puede transportar más coches y camiones sin congestionarse. Pero si el límite de velocidad de la autopista es bajo —quizá debido a demasiadas curvas o al estado de la carretera—, el flujo de tráfico es lento aunque haya capacidad de sobra. Del mismo modo, un límite de velocidad alto con un solo carril también provoca una congestión constante: el límite de velocidad es una aspiración, no una realidad.

El reto de los mundos virtuales renderizados en tiempo real es que los usuarios no envían un solo coche de un destino a otro. En su lugar, envían una flota interminable de coches atados entre sí (recordemos que necesitamos una «conexión continua») hacia y desde ese destino. No es posible enviar estos coches con antelación porque su contenido se decide sólo milisegundos antes de que salgan a la carretera. Además, necesitamos que estos coches se desplacen a la mayor velocidad posible y sin desviarse nunca a otra ruta (lo que cortaría la conexión continua y alargaría el tiempo de tránsito aunque se mantuviera la velocidad máxima).

Un sistema global de carreteras que cumpla y mantenga estas especificaciones es un reto considerable. En la parte I, expliqué que pocos servicios en línea necesitan hoy en día una latencia ultrabaja. No importa si hay 100 o 200 milisegundos o incluso dos segundos de retraso entre el envío de un mensaje de WhatsApp y la recepción de la lectura. Tampoco importa si se tarda 20, 150 o 300 ms desde que un usuario hace clic en el botón de pausa de YouTube hasta que el vídeo se detiene, y la mayoría de los usuarios probablemente no registre la diferencia entre 20 y 50 ms. Cuando se ve Netflix, es más importante que el vídeo se reproduzca de forma fiable que de forma inmediata. Y aunque la latencia en una videollamada de Zoom es molesta, es fácil de manejar para los participantes; sólo tienen que aprender a esperar un poco después de que el orador deje de hablar. Incluso un segundo (1.000 ms) es llevadero.

El umbral de tolerancia humana a la latencia es increíblemente bajo en las experiencias interactivas. El usuario debe sentir instintivamente que sus aportaciones tienen un efecto real, y el retraso en las respuestas significa que el «juego» responde a antiguas decisiones después de que se hayan tomado otras nuevas. Por esta misma razón, al jugar contra un usuario con menor latencia, a menudo se tiene la sensación de estar compitiendo contra alguien del futuro —alguien con supervelocidad— que es capaz de parar un golpe que ni siquiera has dado.

Piensa en la última vez que viste una película o un programa de televisión en un avión, un iPad o en un cine, y en que el audio y el vídeo estuvieran ligeramente desincronizados. La persona media ni siquiera nota un problema de sincronización a menos que el audio se adelante más de 45 ms o se retrase más de 125 ms (170 ms de variación total). Los umbrales de aceptabilidad, como suelen llamarse, son aún más amplios, con 90 ms de adelanto y

185 ms de retraso (275 ms). Con los botones digitales, como el botón de pausa de YouTube, la persona media sólo piensa que su clic ha fallado si la respuesta tarda entre 200 y 250 ms. En juegos como Fortnite, Roblox o Grand Theft Auto, los grandes jugadores se frustran tras 50 ms de latencia (la mayoría de los editores de juegos esperan tener sólo 20 ms). A los 110 ms, los jugadores ocasionales consideran que la culpa es del retraso de entrada, y no de su inexperiencia.[65] A los 150 ms, los juegos que requieren una respuesta rápida son sencillamente imposibles de jugar.

¿Cómo es la latencia en la práctica? En Estados Unidos, el tiempo medio de envío de datos de una ciudad a otra y viceversa es de 35 ms. Muchas conexiones lo superan, especialmente entre ciudades con alta densidad y picos de demanda intensos (por ejemplo, de San Francisco a Nueva York por la noche). Lo más importante es que esto es sólo el tiempo de tránsito de ciudad a ciudad o de centro de datos a centro de datos. Todavía queda el tiempo de tránsito del centro de la ciudad al usuario, que es especialmente propenso a las ralentizaciones. Las ciudades densas, las redes locales y los condominios individuales pueden congestionarse con facilidad y a menudo se instalan con cableado de cobre con un ancho de banda limitado, en lugar de fibra de alta capacidad. Los que viven fuera de una gran ciudad pueden estar al final de docenas o incluso cientos de kilómetros de transmisión basada en el cobre. Para aquellos de las afueras cuya conectividad es inalámbrica, el 4G añade hasta 40 milisegundos adicionales.

A pesar de estos retos, los tiempos de entrega de ida y vuelta en Estados Unidos suelen estar dentro del umbral de aceptabilidad. Sin embargo, todas las conexiones sufren de «variación de retardo», la variación de paquete de datos a paquete de datos en el tiempo de entrega en relación con la mediana. Aunque la mayor parte de las fluctuaciones se distribuyen estrechamente en torno a la latencia media de la red, a menudo pueden multiplicar-

65. Banatt, Eryk, Stefan Uddenberg y Brian Scholl, «Input Latency Detection in Expert-Level Gamers», Universidad de Yale, 21 de abril de 2017, <https://cogsci.yale.edu/sites/default/files/files/Thesis2017Banatt.pdf>.

se debido a una congestión imprevista en algún punto de la red, incluida la red de los usuarios finales como resultado de la interferencia de otros dispositivos electrónicos, o tal vez un miembro de la familia o un vecino que inicie una transmisión de vídeo o una descarga. Aunque sea temporal, esto puede arruinar fácilmente un juego de ritmo rápido o dar lugar a una conexión de red cortada. Como ya hemos dicho, las redes no son fiables.

Para gestionar la latencia, la industria de los juegos en línea ha desarrollado una serie de soluciones parciales y métodos alternativos. Por ejemplo, la mayoría de los juegos multijugador de alta fidelidad se «emparejan» en torno a las regiones del servidor. Limitando la lista de jugadores a los que viven en el noreste de Estados Unidos, Europa Occidental o el Sudeste Asiático, los editores de juegos pueden minimizar la latencia dentro de cada región. Como el juego es una actividad de ocio y se suele jugar entre uno y tres amigos, esta agrupación funciona bastante bien. Es poco probable que quieras jugar con una persona concreta que se encuentra a varias zonas horarias de distancia y, de todos modos, no te importa dónde viven tus oponentes desconocidos (en la mayoría de los casos, ni siquiera puedes hablar con ellos). Los juegos multijugador en línea también utilizan soluciones de *netcode* (problemas de sincronización entre clientes y servidores) para así garantizar que haya sincronización y regularidad y que los jugadores continúen jugando. El *netcode* basado en retraso le dirá al dispositivo de un jugador (por ejemplo, una PlayStation 5) que retrase artificialmente la representación de las entradas de su propietario hasta que lleguen las entradas del jugador más latente (su oponente). Esto molestará a los jugadores acostumbrados a la baja latencia, pero funciona. El *netcode* retrospectivo es más sofisticado. Si las entradas de un oponente se retrasan, el dispositivo de un jugador procederá basándose en lo que espera que ocurra. Si resulta que el oponente hizo algo diferente, el dispositivo tratará de desenrollar las animaciones en proceso para luego reproducirlas «correctamente».

Aunque estas soluciones son efectivas, son difíciles de adaptar. El *netcode* funciona bien en aquellos títulos en los que las entradas de los jugadores son bastante predecibles, como las simulaciones de conducción, o aquéllos en los que hay que sincronizar relativamente pocos jugadores, como ocurre en la mayoría de los juegos de lucha. Sin embargo, es mucho más difícil predecir correctamente y sincronizar de forma coherente los comportamientos de docenas de jugadores, especialmente cuando participan en un mundo virtual libre con datos ambientales y de activos transmitidos por la nube. Por eso, Subspace, una empresa de tecnología de ancho de banda en tiempo real, calcula que sólo tres cuartas partes de los hogares estadounidenses de banda ancha pueden participar con un nivel de calidad constante (aunque no sin problemas) en los actuales mundos virtuales de alta fidelidad en tiempo real, como Fortnite y Call of Duty, mientras que en Oriente Próximo lo hace menos de una cuarta parte. Y no basta con alcanzar el umbral de latencia. Subspace ha descubierto que un aumento o disminución de 10 ms de media en la latencia reduce o aumenta el tiempo de juego semanal en un 6 por ciento. Es más, esta correlación se mantiene más allá del punto en el que incluso los grandes jugadores pueden reconocer la latencia de la red: si su conexión es de 15 ms, en lugar de 25 ms, probablemente jugarán un 6 por ciento más. Casi ningún otro tipo de negocio afronta una sensibilidad semejante, y dado que estos juegos son un negocio basado en la participación, las consecuencias sobre los ingresos son considerables.

Esto podría parecer un problema específico de los juegos, más que un problema del metaverso. También es notable que estos problemas afecten sólo a una parte de los ingresos de los juegos. Muchos títulos de éxito, como Hearthstone y Words with Friends, se basan en turnos o son asíncronos, mientras que otros títulos síncronos, como Honour of Kings y Candy Crush, no necesitan entradas perfectas de píxeles ni de milisegundos. Sin embargo, el metaverso requerirá una baja latencia. Los ligeros movimientos faciales son increíblemente importantes para la conversación humana. También somos muy sensibles a los pequeños errores y a los problemas de sincronización, por eso no nos importa cómo se mueve la boca de un personaje de Pixar, pero nos asusta un ser humano de CGI [imágenes generadas por ordenador] cuyos labios no se mueven exactamente bien (los animadores lo llaman «valle inquietante»). Hablar con tu madre con un retraso de 100 ms puede resultar espeluznante. Aunque las interacciones en el metaverso no tienen la sensibilidad temporal de una bala específica de un píxel, el volumen de datos que se requiere es mucho mayor. Recordemos que la latencia y el ancho de banda afectan colectivamente a la cantidad de información que puede enviarse por unidad de tiempo.

Los productos sociales también dependen del número de usuarios que puedan utilizarlos y de que lo hagan. Aunque la mayoría de los juegos multijugador se juegan con otras personas que se encuentran en la misma zona horaria, o tal vez una más alejada, la comunicación por internet suele abarcar a todo el mundo. Antes he mencionado que se pueden tardar 35 ms en enviar datos desde el noreste de Estados Unidos hasta el sureste. Entre continentes se tarda todavía más. El tiempo medio de entrega desde el noreste de Estados Unidos hasta el noreste de Asia es de 350 o 400 ms, e incluso más de usuario a usuario (de 700 ms a 1 segundo completo). Imagínate que FaceTime o Facebook no funcionaran a menos que tus amigos o familiares estuvieran en un radio de 800 kilómetros. O si sólo funcionaran cuando estás en casa. Si una empresa quiere aprovechar la mano de obra extranjera o a distancia en el mundo virtual, necesitará algo mejor que retrasos de medio segundo. Cada usuario adicional a un mundo virtual no hace más que agravar los problemas de sincronización.

Las experiencias basadas en la realidad aumentada tienen requisitos de latencia especialmente estrictos porque se basan en los movimientos de la cabeza y los ojos. Si llevas gafas, puedes dar por sentado que tus ojos se ajustan inmediatamente a tu entorno cuando te vuelves y recibes partículas de luz a 0,00001 ms. Pero imagina cómo te sentirías si hubiera un retraso de 10 a 100 ms en la recepción de esa nueva información.

La latencia es el mayor obstáculo de la red en el camino hacia el metaverso. Parte del problema es que pocos servicios y aplicaciones necesitan hoy en día una entrega de latencia ultrabaja, lo que a su vez dificulta la tarea de cualquier operador de red o empresa tecnológica centrada en la entrega en tiempo real. La buena noticia es que a medida que crezca el metaverso aumentará la inversión en infraestructuras de internet de baja latencia. Sin embargo, la lucha por conquistar la latencia no sólo supone un reto para nuestros bolsillos, sino que también se enfrenta a las leyes de la física. En palabras del CEO de un importante editor de videojuegos con experiencia en la creación de juegos para su distribución en la nube: «Estamos en una batalla constante contra la velocidad de la luz. Pero la velocidad de la luz es y seguirá invicta». Pensemos en lo difícil que es enviar un solo byte desde Nueva York hasta Tokio o Bombay con niveles de latencia ultrabajos. A una distancia de entre 11.000 y 12.500 kilómetros, la luz tarda entre 40 y 45 ms en realizar este trayecto. La física del universo sólo supera en un rango de entre un 10 y un 20 por ciento el objetivo mínimo de los videojuegos competitivos. No parece que estemos perdiendo ante las leyes de la física, pero en la práctica, nos quedamos muy lejos de este punto de referencia de 40-45 ms. La latencia media de un paquete enviado desde el centro de datos de Amazon en el noreste de Estados Unidos (que da servicio a la ciudad de Nueva York) a su centro de datos del sureste de Asia-Pacífico (Bombay y Tokio) es de 230 ms.

Hay muchas causas que explican este retraso. Una de ellas es el vidrio. Aunque muchos asumen que los datos enviados por los cables de fibra óptica viajan a la velocidad de la luz, por un lado tienen razón y por otro se equivocan. Los propios haces de luz viajan a la velocidad de la luz —que, como sabe cualquier estudiante, es una constante—, pero no viajan en línea recta aunque el propio cable esté tendido en línea recta. Esto se debe a que todas las fibras de vidrio, a diferencia del vacío del espacio, refractan la luz. Por ello, la trayectoria de un determinado rayo se acerca más a un apretado zigzag que rebota entre los bordes de una determinada fibra. El resultado es un alargamiento de más del 45 por ciento de una ruta. Esto nos lleva a 58 o 65 ms.

Además, la mayoría de los cables de internet no se tienden en línea recta: deben sortear derechos internacionales, impedimentos geográficos y análisis de costes y beneficios. Por ello, muchos países y grandes ciudades carecen de conexión directa. Nueva York tiene un cable submarino directo con Francia, pero no con

Portugal. El tráfico desde Estados Unidos puede ir directamente a Tokio, pero para llegar a la India hay que saltar de un cable submarino a otro en Asia o en Oceanía. Se podría tender un único cable desde Estados Unidos hasta la India, pero tendría que atravesar o rodear Tailandia —lo que supondría cientos o incluso miles de kilómetros— y eso sólo resuelve la transmisión de costa a costa.

Quizá sorprenda que sea más difícil mejorar la infraestructura nacional de internet que la internacional. El tendido (o la sustitución) de cables implica trabajar alrededor de una amplia infraestructura de transporte (autopistas y ferrocarriles), varios centros de población (cada uno con sus propios procesos políticos, grupos de interés e incentivos), y parques y tierras protegidas. El tendido de un cable sobre un monte submarino en aguas internacionales es sencillo comparado con el tendido de un cable sobre una cordillera privada-pública.

Figura 1. Cables submarinos

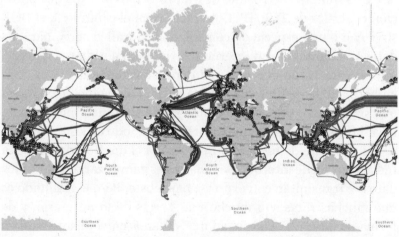

Un mapa de los casi 500 cables submarinos y los 1.250 puntos de aterrizaje de cable que hacen posible la internet mundial.

Fuente: Telegeography.

La expresión *eje central de internet* podría hacer pensar en una red de cables ampliamente planificada y en parte federada.

En realidad, la red troncal de internet es una federación de redes privadas. Estas redes nunca se establecieron para ser eficientes a nivel nacional. Más bien sirven para fines locales. Por ejemplo, una empresa operadora de redes privadas puede haber instalado una línea de fibra entre dos barrios residenciales o incluso dos parques de oficinas. Dados los gastos de los permisos y la eficacia de aprovechar los esfuerzos existentes, en lugar de conectar un par de ciudades en línea recta, el cable se suele tender cuando y donde se estaba construyendo otra infraestructura.

Cuando los datos se envían entre dos ciudades, como Nueva York y San Francisco, o Los Ángeles y San Francisco, pueden ser transportados por varias redes diferentes encadenadas (a cada segmento se lo llama «salto»). Ninguna de estas redes fue diseñada para minimizar la distancia o el tiempo de tránsito entre estos dos lugares. Por lo tanto, un paquete determinado puede viajar mucho más lejos que la distancia geográfica literal entre un usuario y un servidor.

Este reto se ve exacerbado por el Protocolo de Puerta de Enlace de Frontera (BGP), uno de los protocolos de capa de aplicación centrales de TCP/IP. Como vimos en el capítulo 3, el BGP sirve como una especie de controlador de tráfico aéreo para los datos transmitidos «en internet», ayudando a cada red a determinar a través de qué otra red deben enrutarse los datos. Sin embargo, lo hace sin saber qué se envía, en qué dirección o con qué significado. Como tal, «ayuda» aplicando una metodología bastante estandarizada que prioriza sobre todo el coste.

El conjunto de reglas del BGP refleja el diseño original de la red asíncrona de internet. Su objetivo es garantizar que todos los datos se transmitan con éxito y a bajo coste. Pero el resultado es que muchas rutas son mucho más largas de lo necesario, y de forma inconstante. Dos jugadores situados en el mismo edificio de Manhattan podrían estar en la misma partida de Fortnite, gestionada por un servidor de Fortnite con sede en Virginia, con paquetes que podrían ser enrutados a través de Ohio primero y, por tanto, tardar un 50 por ciento más en llegar al destino. Los datos podrían enviarse de vuelta a uno de los jugadores a través de una ruta de red aún más larga que pasa por Chicago. Y cualquiera de estas conexiones puede acabar cortada, o sufrir episodios recurrentes de latencia de 150 ms, todo ello para dar prioridad al tráfico que no necesita ser entregado en tiempo real, como un e-mail.

Todos estos factores juntos explican por qué el paquete de datos medio tarda más de cuatro veces en viajar de Nueva York a Tokio que una partícula de luz, cinco veces más de Nueva York a Bombay y de dos a cuatro veces más en llegar a San Francisco, dependiendo del momento.

Mejorar el tiempo de entrega será increíblemente caro, difícil y lento. La sustitución o mejora de la infraestructura de cables no sólo es costosa, sino que también requiere autorizaciones gubernamentales, normalmente a varios niveles. Cuanto más directa sea la trayectoria de estos cables, más difíciles serán las aprobaciones, ya que es más probable que la trayectoria más directa pase por una propiedad residencial, comercial o gubernamental, o por un espacio protegido.

Es mucho más fácil actualizar la infraestructura inalámbrica. Las redes 5G se anuncian principalmente para ofrecer a los usuarios inalámbricos una «latencia ultrabaja», con un potencial de 1 ms y una previsión más realista de 20 ms. Esto supone un ahorro de entre 20 y 40 ms frente a las redes 4G actuales. Sin embargo, esto sólo ayuda a los últimos cientos de metros de transmisión de datos. Una vez que los datos de un usuario sin cable llegan a la torre, se trasladan a las redes troncales de telefonía fija.

Starlink, la empresa de internet por satélite de SpaceX, promete proporcionar un servicio de internet de gran ancho de banda y baja latencia a todo Estados Unidos y, con el tiempo, al resto del mundo. Sin embargo, el internet por satélite no consigue una latencia ultrabaja, especialmente a grandes distancias. A partir de 2021, Starlink tiene una media de 18-55 ms de tiempo de viaje de tu casa al satélite, ida y vuelta, pero este plazo se amplía cuando los datos tienen que ir de Nueva York a Los Ángeles y de vuelta, ya que esto implica viajar a través de múltiples satélites o redes terrestres tradicionales.

En algunos casos, Starlink incluso agrava el problema de recorrer distancias. De Nueva York a Filadelfia hay unos 160 kilómetros en línea recta y potencialmente 125 kilómetros por cable, pero más de 700 kilómetros cuando se viaja a un satélite de órbita baja y se vuelve a bajar. Y no sólo eso, el cable de fibra óptica tiene muchas menos «pérdidas» que la luz transmitida a través de la atmósfera, especialmente en los días nublados. Las zonas densas de las ciudades, al ser ruidosas, también están sujetas a interferencias por ese motivo. En 2020, Elon Musk subrayó que Starlink se centra «en los clientes más difíciles de atender, aquellos a los que [las empresas de telecomunicaciones] tienen problemas para llegar».[66] En este sentido, la entrega por satélite permite que más personas cumplan las especificaciones de latencia mínima del metaverso, en lugar de ofrecer mejoras para los que ya las cumplen.

El Protocolo de Puerta de Enlace de Frontera puede actualizarse o complementarse con otros protocolos, o podrían introducirse y adoptarse nuevos estándares patentados. En cualquier caso, nos gusta imaginar que lo que es posible sólo está limitado por las mentes y las innovaciones de Roblox Corporation, o Epic Games, o el creador individual, y es cierto que estos grupos han demostrado ser expertos en el diseño de las limitaciones basadas en la red. Seguirán haciéndolo mientras navegamos por todos los desafíos de ancho de banda y latencia que nos esperan. Sin embargo, al menos en un futuro próximo, estas limitaciones tan reales seguirán restringiendo el metaverso y todo lo que hay en él.

66. Pegoraro, Rob, «Elon Musk: "I Hope I'm Not Dead by the Time People Go to Mars"», *Fast Company*, 10 de marzo de 2020, <https:// www.fastcompany. com/90475309/elon-musk-i-hope-im-not-dead-by-the-time-people-go-to -mars>.

Capítulo 6

Informática

Enviar suficientes datos en una cantidad de tiempo razonable es sólo una parte del proceso de funcionamiento de un mundo virtual sincronizado. También hay que entender los datos, ejecutar el código, evaluar las entradas, ejecutar la lógica, renderizar los entornos, etcétera. Éste es el trabajo de las unidades centrales de procesamiento (CPU) y las unidades de procesamiento gráfico (GPU), descrito en términos generales como «computación».

La computación es el recurso que realiza todo el «trabajo» digital. Durante décadas, hemos visto aumentar el número de recursos informáticos disponibles y fabricados al año, y hemos sido testigos de lo potentes que pueden ser. A pesar de ello, los recursos informáticos siempre han sido, y probablemente seguirán siendo, escasos, porque cuando se dispone de más capacidad informática, tendemos a intentar realizar cálculos más complicados. Observemos el tamaño de la consola de videojuegos media en los últimos 40 años. La primera PlayStation, lanzada en 1994, pesaba 1,2 kilogramos y medía 27,3 x 19 x 6,3 cm. La PlayStation 5, lanzada en 2020, pesa 4,5 kg y mide 39,1 x 25,9 x 10,4 cm. La mayor parte del crecimiento está relacionado con la decisión de colocar más potencia de cálculo en el dispositivo y ventiladores más grandes para refrigerarlo mientras realiza su trabajo. Hoy en día, la PlayStation original (salvo por su unidad de disco óptico) podría caber en una cartera y costar menos de 25 dólares, pero hay poca demanda de este dispositivo en comparación con las alternativas modernas.

Antes aludí al superordenador que Pixar construyó para producir *Monstruos University* en 2013: unos 2.000 ordenadores industriales unidos con una combinación de 24.000 núcleos. El coste de este centro de datos habría sido de decenas de millones de dólares, mucho más que una PlayStation 3, por supuesto, pero el centro también podía crear imágenes mucho más grandes, detalladas y bellas. En total, cada uno de los 120.000 fotogramas de la película requería 30 horas de núcleo para su renderización.[67] En los años siguientes, Pixar sustituyó muchos de estos ordenadores y núcleos por procesadores más nuevos y capaces que podían renderizar estas mismas tomas más rápidamente. Pero en lugar de optimizar la velocidad, Pixar utiliza esta potencia para crear *renders* más sofisticados. Por ejemplo, una toma de la película *Coco*, de 2017, del estudio tenía casi ocho millones de luces renderizadas individualmente. Al principio se necesitaron más de 1.000 horas, y luego 450, para renderizar cada fotograma de la toma. Pixar pudo reducir el tiempo a 55 horas en parte al «integrar» una serie de luces en incrementos longitudinales y latitudinales de 20 grados, es decir, reduciendo su capacidad de respuesta a la cámara.[68]

Esto podría parecer un ejemplo irreal. Al fin y al cabo, no todos los *renders* necesitan ocho millones de luces, ni especificaciones en tiempo real, ni serán examinados en una pantalla IMAX de 350 metros cuadrados. Sin embargo, los *renders* y los cálculos necesarios para el metaverso son mucho más complicados. Además, deben crearse cada más o menos 0,016 o, mejor aún, 0,0083 segundos. No todas las empresas —y ciertamente pocos indivi-

---

67. Como recordatorio, no se trata de 30 horas en sentido literal, sino de 30 horas de núcleo. Un núcleo podría pasar 30 horas renderizando lo que 30 núcleos podrían renderizar en una hora, etcétera.

68. Foundry Trends, «One Billion Assets: How Pixar's Lightspeed Team Tackled Coco's Complexity», 25 de octubre de 2018, <https://www.foundry.com/insights/film-tv/pixar-tackled-coco-complexity>.

duos— pueden permitirse un centro de datos con superordenadores. De hecho, es sorprendente lo limitados que están hoy en día incluso los mundos virtuales más impresionantes. Volvamos a Fortnite y Roblox. Aunque estos títulos son logros increíblemente creativos, sus ideas subyacentes no son ni mucho menos nuevas. Durante décadas, los desarrolladores han imaginado experiencias con docenas (si no cientos o miles) de jugadores simultáneos en una única simulación compartida, así como entornos virtuales limitados únicamente por la imaginación del usuario individual. El problema era que no eran técnicamente posibles.

Aunque los mundos virtuales con cientos e incluso miles de «usuarios simultáneos» han sido posibles desde finales de la década de 1990, tanto los mundos virtuales como los usuarios estaban muy limitados. EVE Online no permite a los jugadores individuales congregarse a través de avatares. En su lugar, los usuarios dirigen grandes naves, en su mayoría estáticas, para reubicarse en el espacio e intercambiar fuego de artillería. Docenas de avatares de World of Warcraft pueden aparecer en el mismo lugar, pero el detalle del modelo es limitado, el enfoque se vuelve borroso y los jugadores tienen un control limitado sobre lo que puede hacer cada avatar. Si demasiados jugadores convergen en una misma zona, el servidor del juego la «fragmenta» temporalmente en copias de ese espacio que funcionan simultáneamente, pero que son independientes. Algunos juegos incluso han optado por limitar el renderizado en tiempo real a los jugadores individuales y a la IA seleccionada en el juego, con todo el fondo renderizado previamente, por lo que no puede ser alterado por los jugadores. Para participar en cualquiera de estas experiencias, el jugador tenía que comprar un ordenador dedicado a los juegos, que podía llegar a costar miles de dólares. Incluso si no era estrictamente necesario, el usuario tenía que «apagar» o «reducir» la capacidad de renderizado del juego o reducir a la mitad la tasa de fotogramas.

No fue hasta mediados de la década de 2010 cuando millones de dispositivos de consumo pudieron gestionar un juego como Fortnite, con docenas de avatares ricamente animados en una sola partida, cada uno de ellos capaz de llevar a cabo una amplia gama de acciones, e interactuando en un mundo vívido y tangible, en lugar de en la fría inmensidad del espacio. Fue en esta misma época cuando se dispuso de suficientes servidores asequibles que podían gestionar y sincronizar las entradas procedentes de tantos dispositivos.

Estos avances informáticos provocaron un cambio extraordinario en la industria de los videojuegos. En pocos años, los juegos más populares (y rentables) del mundo eran los que se centraban en abundante contenido generado por los usuarios y en un elevado número de usuarios simultáneos (Free Fire, PUBG, Fortnite, Call of Duty: Warzone, Roblox, Minecraft). Además, estos juegos se expandieron rápidamente hacia el tipo de experiencias mediáticas que antes ocurrían «sólo en la vida real» (el concierto de Travis Scott en Fortnite, o Lil Nas X's en Roblox). El resultado colectivo de estos nuevos géneros y eventos fue un enorme crecimiento de la industria del videojuego. En el transcurso de un día medio de 2021, más de 350 millones de personas participaron en un juego *battle royale* —uno de los muchos géneros de juegos con alta simultaneidad de jugadores— y miles de millones tenían la posibilidad de hacerlo. En 2016, sólo 350 millones de personas en el mundo poseían el equipo necesario para renderizar un sofisticado mundo virtual en 3D. En 2021 Roblox alcanzó su punto álgido, con 225 millones de usuarios mensuales, una cifra más de un tercio superior a las ventas de la consola más vendida de la historia, la PlayStation 2, y dos tercios del tamaño de redes sociales como Snapchat y Twitter.

Como ya habrás adivinado, estos juegos nos parecen tan adelantados a su tiempo en parte por decisiones de diseño específicas que les permiten sortear las limitaciones informáticas actuales. La mayoría de los juegos *battle royale* admiten 100 jugadores, pero también utilizan mapas enormes con numerosos «puntos de interés» para dispersarlos y alejarlos unos de otros. Esto significa que, aunque el servidor tiene que hacer un seguimiento de lo que hace cada jugador, el dispositivo de cada uno de ellos no tiene que renderizarlos ni seguir sus acciones, ni tampoco procesarlas. Y, aunque los jugadores deben converger en última instancia en un pequeño espacio —a veces del tamaño de un dormitorio—, la propia premisa de un *battle royale* significa que, llegados a ese punto, casi todos los jugadores han sido derrotados. Y a medida que el mapa se reduce, se hace más difícil sobrevivir. Un jugador de *battle royale* debe preocuparse por vencer a 99 competidores, pero su dispositivo se enfrenta a muchos menos.

Sin embargo, estos trucos no son suficiente. El juego de *battle royale* para móviles Free Fire, por ejemplo, es uno de los más populares del mundo, si bien la mayoría de sus jugadores se encuentran en el Sudeste Asiático y Sudamérica, donde la mayoría de los dispositivos son Android de gama baja o media, en lugar de iPhones más potentes y Android de gama alta. Por ello, el *battle royale* de Free Fire está limitada a 50, no a 100. De la misma manera, cuando títulos como Fortnite o Roblox organizan eventos sociales en un espacio más reducido, como un local de conciertos virtual, reducen la simultaneidad de jugadores a 50 e incluso menos. También limitan lo que los usuarios pueden hacer en comparación con los modos de juego estándar. Puede ser que la posibilidad de construir esté desactivada, o el número de movimientos de baile se reduzca de doce a una única opción preestablecida.

Si tienes un procesador que no es tan potente como el del jugador medio, observarás que hay que hacer más concesiones. Los dispositivos de hace unos años no cargarán los trajes personalizados de otros jugadores (ya que no afectan a la jugabilidad) y, en su lugar, sólo los representarán como arquetipos. A pesar de todas las maravillas de Microsoft Flight Simulator, menos del 1 por ciento de los ordenadores Mac y PC de sobremesa o portátiles pueden ejecutar el título en su calidad más baja. Parte de la razón por la que MSFS es posible en esos dispositivos es porque muy poco de su mundo es real más allá de su mapa, el clima y las rutas de vuelo.

Como es lógico, las capacidades informáticas mejoran cada año. Roblox admite ahora hasta 200 jugadores en sus mundos de menor fidelidad, y hasta 700 jugadores en las pruebas beta. Sin embargo, aún estamos lejos del punto en el que la única limitación es la creatividad. El metaverso implicará la participación de cientos de miles de personas en una simulación compartida y con tantos objetos virtuales personalizados como quieran; la captura de movimiento completa; la capacidad de modificar en profundidad un mundo virtual (en lugar de elegir entre una docena de opciones) con total persistencia; y la representación de ese mundo no sólo en 1080p (lo que se suele considerar «alta definición»), sino en 4K o incluso 8K. Incluso los dispositivos más potentes del planeta tienen dificultades para hacer esto en tiempo real, porque cada activo, textura y aumento de resolución, o cada fotograma y jugador añadido, supone un consumo adicional de los escasos recursos informáticos.

El fundador y CEO de NVIDIA, Jensen Huang, cree que el próximo paso de las simulaciones inmersivas irá mucho más allá de hacer más realistas las explosiones o de animar más un avatar. En su lugar, prevé la aplicación de las «leyes de la física de partículas, de la gravedad, del electromagnetismo, de las ondas electromagnéticas, [incluyendo] la luz y las ondas de radio [...] de la presión y el sonido».[69]

Es discutible si el metaverso requerirá tal fidelidad a la física. Lo importante aquí es que la potencia de cálculo es siempre escasa, específicamente porque las capacidades de cálculo adicionales conducen a importantes avances. El deseo de Huang de llevar las leyes de la física a un mundo virtual puede parecer excesivo y poco práctico, pero asumir que lo es requiere predecir y descartar las innovaciones que podrían surgir de él. ¿Quién iba a pensar que habilitar los *battle royale* de 100 jugadores iba a cambiar el mundo? Lo que está garantizado es que la disponibilidad y las limitaciones de la informática determinarán qué experiencias del metaverso son posibles, para quién, cuándo y dónde.

Dos caras del mismo problema

Sabemos que el metaverso requiere más informática, pero no está claro cuánta se necesita exactamente. En el capítulo 3, cité al director de marketing de Oculus y actual director de tecnología,

69. Takahashi, Dean, «Nvidia CEO Jensen Huang Weighs in on the Metaverse, Blockchain, and Chip Shortage», *op. cit.*

John Carmack, que cree que «construir el metaverso es un imperativo moral». En octubre de 2021, Carmack dijo que si le hubieran preguntado veinte años antes si «cien veces la potencia de procesamiento» sería suficiente para cumplir este deber, habría dicho que sí. Sin embargo, a pesar de que miles de millones de dispositivos cuentan ahora con esa capacidad, Carmack considera que el metaverso sigue estando al menos a cinco o diez años de distancia y seguiría afrontando «serios problemas de optimización» incluso en el punto más lejano de esa predicción. Dos meses más tarde, Raja Koduri, vicepresidente sénior y CEO del Grupo de Computación Acelerada y Gráficos de Intel, publicaba unas reflexiones similares en el sitio de relaciones con los inversores de Intel. Koduri dijo que «efectivamente, el metaverso puede ser la próxima gran plataforma informática después de la red informática mundial y el móvil [...] [pero] la informática verdaderamente permanente e inmersiva, a escala y accesible para miles de millones de personas en tiempo real, requerirá aún más: multiplicar por 1.000 la eficiencia informática con respecto al estado actual de la técnica».[70]

Existen diversas perspectivas sobre la mejor manera de conseguirlo.

Uno de los temas de discusión es si la mayor cantidad de «trabajo» posible debería tener lugar en centros de datos remotos e industriales en lugar de en dispositivos de consumo. El hecho de que la mayor parte del trabajo de un mundo virtual ocurra en el dispositivo de cada usuario es un desperdicio, ya que significa que muchos dispositivos hacen el mismo trabajo al mismo tiempo en apoyo de la misma experiencia. Por el contrario, el servidor superpoderoso operado por el «propietario» del mundo virtual se limita a rastrear las entradas de los usuarios, retransmitirlas cuando es necesario y arbitrar los conflictos del proceso cuando se producen. Ni siquiera es necesario que haga nada.

Un ejemplo nos ayudará a visualizarlo mejor: cuando un jugador dispara un cohete a un árbol en Fortnite, esta información

---

70. Koduri, Raja, «Powering the Metaverse», Intel, 14 de diciembre de 2021, <https://www.intel.com/content/www/us/en/newsroom/opinion/ powering-metaverse.html>.

(el objeto utilizado, sus atributos y la trayectoria del proyectil) se envía desde el dispositivo de ese jugador al servidor multijugador de Fortnite, que a su vez transmite esa información a los jugadores que la necesiten. A continuación, sus máquinas locales procesan esa información y actúan en consecuencia: muestran la explosión, determinan si sus jugadores sufren daños, eliminan el árbol del mapa, permiten a los jugadores pasar por donde antes estaba, y así sucesivamente.

En la práctica, es posible que los jugadores ni siquiera vean la misma explosión visual, aunque «el mismo» explosivo haya golpeado exactamente «al mismo» árbol en «el mismo» ángulo y en «el mismo» momento, y se haya aplicado exactamente la misma lógica para procesar la causa y efecto. Esto refleja el hecho de que (debido a la latencia variable) un dispositivo dado podría entender que el cohete fue enviado ligeramente antes o después, y desde una posición ligeramente diferente. Normalmente esto no importa, pero a veces tiene grandes consecuencias. Por ejemplo, la consola del jugador 1 podría determinar que el jugador 2 murió por la explosión que destruyó el árbol, mientras que la consola del jugador 2 diría que el jugador 2 sufrió un daño significativo, pero no fatal. Ninguna de las consolas está «equivocada», pero el juego obviamente no puede proceder con ambas versiones de la «verdad». Así que el servidor debe «elegir».

La actual dependencia de los dispositivos personales crea también otras limitaciones. Los consumidores sólo pueden experimentar lo que su propio dispositivo puede manejar. Un iPad de 2019, una PlayStation 4 de la época de 2013 y una PlayStation 5 de la edición de 2020 ejecutarán Fortnite de forma diferente. El iPad estará limitado a 30 fotogramas por segundo, mientras que la PlayStation 4 ofrecerá 60 FPS y la PlayStation 5 120 FPS. El iPad probablemente cargará sólo texturas selectivas de los mapas y tal vez incluso se salte los trajes de los avatares, mientras que la PlayStation 5 mostrará la luz refractante y las sombras, algo que la PlayStation 4 no puede hacer. Esto, a su vez, significa que la complejidad general de un mundo virtual acaba limitada en parte por el dispositivo de gama más baja que pueda acceder a él. Epic Games ha decidido que los avatares y atuendos de Fortnite no deberían tener un impacto en su jugabilidad, pero cambiar de opinión podría suponer dejar fuera a muchos jugadores.

Trasladar la mayor cantidad de procesamiento y renderizado a centros de datos de nivel industrial parece más eficiente y esencial para construir el metaverso. Ya hay empresas y servicios que apuntan en esta dirección. Google Stadia y Amazon Luna, por ejemplo, procesan todo el juego en vídeo en centros de datos remotos y luego envían toda la experiencia renderizada al dispositivo del usuario en forma de flujo de vídeo. Lo único que tiene que hacer un dispositivo cliente es reproducir este vídeo y enviar entradas (mover a la izquierda, pulsar X, etcétera), de forma similar a ver Netflix.

Los defensores de este enfoque suelen destacar la lógica de alimentar nuestros hogares a través de redes eléctricas y centrales industriales, no de generadores privados. El modelo basado en la nube permite a los consumidores dejar de comprar ordenadores de calidad de consumidor, que se actualizan con poca frecuencia y que llevan la marca del minorista, y en su lugar alquilar el acceso a equipos de calidad empresarial que son más rentables por unidad de potencia de procesamiento y más fáciles de actualizar. Tanto si un usuario dispone de un iPhone de 1.500 dólares como de un viejo frigorífico con wifi y pantalla de vídeo, podría jugar a un título de gran intensidad computacional como Cyberpunk 2077 en todo su esplendor. ¿Por qué un mundo virtual debería depender de una pequeña pieza de hardware de consumo envuelta en fundas de plástico y no de una pila de servidores multimillonaria (si no de mil millones de dólares) propiedad de la empresa que opera el mundo virtual?

A pesar de toda la lógica ostensible de este enfoque, y del éxito de los servicios de contenido del lado del servidor, como Netflix y Spotify, el rendimiento remoto no es la solución de consenso entre los editores de juegos hoy en día. Tim Sweeney ha argumentado que «las iniciativas para situar el procesamiento en tiempo real en el lado equivocado del muro de la latencia siempre han estado condenadas al fracaso porque, aunque el ancho de banda y la latencia están mejorando, el rendimiento de la computación local está mejorando más rápido».[71] Dicho de otro modo, el debate no se centra en si los centros de datos remotos pueden ofrecer mejores experiencias que los de propiedad del consumidor, pues es evidente que pueden. Más bien se trata de que las redes se interponen en el camino y probablemente seguirán haciéndolo.

Aquí la analogía del generador de energía comienza a romperse. En la mayor parte del mundo desarrollado, los consumidores no luchan por recibir la energía que necesitan a diario, ni con la rapidez necesaria. Esto es así a pesar de que se envía muy poca energía, es decir, datos. Para poder ofrecer experiencias a distancia, se necesitan muchos gigabytes por hora enviados en tiempo real. Pero, como sabes, todavía nos cuesta enviar unos pocos megabytes por hora en tiempo real.

Además, la computación remota aún no ha demostrado ser más eficiente para el renderizado. Esto es consecuencia de varios problemas interrelacionados.

En primer lugar, una GPU no renderiza un mundo virtual completo, ni siquiera gran parte de él, en un momento dado. En su lugar, renderiza sólo lo que es necesario para un usuario determinado cuando éste lo necesita. Cuando un jugador se da la vuelta en un juego como The Legend of Zelda: Breath of the Wild, la GPU de NVIDIA de Nintendo Switch descarga todo lo que se había renderizado anteriormente para poder dar cabida al nuevo campo de visión del jugador. Este proceso se llama «determinación de las caras ocultas». Otras técnicas incluyen la «oclusión», en la que los objetos que están en el campo de visión del jugador no se cargan/renderizan si están obstruidos por otro objeto, y el «nivel de detalle» en el que la información, como la textura matizada de la corteza de un abedul, sólo se renderiza cuando el jugador debería poder verla.

Las soluciones de determinación, oclusión y nivel de detalle son esenciales para las experiencias de renderizado en tiempo real porque permiten que el dispositivo del usuario concentre su

71. Sweeney, Tim (@TimSweeneyEpic), Twitter, 7 de enero, 2020, <https://twitter.com/timsweeneyepic/status/1214643203871248385>.

capacidad de procesamiento en lo que éste puede ver. Pero, como resultado, otros usuarios no pueden «aprovechar» el trabajo de la GPU de un jugador. Algunos lectores podrían pensar que esto es mentira, recordando las muchas horas que pasaron jugando a Mario Kart en la Nintendo 64, que permitía a los jugadores «dividir» la pantalla del televisor en cuatro, una para cada piloto. Incluso hoy, Fortnite permite que una sola PlayStation o Xbox parta una pantalla por la mitad para que dos jugadores puedan jugar a la vez. Pero en este caso, la GPU en cuestión está soportando *renders* simultáneos para múltiples participantes, no para usuarios. La distinción aquí es fundamental. Todos los jugadores deben entrar en la misma partida y nivel, y tampoco pueden abandonarla antes de tiempo. Esto se debe a que los procesadores del dispositivo sólo pueden cargar y gestionar una cantidad finita de información, y su sistema de memoria de acceso aleatorio almacenará temporalmente varios *renders* (por ejemplo, un árbol o un edificio) para que pueda ser reutilizado continuamente por cada jugador, en lugar de renderizar desde cero cada vez. Además, la resolución y/o la velocidad de fotogramas de cada jugador disminuye en una cantidad proporcional al número de usuarios. Esto significa que, aunque dos jugadores utilicen dos televisores para jugar a Mario Kart, en lugar de un televisor dividido en dos, cada jugador recibirá la mitad de píxeles renderizados por segundo.[72]

Es técnicamente posible que una GPU renderice dos juegos completamente diferentes. Una GPU NVIDIA de gama alta puede ciertamente soportar dos emulaciones distintas de un Super Mario Bros. de desplazamiento lateral en 2D, o una versión de Super Mario Bros. y otra de un título de potencia similar. Sin embargo, esto no se hace de forma eficiente. Una GPU NVIDIA que podría ejecutar el juego A de gama alta con sus máximas especificaciones de renderizado no puede ejecutar dos versiones del

72. Con la excepción de cuando un juego se ejecuta muy por debajo de la capacidad de la GPU que lo soporta, como sería el caso de jugar la versión de Mario Kart de Nintendo 64 en una Nintendo Switch, consola que se lanzó veintiún años después de aquélla.

título con la mitad de las especificaciones, ni siquiera con un tercio. Tampoco puede intercambiar su potencia entre cada juego en función de lo que necesiten y cuándo, como un padre que ayuda a dos niños a estudiar o irse a la cama. Incluso si el juego A nunca puede utilizar toda la potencia de una determinada GPU NVIDIA, ese sobrante no se puede asignar a otro lugar.

Las GPU no generan una «potencia» de renderizado genérica que pueda repartirse entre los usuarios de la misma forma que una central eléctrica reparte la electricidad entre varios hogares, o de la misma forma que un servidor de CPU puede soportar los datos de entrada, localización y sincronización de un centenar de jugadores en un *battle royale*. En cambio, las GPU suelen funcionar como una «instancia bloqueada» que soporta el renderizado de un solo jugador. Muchas empresas están trabajando en este problema, pero hasta que no sea posible, no hay una eficiencia inherente en el diseño de «megagrupos» similar a la de los grandes generadores de energía industrial, las turbinas u otras infraestructuras. Mientras que los generadores de energía suelen ser más rentables por unidad de potencia a medida que aumenta su capacidad, lo contrario ocurre con las GPU. Una GPU el doble de potente que otra, en un sentido simplificado, cuesta más del doble de producir.

Las dificultades para «dividir» o «compartir» las GPU son la razón por la que las granjas de servidores de *streaming* de juegos en la nube de Microsoft Xbox están, de hecho, formadas por *racks* y bastidores de Xbox descascarillados, cada uno de ellos al servicio de un jugador. Dicho de otro modo, la central eléctrica de Microsoft es, en realidad, una red de generadores de energía domésticos, en lugar de una única del tamaño de un barrio. Microsoft podría utilizar hardware de GPU y CPU a medida para dar soporte a las instancias en la nube, en lugar del hardware de GPU y CPU de sus Xbox centradas en el consumidor. Sin embargo, esto requeriría que cada juego de Xbox se desarrollara para soportar un «tipo» adicional de Xbox.

Los servidores de renderización en la nube también se enfrentan a problemas de utilización. Un servicio de juegos en la nube podría necesitar 75.000 servidores dedicados para el área de Cleveland a las 8 de la noche de un domingo, pero sólo 20.000 de media, y 4.000 a las 4 de la madrugada de un lunes. Cuando los consumidores son dueños de estos servidores, en forma de consolas u ordenadores para juegos, no importa que no se utilicen o estén desconectados. Sin embargo, la economía de los centros de datos está orientada a optimizar la demanda. En consecuencia, siempre será caro alquilar GPU de alta gama con bajos índices de uso.

Por eso Amazon Web Services ofrece a los clientes una tarifa reducida si alquilan servidores de Amazon por adelantado («instancias reservadas»). Los clientes tienen garantizado el acceso durante el año siguiente porque han pagado por el servidor, y Amazon se embolsa la diferencia entre el coste y el precio que se cobra al cliente (la instancia reservada de GPU Linux más barata de AWS, equivalente a una PS4, cuesta más de 2.000 dólares por año). Si un cliente quiere acceder a los servidores cuando los necesita («instancias puntuales»), puede encontrarse con que no están disponibles, o que sólo lo están las GPU de gama baja. Este último punto es clave: no estamos resolviendo la escasez de computación si la única forma de hacer asequibles los servidores remotos es usar los más antiguos en lugar de sustituirlos.

Hay otra forma de mejorar los modelos de costes: consolidar los servidores en menos lugares. En lugar de operar un centro de *streaming* de juegos en la nube en Ohio, el estado de Washington, Illinois y Nueva York, una empresa podría construir sólo uno o dos. A medida que aumenta el número y la diversidad de clientes, la demanda tiende a estabilizarse, lo que se traduce en mayores tasas de utilización media. Por supuesto, esto también implica aumentar la distancia entre las GPU remotas y el usuario final, con lo que aumenta la latencia. Y esto tampoco resuelve la distancia entre usuarios.

El traslado de los recursos informáticos a la nube genera muchos costes nuevos. Por ejemplo, los dispositivos que están siempre encendidos en los centros de datos crean un calor considerable, mucho más que el calor agregado de los servidores que se encuentran en el aparador del salón de una familia. El mantenimiento, la seguridad y la gestión de estos equipos son costosos.

El cambio de la transmisión de bits limitados de datos a la transmisión de alta resolución y alta velocidad de fotogramas implica también un aumento sustancial de los costes de ancho de banda. Sí, Netflix y otros hacen que los costes funcionen, pero suelen enviar menos de 30 fotogramas de vídeo por segundo (no entre 60 y 120) con una resolución más baja (por ejemplo, 1K o 2K, no 4K u 8K, como se prometió a Google Stadia), en tiempo no real, y desde servidores cercanos que almacenan archivos en lugar de realizar operaciones informáticas intensivas.

En un futuro previsible, lo que yo llamo «ley de Sweeney» —las mejoras en la computación local seguirán superando a las mejoras en el ancho de banda, la latencia y la fiabilidad de la red— parece que se mantendrá. Aunque muchos creen que la ley de Moore, acuñada en 1965 y que establece que el número de transistores en un circuito integrado denso se duplica aproximadamente cada dos años, se está ralentizando, la potencia de procesamiento de las CPU y GPU sigue creciendo a un ritmo rápido. Además, los consumidores de hoy en día sustituyen con frecuencia su dispositivo informático principal, lo que se traduce en enormes mejoras para la computación del usuario final cada dos o tres años.

Soñando con la informática descentralizada

La insaciable necesidad de más potencia de procesamiento —idealmente, situada lo más cerca posible del usuario, pero, como mínimo, en granjas de servidores industriales cercanas— conduce siempre a una tercera opción: la informática descentralizada. Con tantos dispositivos potentes y a menudo inactivos en los hogares y manos de los consumidores, cerca de otros hogares y manos, parece inevitable que desarrollemos sistemas para compartir su poder de procesamiento, en su mayoría inactivo.

Culturalmente, al menos, la idea de una infraestructura compartida colectivamente, pero de propiedad privada ya está bien entendida. Cualquiera que instale paneles solares en su casa puede vender el exceso de energía a su red local (e, indirectamente, a su vecino). Elon Musk pregona un futuro en el que tu

Tesla te hace ganar un alquiler como coche conducido de forma autónoma cuando no lo usas, mejor que estar aparcado en tu garaje durante el 99 por ciento de su vida.

Ya en la década de 1990 surgieron programas de computación distribuida que utilizaban hardware de consumo cotidiano. Uno de los ejemplos más famosos es el SETI@HOME de la Universidad de California, en el que los consumidores se ofrecían a utilizar sus ordenadores domésticos para impulsar la búsqueda de vida extraterrestre. Sweeney ha destacado que uno de los puntos de su «lista de tareas» para el juego de disparos en primera persona Unreal Tournament 1, que salió al mercado en 1998, era «permitir que los servidores del juego se comunicaran entre sí para poder tener un número ilimitado de jugadores en una sola sesión de juego». Sin embargo, casi veinte años después, Sweeney admitió que ese objetivo «parece seguir estando en nuestra lista de deseos».[73]

Aunque la tecnología para dividir las GPU y compartir las CPU que no son centros de datos es incipiente, algunos creen que las blockchains proporcionan tanto el mecanismo tecnológico para la computación descentralizada como su modelo económico. La idea es que los propietarios de CPU y GPU infrautilizadas sean «pagados» en alguna criptomoneda por el uso de sus capacidades de procesamiento. Incluso podría haber una subasta en vivo para el acceso a estos recursos, ya sea que aquéllos con «trabajos» pujen por el acceso o aquéllos con capacidad pujen por los trabajos.

¿Puede un mercado semejante proveer una parte de la enorme capacidad de procesamiento que requiere el metaverso?[74] Imagina que, mientras navegas por espacios inmersivos, tu cuenta licita continuamente las tareas de computación que necesitan los dispositivos móviles que la gente que está cerca tiene pero no

73. Rubin, Peter, «It's a Short Hop from Fortnite to a New AI Best Friend», *Wired*, 21 de marzo de 2019, <https://www.wired.com/story/epic-games-qa/>.

74. Neal Stephenson describió ampliamente este tipo de tecnología y experiencia en *Cryptonomicon*, obra publicada en 1999, siete años después de *Snow Crash*.

usa, tal vez la gente que camina por la calle junto a tu casa, para renderizar o animar las experiencias que encuentres. Más tarde, cuando no estés utilizando tus propios dispositivos, ganarás tokens mientras ellos te devuelven el favor (más información sobre esto en el capítulo 11). Los defensores de este concepto de criptointercambio lo ven como una característica inevitable de todos los microchips del futuro. Todos los ordenadores, por pequeños que sean, estarán diseñados para subastar los ciclos que les sobren en todo momento. Miles de millones de procesadores dispuestos dinámicamente alimentarán los ciclos de computación de los clientes industriales más grandes y proporcionarán la malla de computación definitiva e infinita que permite el metaverso. Tal vez la única manera de que todo el mundo oiga caer un árbol sea que todos lo reguemos.

Capítulo 7

Motores del mundo virtual

Un árbol virtual cae en un bosque virtual. En los dos capítulos anteriores, he explicado lo que se necesita para que el árbol sea renderizado, para que su caída sea procesada y luego compartida y, por tanto, percibida por cualquier observador. Pero ¿qué es este árbol? ¿Dónde está este árbol? ¿Qué es el bosque? La respuesta son los datos y el código.

Los datos describen los atributos de un objeto virtual, como sus dimensiones o su color. Para que nuestro árbol sea procesado por una CPU y renderizado por una GPU, estos datos deben ser ejecutados por código. Y si queremos talar ese árbol y utilizar su madera para construir una cama o encender un fuego, ese código debe formar parte de un marco mucho más amplio de código[75] que hace funcionar el mundo virtual.

No hay mucha diferencia con el mundo real. Las leyes de la física son el código que lee y ejecuta todas las interacciones, desde las razones por las que un árbol se cae hasta la forma en que esto produce vibraciones en el aire que viajan hasta el oído humano y hacen que los nervios transmitan información a través de una señal eléctrica que pasa por varias sinapsis. Del mismo modo,

75. El árbol puede ser en sí mismo un código que reúna muchos objetos virtuales más pequeños, como hojas, troncos, ramas y corteza.

un árbol «visto» por un testigo humano significa que refleja la luz producida por (normalmente) el sol, luz que a su vez reciben y procesan el ojo y el cerebro humanos.

Pero hay una diferencia clave: el mundo real está totalmente preprogramado. No tenemos rayos X ni ecolocalización, pero la información necesaria ya existe en el mundo. En un juego, los rayos X y la ecolocalización requieren datos y mucho código. Si vas a casa, mezclas kétchup y petróleo, y luego intentas comértelo o pintar con él, el resultado corre a cargo de las leyes de la física. Para que un juego gestione la misma interacción, tiene que saber de antemano qué hacen el kétchup y el petróleo cuando se combinan (probablemente en proporciones genéricas), o tiene que saber lo suficiente sobre los dos para que la lógica del juego lo descubra, suponiendo que el juego sea capaz. La lógica de un mundo virtual puede decidir que el petróleo no puede mezclarse con nada. O que sólo puede mezclarse con petróleo. O que si se mezcla con cualquier cosa, produce un lodo inservible. Pero un resultado más complicado requiere muchos más datos y que la lógica del mundo virtual sea mucho más completa. ¿Cuánto petróleo se puede añadir al kétchup antes de que sea incomible? ¿Cuánto kétchup puede añadirse al petróleo antes de que sea inutilizable? ¿Cómo cambia el color y la viscosidad de la sustancia resultante en función de la proporción de un ingrediente y otro?

El hecho de que muchas de estas permutaciones tengan poco valor es, de hecho, enormemente valioso para quienes producen mundos virtuales. Como el héroe de The Legend of Zelda no necesita ir al espacio, no se necesita una física basada en el espacio. Los jugadores de Call of Duty no necesitan kayaks ni encantamientos ni productos de panadería; por lo que el desarrollador del juego no creó el código correspondiente. Nintendo y Activision pueden concentrar más datos y código en lo que sus mundos virtuales necesitan y aprovechan, en lugar de infinitas permutaciones que tienen un valor práctico limitado para sus juegos.

A pesar de su eficacia, este enfoque introduce obstáculos en la construcción de mundos virtuales tipo metaverso, especialmente en el establecimiento de la interoperabilidad entre ellos. En Microsoft Flight Simulator, por ejemplo, un piloto puede hacer aterrizar un helicóptero junto a un campo de fútbol, pero no hay ningún partido de fútbol que pueda ver, ni mucho menos en el que participar. Para que Microsoft ofrezca esa funcionalidad, tendría que construir desde cero su propio sistema de fútbol, pese a que muchos desarrolladores ya lo han hecho y, tras años de experiencia, probablemente también lo hagan mejor. Mientras que el MSFS podría intentar integrarse en estos mundos virtuales específicos del fútbol, las estructuras de datos y los códigos de cada parte son probablemente incompatibles. En los capítulos anteriores sobre conexión e informática, he comentado el hecho de que los dispositivos de los usuarios suelen realizar el mismo trabajo. Pero, si se puede hacer una comparación, hay que decir que los desarrolladores son aún peores. Constantemente construyen y reconstruyen todo, desde un campo de fútbol hasta un balón de fútbol, e incluso las reglas de cómo vuela un balón en el aire. Y, lo que es más, este trabajo se vuelve más difícil cada año, ya que los constructores de mundos virtuales tratan de aprovechar las ventajas de las CPU y GPU más sofisticadas. Según Nexon, uno de los mayores editores de videojuegos del mundo, el número medio de empleados en los créditos de un juego de acción de mundo abierto (Como The Legend of Zelda o Assassin's Creed) ha pasado de unos 1.000 en 2007 a más de 4.000 en 2018, y los presupuestos se han multiplicado por 10 (aproximadamente dos veces y media más rápido).[76]

Escuchar la caída de los árboles, hacer que caigan cerca de los campos de fútbol y que el sonido de su caída se sume a los rugidos de una multitud que celebra el gol ganador de un partido requiere muchos programadores que escriban bastante código para manejar grandes cantidades de datos y todo de manera similar.

Ahora que hemos abarcado la conexión y la potencia informática necesarias para compartir, ejecutar y renderizar los datos

76. «"The Future—It's Bigger and Weirder than You Think—" by Owen Mahoney, NEXON CEO», publicado por NEXON, 20 de diciembre de 2019, <https://www.youtube.com/watch?v=VqiwZN1CShI>.

y el código necesarios para el metaverso, podemos profundizar en estos últimos conceptos.

Motores de juego

El concepto, la historia y el futuro del metaverso están íntimamente ligados a los videojuegos, como hemos visto, y este hecho es quizá más evidente cuando examinamos el código básico de los mundos virtuales. Este código suele estar contenido en un «motor de juego», un término poco definido que se refiere al conjunto de tecnologías y marcos que ayudan a construir un juego, a renderizarlo, a procesar su lógica y a gestionar su memoria. De forma simplificada, piensa en el motor del juego como la cosa que establece las leyes virtuales del universo, el conjunto de reglas que define todas las interacciones y posibilidades.

Históricamente, todos los creadores de juegos construían y mantenían sus propios motores de juego. Pero en los últimos quince años se ha producido el auge de una alternativa: conceder licencia a un motor de Epic Games, que fabrica el Unreal Engine, o uno de Unity Technologies, que fabrica el Unity.

El uso de estos motores tiene un coste. Unity, por ejemplo, cobra una cuota anual a cada desarrollador que lo utiliza. Esta cuota oscila entre 400 y 4.000 dólares, dependiendo de las características requeridas y del tamaño de la empresa del desarrollador. Unreal suele cobrar el 5 por ciento de los ingresos netos. Pero las tarifas no son la única razón para construir tu propio motor, algunos desarrolladores creen que hacerlo para un determinado género o experiencia de juego, como los juegos de disparos en primera persona de ritmo rápido y realista, garantiza que la experiencia de sus juegos sea mejor o tengan mejor rendimiento. A otros les preocupa la necesidad de depender de los procesos y prioridades de otra empresa, o que su proveedor sea demasiado minucioso con respecto al juego y su rendimiento. Dadas las preocupaciones, es habitual que los grandes editores construyan y mantengan sus propios motores (algunos, como Activision y Square Enix, incluso manejan más de media docena).

Sin embargo, la mayoría de los desarrolladores considera que la concesión de licencias y la posterior personalización de Unreal o Unity son muy positivas. La licencia permite a un equipo pequeño o inexperto crear un juego con un motor más potente y ampliamente probado que el que ellos podrían construir, y que tiene menos probabilidades de fallar y nunca superará el presupuesto. Además, pueden centrar más su tiempo en lo que diferenciará su mundo virtual —el diseño de niveles, el diseño de personajes, la jugabilidad, etcétera— en lugar de la tecnología básica necesaria para su funcionamiento. Y en lugar de contratar a un desarrollador y formarlo para que utilice o construya sobre un motor propio, pueden recurrir a los millones de desarrolladores individuales que ya están familiarizados con Unity o Unreal y ponerlos a trabajar inmediatamente. Por razones similares, también es más fácil integrar herramientas de terceros. Una empresa independiente que fabrica, por ejemplo, un software de seguimiento facial para avatares de videojuegos no lo diseña para que funcione con un motor propio que nunca ha utilizado, sino para que funcione con los elegidos por el mayor número de desarrolladores.

Es similar a la diferencia entre diseñar y construir una casa. Ni el arquitecto ni el decorador diseñan las dimensiones de la madera, el hardware de montaje, los sistemas de medición, los marcos de los planos o las herramientas patentados. Esto no sólo facilita la concentración en el trabajo creativo, sino también la contratación de carpinteros, electricistas y fontaneros. Si la casa requiere alguna vez una renovación, otro equipo puede modificar más fácilmente la estructura existente porque no necesita aprender nuevas técnicas, herramientas o sistemas.

Sin embargo, esta analogía tiene una carencia clave. Las casas se construyen una vez y en un solo lugar. Los videojuegos, en cambio, se diseñan para que funcionen en el mayor número posible de dispositivos y sistemas operativos, algunos de los cuales aún no se han desarrollado, y mucho menos han salido al mercado. En consecuencia, los videojuegos deben ser compatibles, por ejemplo, con diferentes estándares de voltaje (por ejemplo, 240 voltios en Reino Unido y 120 voltios en Estados Unidos), unidades de medida (sistemas imperial y métrico), convenciones (cables de telefonía aérea y enterrados), etcétera. Unity y Epic Games construyen y mantienen sus motores de juego de modo que no sólo son compatibles con todas las plataformas, sino que también están optimizados para ellas.[77]

En cierto modo, podemos ver los motores de juego independientes como un fondo común de I+D para la industria. Sí, Epic y Unity son empresas con ánimo de lucro, pero en lugar de que cada desarrollador invierta parte de su presupuesto en sistemas propios para gestionar la lógica principal del videojuego, unos pocos proveedores de tecnología multiplataforma pueden concentrar una parte de sus presupuestos en un motor más capaz que apoye y beneficie a todo el ecosistema.

A medida que se desarrollaban los principales motores de juego, surgió otro tipo de solución para el juego independiente: paquetes de servicios en vivo. Empresas como PlayFab (ahora propiedad de Azure de Microsoft) y GameSparks (Amazon) operan gran parte de lo que un mundo virtual necesita para «ejecutar» experiencias online y multijugador. Esto incluye los sistemas de cuentas de usuario, el almacenamiento de datos de los jugadores, el procesamiento de las transacciones en el juego, la gestión de versiones, las comunicaciones entre jugadores, el emparejamiento, las tablas de clasificación, los análisis de los videojuegos, los sistemas antitrampas y mucho más, y funciona en todas las plataformas. Tanto Unity como Epic tienen ahora sus propias ofertas de servicios en vivo, que están disponibles a bajo coste e incluso gratis y no se limitan a sus motores. Steam, la mayor tienda de juegos para PC del mundo, que será un punto clave en el capítulo 10, ofrece su propio producto de desarrollo de juegos en vivo, Steamworks.

A medida que la economía global se desplaza hacia los mundos virtuales, estas tecnologías multiplataforma y multidesarrolla-

---

77. Como recordarás de la sección sobre GPU y CPU, el hecho de que Unreal o Unity sean compatibles con la mayoría de plataformas de videojuegos no significa necesariamente que una determinada experiencia pueda ejecutarse en ellas.

dor se convertirán en una parte fundamental de la sociedad global. En particular, es probable que la próxima oleada de creadores
de mundos virtuales —no creadores de juegos, sino minoristas,
escuelas, equipos deportivos, empresas de construcción y ciudades— utilicen estas plataformas. Empresas como Unity, Epic
Games, PlayFab y GameSparks se encuentran en una posición en-
vidiable, así que lo más probable es que se conviertan en un estándar, o *lingua franca*, para el mundo virtual; piensa en ellas como
el «inglés» o el «sistema métrico» del metaverso. Al igual que es
probable que utilices algo de inglés y algún conocimiento del sistema métrico cuando viajas al extranjero, lo más probable es que
si estás construyendo algo en línea hoy en día, independientemente de lo que estés construyendo, estés utilizando —y pagando—
una o más de estas empresas.

Pero, lo que es más importante, ¿quién mejor para establecer
estructuras de datos y convenciones de codificación comunes en
los mundos virtuales que las empresas que rigen su lógica?
¿Quién mejor para facilitar los intercambios de información, bienes virtuales y monedas entre estos mundos virtuales que las empresas que los impulsan dentro de ellos? ¿Y quién mejor para
crear una red interconectada de estos mundos virtuales, como
hace la ICANN con los dominios web y las direcciones IP? Volveremos a estas preguntas y a su presunta respuesta, pero antes
debemos considerar un camino que algunos consideran más fácil, y mejor, para construir el metaverso.

Plataformas de mundos virtuales integrados

A medida que los motores de juego independientes y los paquetes de servicios en vivo se fueron desarrollando en las últimas dos
décadas, otras empresas combinaron estos métodos en uno nuevo: las plataformas de mundos virtuales integrados (IVWP, *Inte-
grated Virtual World Platforms*), como Roblox, Minecraft y
Fortnite Creative.

Las IVWP se basan en sus propios motores de uso general y
compatibles con diferentes plataformas, similares a Unity y Un-

real (Fortnite Creative, o FNC, que es propiedad de Epic Games, se construye utilizando el motor Unreal Engine de Epic). Sin embargo, están diseñados para que no sea necesario codificar. En su lugar, los juegos, las experiencias y los mundos virtuales se construyen mediante interfaces gráficas, símbolos y objetivos. Piensa en ello como la diferencia entre usar el MS-DOS basado en texto y el iOS visual, o diseñar un sitio web en HTML frente a crear uno en Squarespace. La interfaz IVWP permite a los usuarios crear más fácilmente y con menos gente, menos inversión y menos experiencia y habilidad. La mayoría de los creadores de Roblox, por ejemplo, son niños, y casi 10 millones de usuarios han creado mundos virtuales en la plataforma de Roblox.

Además, los mundos virtuales creados en estas plataformas deben utilizar todo el conjunto de servicios en vivo de la plataforma: sus sistemas de cuentas y de comunicación, la base de datos de avatares, la moneda virtual, etcétera. Se debe acceder a todos estos mundos virtuales a través del IVWP, que por lo tanto sirve como una capa experiencial unificada y un único archivo de instalación. En este sentido, construir un mundo en Roblox es más parecido a construir una página de Facebook que un sitio web de Squarespace. Roblox cuenta incluso con un mercado integrado para los desarrolladores, en el que pueden subir cualquier cosa que hayan hecho a medida para su mundo virtual (por ejemplo, un árbol de Navidad, un árbol nevado, un árbol seco, una textura de corteza de pino) y licenciarlo a otros creadores de juegos. Esto proporciona a los desarrolladores una segunda fuente de ingresos (de desarrollador a desarrollador y no sólo de desarrollador a jugador), al tiempo que facilita, abarata y acelera la construcción de mundos virtuales por parte de otros. El proceso también impulsa una mayor estandarización de los objetos y datos virtuales.

Aunque es más fácil para un desarrollador construir un mundo virtual utilizando un IVWP que un motor de juegos como Unreal o Unity, resulta más difícil construir un IVWP que un motor de juegos en primer lugar. ¿Por qué? Porque para un IVWP, todo es prioritario. Un IVWP quiere permitir la flexibilidad creativa de los creadores y, al mismo tiempo, estandarizar las tecnologías subyacentes, maximizar la interconectividad entre todo lo que se construye y minimizar la necesidad de formación o conocimientos de programación por parte de los creadores. Imagina que IKEA quisiera construir un país tan dinámico como Estados Unidos, pero obligando a que todos los edificios utilicen prefabricados de IKEA. Además, IKEA se encargaría de la moneda, los servicios públicos, la policía y las aduanas del nuevo país.

Ebbe Altberg, antiguo CEO de Second Life, me proporcionó una buena forma de entender lo difícil que es gestionar un IVWP. A mediados de la década de 2010, uno de los desarrolladores de la plataforma creó un negocio de venta de caballos virtuales, junto con una suscripción al pienso para alimentarlos. Más tarde, Second Life actualizó sus motores de física, pero un fallo hizo que los caballos se deslizaran más allá de su pienso cada vez que intentaban comerlo. Como resultado, los caballos se morían de hambre. Second Life tardó tiempo en saber que existía este fallo, y aún más en solucionarlo y ofrecer la reparación adecuada a los afectados. Sin embargo, este tipo de sucesos perturban la economía de Second Life y generan desconfianza en el mercado, lo que perjudica tanto a compradores como a vendedores. Encontrar una forma de mejorar constantemente la funcionalidad, sin dejar de soportar la programación antigua y sin errores, es una tarea extraordinaria. Los motores de juegos también se enfrentan a una versión de este problema. Sin embargo, cuando Epic actualiza Unreal, es cada desarrollador el que tiene que desplegar esta actualización, y puede hacerlo en el momento que quiera, después de realizar pruebas exhaustivas, y sin preocuparse de cómo afecta esa actualización a sus interacciones con otros desarrolladores. Cuando Roblox lanza una actualización, ésta llega automáticamente a todos sus mundos.

Al mismo tiempo, el hecho de que un «IKEA virtual» se construya con programación, no con tablas de conglomerado, significa que su potencial no está limitado por la física, sino por el potencial casi ilimitado del software. Todo lo que se haga en Roblox, por parte de la Corporación Roblox o sus desarrolladores, puede reutilizarse o copiarse infinitamente sin costes marginales. Incluso se puede mejorar. Todos los desarrolladores de un IVWP colaboran de forma efectiva para poblar una red de mundos y objetos virtuales cada vez más amplia y capaz. A medida que esta red mejora, es más fácil atraer a más usuarios y más gasto por usuario, lo que conduce a más ingresos de la red, más desarrolladores e inversión y, por lo tanto, más mejoras en la red, y así sucesivamente. Éste es el beneficio de poner en común no sólo la I+D de motores, sino, bueno, la I+D de todo.

Pero ¿qué ocurre en la práctica? La Corporación Roblox ofrece la mejor respuesta por el momento, dado que Fortnite Creative está gestionado por Epic Games, que sigue siendo privada, y las finanzas de Minecraft no las revela su propietario, Microsoft.

Empecemos por la participación. En enero de 2022, Roblox tenía una media de más de 4.000 millones de horas de uso al mes, frente a los aproximadamente 2.750 millones del año anterior, los 1.500 millones del año anterior a ése y los 1.000 millones de finales de 2018. Esto excluye el tiempo dedicado a ver el contenido de Roblox en YouTube, que es la web de vídeos más utilizada del mundo y destaca que el contenido de videojuegos es su categoría más vista, y Roblox el segundo juego más popular (Minecraft, otro IVWP, ocupa el primer lugar). Como contrapunto, se estima que Netflix obtiene entre 12.500 y 15.000 millones de horas de uso al mes. Todos los videojuegos importantes de Roblox, como Adopt Me!, Tower of Hell y Meep City, proceden de desarrolladores independientes con poca o ninguna experiencia previa y de 10 a 30 empleados (que empezaron siendo uno o dos). Hasta la fecha, estos títulos se han jugado entre 15.000 y 30.000 millones de veces cada uno. En un solo día, tienen la mitad de jugadores que Fortnite o Call of Duty, y la mitad que títulos como The Legend of Zelda: Breath of the Wild o The Last of Us han tenido en su vida. Y, en cuanto a poblar la plataforma con una amplia gama de objetos virtuales, tan sólo en 2021 se crearon 25 millones de objetos y se ganaron o compraron 5.800 millones.[78]

Parte de la creciente participación de Roblox está impulsada por su aumento del número de usuarios. Desde el cuarto trimes-

78. Roblox, «A Year on Roblox: 2021 in Data», 26 de enero de 2022, <https://blog.roblox.com/2022/01/year-roblox-2021-data/>.

tre de 2018 hasta enero de 2022, la media de jugadores mensuales aumentó de unos 76 millones a más de 226 millones (un 200 por ciento), mientras que la media de jugadores diarios creció de unos 13,7 a 54,7 millones (un 300 por ciento). Se puede ver que los jugadores diarios crecieron más que el número de usuarios mensuales, y la participación creció en un volumen aún mayor (400 por ciento). Roblox no sólo se está volviendo más popular en general, sino que también se está volviendo más popular entre sus usuarios. Podemos ver también datos de los efectos de la red de Roblox en sus finanzas. Los ingresos de Roblox han aumentado un 469 por ciento del cuarto trimestre de 2018 al cuarto trimestre de 2021, mientras que sus pagos a los constructores de mundos en la plataforma (es decir, los desarrolladores) han crecido un 660 por ciento. En otras palabras, el usuario medio de Roblox está gastando más por hora que nunca y generando ingresos más rápido que nunca, y con un crecimiento de estos dos parámetros que supera el ya impresionante crecimiento de los usuarios, el cual a su vez es superado por el crecimiento de pago a los desarrolladores. Además, el crecimiento de Roblox se ha concentrado de forma desproporcionada entre el público de mayor edad. A finales de 2018, el 60 por ciento de los usuarios diarios tenían menos de 13 años. Tres años después, sólo el 48 por ciento lo eran. Dicho de otra manera: Roblox terminó 2021 con casi tres veces más jugadores mayores de 13 años que los menores de 13 años que tenía en 2018.

El aspecto más impresionante de la inercia de Roblox Corporation pueden ser sus inversiones en I+D. En el primer trimestre de 2020, el último antes de la pandemia de la COVID-19, la empresa generó unos 162 millones de dólares en ingresos e invirtió 49,4 millones en I+D. Esto significa que 30 centavos de cada dólar gastado en Roblox volvieron a la plataforma. Durante los siete trimestres siguientes, los ingresos de Roblox aumentaron más del 250 por ciento, hasta alcanzar los 568 millones de dólares en el cuarto trimestre de 2021. Sin embargo, Roblox no desvió estos ingresos a beneficios, ni a ningún uso alternativo. En su lugar, siguió reinvirtiendo en I+D, más o menos al mismo ritmo que antes. Como resultado, la empresa gastó más en I+D en el cuarto trimestre de 2021 que lo que generó en ingresos en el primer trimestre de 2020. En 2022, el gasto en I+D de Roblox podría superar los 750 millones de dólares y, a finales de año, puede acercarse a los mil millones de dólares en términos anuales.

Como contrapunto, veamos Grand Theft Auto V y Red Dead Redemption 2 de Rockstar. GTA:V es el segundo juego más vendido de la historia, con más de 150 millones de copias vendidas (Minecraft es el primero, con casi 250 millones). RDR2 fue el título hecho para la octava generación de consolas (es decir, PlayStation 4, Xbox One, Nintendo Switch) más vendido, con 40 millones de copias vendidas. También se cree que los dos juegos se encuentran entre las producciones de juegos más caras de la historia, con presupuestos finales estimados entre 250 y 300 millones de dólares y entre 400 y 500 millones de dólares respectivamente, lo que incluye más de media década de desarrollo de cada uno, además de amplios costes de marketing y publicación. Comparemos el presupuesto de I+D de Roblox con el del grupo PlayStation de Sony, que superó los 1.250 millones de dólares en 2021 y abarcó cerca de una docena de estudios de videojuegos, su división de juegos en la nube, la división de juegos en vivo y la de hardware. Ese mismo año, se cree que el Unreal Engine de Epic Games generó ingresos por menos de 150 millones de dólares. El motor de Unity generó mucho más —unos 325 millones de dólares—, pero aun así se quedó un 20 por ciento por debajo del gasto en I+D de Roblox.

Las inversiones en I+D de Roblox son diversas, y abarcan mejoras en las herramientas y el software para desarrolladores, la arquitectura de servidores para sincronizar simulaciones de alta simultaneidad, el aprendizaje automático para detectar el acoso, la inteligencia artificial, el renderizado para la realidad virtual, la captura de movimientos y mucho más. Que Roblox pueda invertir tanto en su plataforma resulta sorprendente. En teoría, cada dólar adicional permite a los desarrolladores producir mundos virtuales más atractivos, lo que atrae a más usuarios y genera más ingresos, lo que permite no sólo más I+D por parte de Roblox, sino también por parte de los desarrolladores independientes que crean estos mundos, una inversión que, de nuevo, impulsa la participación de los usuarios y el gasto en Roblox, lo que conduce a más I+D por parte de la empresa.

Muchas plataformas y motores virtuales, pocos metaversos

Recordemos la definición de metaverso que expuse en el capítulo 3: «Una red masiva e interoperable de mundos virtuales 3D renderizados en tiempo real que pueden ser experimentados de forma sincrónica y persistente por un número efectivamente ilimitado de usuarios con un sentido de presencia individual, y con continuidad de datos, como identidad, historia, derechos, objetos, comunicaciones y pagos». Algunos podrían leer esta definición y pensar que Roblox se acerca bastante a ella. No puede ser experimentado de forma sincrónica y persistente por un número efectivamente ilimitado de usuarios; ningún mundo virtual renderizado en tiempo real puede, por el momento. Y cuando eso sea posible, seguramente Roblox lo hará. Sin embargo, es poco probable que Roblox cumpla mi definición en un aspecto clave: la mayoría de las obras virtuales existirán fuera de él. Esto lo convierte en una metagalaxia, más que en el metaverso.

Pero ¿podría Roblox convertirse en el metaverso? Y si el IVWP de Epic, Fortnite Creative, el motor de juegos Unreal y la plataforma de desarrollo de juegos en vivo Epic Online Services, junto con sus otros proyectos especiales, se combinaran, ¿el resultado sería el metaverso? Si cierras los ojos, quizá puedas imaginar a estas empresas, o a una parecida, subsumiendo todas las experiencias virtuales, convirtiéndose así en una metagalaxia del tamaño del metaverso. Y es notable que algo parecido a este proceso es lo que ocurre en Snow Crash y Ready Player One.

Sin embargo, el estado actual del progreso tecnológico sugiere otro resultado. ¿Por qué? Porque, al igual que crecen estos gigantes virtuales, el número de experiencias virtuales, innovadores, tecnologías, oportunidades y desarrolladores crece más rápido.

Aunque Roblox y Minecraft se encuentran entre los juegos más populares del mundo, su alcance es modesto si se considera en los términos más amplios. Estos dos supuestos titanes tienen entre 30 y 55 millones de usuarios activos diarios, una fracción de la población mundial de internet, que es de 4.500 a 5.000 millones. En efecto, todavía están en la fase ICQ de los mundos virtuales; miles de millones de usuarios y millones de desarrolladores aún no los han probado. Es fácil suponer que Roblox o Minecraft serán los principales beneficiarios de este crecimiento, pero la historia nos aconseja ser escépticos.

Cuando Microsoft adquirió el desarrollador de Minecraft, Mojang, en 2014, el título había vendido más copias que cualquier otro juego en la historia, y también tenía más usuarios activos mensuales —25 millones— que cualquier videojuego AAA en la historia. Siete años después, Minecraft había quintuplicado su número de usuarios mensuales, pero también había cedido su corona a Roblox, que había pasado de tener menos de 5 millones de usuarios mensuales a más de 200. De hecho, el nuevo rey cuenta con casi el doble de la cifra de usuarios diarios que Minecraft tenía mensualmente. Además, este período incluyó el lanzamiento de muchos otros IVWP. Fortnite no se lanzó hasta 2017, y FNC llegó un año después. Otro *battle royale*, Free Fire, que también cuenta con más de 100 millones de usuarios activos diarios a nivel global, lanzó su modo creativo en 2021. Aunque se lanzó en 2013, Grand Theft Auto V pasó gran parte de la última década transformándose de un juego para un solo jugador a un IVWP improvisado en Grand Theft Auto Online. En algún momento de los próximos años, la muy esperada próxima entrega del título se lanzará y aprovecharán, sin duda, los éxitos y aprendizajes de Roblox, Minecraft y FNC.

Mientras haya miles de millones, o incluso decenas de millones, de jugadores que adopten los IVWP, saldrán más al mercado. Krafton, una de las mayores empresas de Corea del Sur y creadora de PUBG, el primer *battle royale*, y el más popular, seguramente está trabajando en su propio proyecto. En 2020, Riot

Games, creadora del juego de más éxito en China, League of Legends, compró Hypixel Studios, que anteriormente gestionaba el mayor servidor privado de Minecraft antes de cerrar para desarrollar su propia plataforma similar a Minecraft.

También se están desarrollando muchos nuevos IVWP en torno a diferentes premisas técnicas. A finales de 2021, incluso el mayor de los IVWP basados en blockchain, que incluye Decentraland, The Sandbox, Cryptovoxels, Somnium Space y Upland, tenía menos del 1 por ciento de los usuarios activos diarios de Roblox y Minecraft. Sin embargo, estas plataformas creen que al permitir a los usuarios una mayor propiedad sobre sus objetos dentro del mundo, así como tener voz y voto sobre cómo se gestiona la plataforma, y un derecho a compartir su rentabilidad, podrán crecer mucho más rápidamente que los IVWP tradicionales (más sobre esta teoría en el capítulo 11).

Horizon Worlds de Facebook no se limita a la RV y la RA inmersivas, pero se centra en esas áreas, lo que contrasta con Roblox, que está disponible en RV inmersiva, pero prioriza las interfaces de pantalla tradicionales, como la pantalla de un iPad o un PC. Proyectos emergentes como Rec Room y VRChat también se centran en la creación de mundos de RV inmersiva, y están acumulando usuarios rápidamente. Con valoraciones de entre 1.000 y 3.000 millones de dólares cada una a finales de 2021, las dos plataformas siguen siendo pequeñas. Pero a principios de 2020, Unity Technology y Roblox Corporation estaban valoradas en menos de 10.000 y 4.200 millones de dólares respectivamente. Dos años después, las valoraciones de ambas superan los 50.000 millones de dólares. Niantic, el creador de Snap y Pokémon Go, está trabajando en sus propias plataformas de realidad aumentada y mundo virtual basado en la localización.

Estos competidores podrían flaquear, pero es más probable que crezcan junto a los actuales líderes del mercado y los desplacen potencialmente. Cojamos el ejemplo de Facebook. El gigante de las redes sociales entró en 2010 con más de 500 millones de usuarios activos mensuales, pero no ha logrado subsumir ninguna de las plataformas de redes sociales de éxito que surgieron en la década. Snapchat se lanzó en 2011, y Facebook lanzó su propia aplicación similar a Snapchat en 2013, llamada Poke, que se cerró un año después. En 2016, Facebook lanzó Lifestage, su segundo clon de Snapchat, que también se cerró al cabo de 12 meses. Ese mismo año, la aplicación Instagram de Facebook también copió el formato Stories característico de Snapchat, y la aplicación principal de Facebook añadió la función al año siguiente. Más tarde, en 2019, Instagram lanzó su propia aplicación de mensajes similar a Snapchat, «Threads from Instagram», aunque casi nadie lo notó. Facebook Gaming, el competidor de Twitch de la compañía, se lanzó en 2018, al igual que el competidor de TikTok de Facebook, Lasso. Facebook Dating se lanzó en 2019, e Instagram añadió una función similar a TikTok llamada Reels en 2020. Sin duda, los intentos de Facebook han frenado el crecimiento de estos servicios, pero cada uno de ellos es más grande que nunca y continúan expandiéndose. A finales de 2021, TikTok contaba con más de mil millones de usuarios y era el dominio web más visitado del año, seguido por Google y Facebook en segundo y tercer lugar.

Aunque las principales plataformas de mundos virtuales integrados son poderosas y de rápido crecimiento, también representan una parte mucho menor de la industria del juego que Facebook en la web social. En 2021, los ingresos combinados de Roblox, Minecraft y FNC representaron menos del 2,5 por ciento de los ingresos de los videojuegos en 2021, y llegaron a menos de 500 millones de los 2.500 a 3.000 millones de jugadores estimados. Además, están eclipsados por los principales motores multiplataforma. Aproximadamente la mitad de los juegos actuales se ejecutan en Unity, mientras que la cuota de Unreal Engine en los mundos inmersivos 3D de alta fidelidad se estima entre el 15 y el 25 por ciento. Los gastos de I+D de Roblox pueden superar a los de Unreal y Unity, pero esto no tiene en cuenta los miles de millones de inversión adicional realizada por los licenciatarios de estos motores. Los dos juegos más populares del mundo, excluyendo los títulos casuales de baja fidelidad como Candy Crush, son PUBG Mobile y Free Fire, ambos creados con Unity. Lo más importante puede ser el alcance de los desarrolladores de Unreal y Unity. Mientras que millones de usuarios han hecho un *mod* de Minecraft o un juego de Roblox, el número de desarrolladores profesionales que utilizan estos IVWP se estima en decenas de miles. Epic y Unity cuentan con millones de desarrolladores activos y cualificados. Y decenas de motores propios, como IW de Activision (Call of Duty) y Decima de Sony (Horizon Zero Dawn y Death Stranding) siguen recibiendo inversiones y los juegos que los utilizan son más populares que nunca.

El creciente valor de los mundos virtuales y el metaverso aumenta los incentivos para que un desarrollador subcontrate su pila tecnológica, ya que este enfoque proporciona una mayor oportunidad para la diferenciación técnica y un mayor control sobre su tecnología en general, reduce su dependencia de terceros que podrían convertirse en competidores[79] y aumenta los márgenes de beneficio. Por supuesto, muchos de estos desarrolladores seguirán utilizando Unreal o Unity como motor de juego, o GameSparks o PlayFab para los juegos en vivo. Sin embargo, estos proveedores permiten al desarrollador «elegir» lo que le gusta, y también personalizar gran parte de las licencias. A diferencia de los IVWP, también permiten al desarrollador gestionar sus propios sistemas de cuentas y operar sus propias eco-

---

79. La historia de Epic Games con Fortnite es un buen ejemplo de esta preocupación. Siendo el juego con mayores ingresos del mundo desde 2017 hasta 2020, Fortnite ha canibalizado obviamente a los jugadores, las horas de los jugadores y el gasto de los jugadores de otros juegos —algunos de los cuales están hechos por editores distintos a Epic, pero que utilizaron el motor Unreal Engine de Epic—. Además, la versión de Fortnite que es tan popular hoy en día —su *battle royale*— no era la versión original del juego. Cuando el título se lanzó en julio de 2017, era un juego de supervivencia cooperativo en el que los jugadores trabajaban para derrotar a las hordas de zombis. No fue hasta septiembre de 2017 cuando Epic añadió su modo *battle royale*, que se parecía mucho al utilizado por el exitoso juego PUBG, que, de hecho, tenía la licencia del motor Unreal Engine. La distribuidora de PUBG demandó posteriormente a Epic por infracción de derechos de autor, aunque la demanda fue retirada posteriormente (no está claro si se llegó a un acuerdo). En 2020, Epic lanzó su propia rama de publicación para lanzar juegos hechos por estudios independientes, lo que colocó a la compañía en una competencia aún mayor con algunas de las distribuidoras que ocasionalmente cedían la licencia a Unreal.

nomías dentro del juego. Además, estos servicios son mucho más baratos. Roblox paga al desarrollador menos del 25 por ciento de los ingresos que un jugador gasta en su juego.[80] El motor Unreal Engine de Epic, por el contrario, sólo cobra un 5 por ciento de derechos sobre los ingresos. El coste total del motor de Unity probablemente sea inferior al 1 por ciento de los ingresos de un juego de éxito. Roblox asume gastos adicionales para sus desarrolladores, como las caras cuotas de los servidores, el servicio de atención al cliente y la facturación, pero en la mayoría de los casos un desarrollador seguirá teniendo un mayor potencial de beneficios si construye un mundo virtual independiente, en lugar de uno dentro de un IVWP. Por ello, debemos asumir que, por mucho que Roblox o Minecraft tengan más éxito, sólo impulsarán una parte minoritaria de todos los videojuegos. Aunque los juegos y los motores de juego son fundamentales para el metaverso, están muy lejos de abarcarlo. La mayoría de las demás categorías tienen su propio software de renderizado y simulación. Pixar, por ejemplo, construye sus mundos y personajes animados con Renderman, su software patentado. La mayor parte de Hollywood, por su parte, utiliza el software Maya de Autodesk. AutoCAD de Autodesk, junto con CATIA y Solid-Works de Dassault Systèmes, son los principales equipos utilizados para construir y diseñar objetos virtuales que luego se convertirán en reales. Esto incluye coches, edificios y aviones de combate.

En los últimos años, Unity y Unreal han hecho avances en categorías no relacionadas con los juegos, como la ingeniería, la cinematografía y el diseño asistido por ordenador. En 2019, como ya se ha comentado, el Aeropuerto Internacional de Hong Kong utilizó Unity para construir un «gemelo digital» que pudiera conectarse a una miríada de sensores y cámaras en todo el aeropuerto para rastrear y evaluar los flujos de pasajeros, el mantenimiento, etcétera, todo ello en tiempo real. El uso de «motores de juego»

---

80. Hay cierta flexibilidad en este aspecto, y la mayoría de los analistas esperan que esta ratio de pago aumente con el tiempo. Más información sobre este tema en el capítulo 10.

para impulsar estas simulaciones facilita la creación de un metaverso que abarque los planos físico y virtual de la existencia. Sin embargo, el éxito del proyecto del aeropuerto de Hong Kong y de otras simulaciones similares supone una mayor competencia, ya que Autodesk, Dassault y otros responden añadiendo su propia funcionalidad de simulación. Y, al igual que Unreal y Unity no proporcionan toda la tecnología necesaria para construir o manejar un videojuego, tampoco son suficientes en otros ámbitos. Están surgiendo muchas nuevas empresas de software que toman las ediciones «estándar» de estos motores y las «productivizan» para arquitectos civiles e industriales, ingenieros y gestores de instalaciones, al mismo tiempo que añaden su propio código y funcionalidad. Un ejemplo es la división de efectos especiales de Disney, Industrial Light & Magic (ILM). Desde que utilizó Unity para filmar *El rey león* (2017) y Unreal para la primera temporada de la serie de televisión *The Mandalorian* (2019), ILM ha desarrollado su propio motor de renderizado en tiempo real, Helios. El hecho de que ni siquiera los fans más entusiastas de *Star Wars* hayan notado ningún impacto del cambio de Unreal a Helios para la segunda temporada de *The Mandalorian* sugiere aún más cuántas soluciones y plataformas de renderizado diferentes se construirán en los próximos años.

Si se mide por el número de activos creados, la categoría de software virtual de más rápido crecimiento puede ser la de los que escanean el mundo real. Matterport, por ejemplo, es una empresa de plataformas multimillonaria cuyo software convierte los escaneos de dispositivos como los iPhones para producir ricos modelos 3D de interiores de edificios. En la actualidad, el software de la empresa es utilizado principalmente por los propietarios para crear representaciones vívidas y navegables de sus inmuebles en sitios como Zillow, Redfin o Compass, lo que permite a los posibles inquilinos, así como a los profesionales de la construcción y otros proveedores de servicios, comprender mejor el espacio de lo que permiten los planos, las fotografías o incluso las visitas en vivo. Pronto podríamos utilizar estos escaneos para determinar la ubicación de un rúter inalámbrico o una planta, probar una selección de lámparas diferentes (cada una de ellas adquirible a través de Matterport), o manejar toda nuestra casa inteligente, incluyendo la electricidad, seguridad, climatización y mucho más.

Otro ejemplo es Planet Labs, que escanea casi toda la Tierra vía satélite cada día y a través de ocho bandas espectrales, capturando no sólo imágenes de alta resolución, sino detalles como el calor, la biomasa y la bruma. El objetivo de la empresa es hacer que todo el planeta, con todos sus matices, sea legible para el software y actualizar sus datos a diario o cada hora.

Dado el ritmo de cambio, el nivel de dificultad técnica y la diversidad de aplicaciones potenciales, es probable que acabemos teniendo docenas de mundos virtuales y plataformas de mundos virtuales populares, con muchos más proveedores de tecnología subyacente. En mi opinión, esto es bueno. No deberíamos querer que un solo motor o plataforma de mundo virtual opere todo el metaverso.

Recordemos la advertencia de Tim Sweeney sobre el alcance del metaverso: «Este metaverso va a ser mucho más penetrante y poderoso que cualquier otra cosa. Si una empresa central se hace con el control de esto, será más poderosa que cualquier Gobierno y será un dios en la Tierra».

Es fácil ver tal afirmación como hiperbólica, y puede serlo. Sin embargo, ya es una preocupación cómo las cinco grandes empresas tecnológicas —Google, Apple, Microsoft, Amazon y Facebook, cada una valorada en billones— gestionan nuestra vida digital, influyendo en cómo pensamos, qué compramos y mucho más. Y ahora mismo, la mayor parte de nuestra vida sigue ocurriendo fuera de internet. Pese a que cientos de millones de personas hoy en día son contratadas a través de internet y trabajan usando sus iPhones, no realizan literalmente su trabajo dentro de iOS ni construyendo contenido de iOS. Cuando tu hija asiste a la escuela a través de Zoom, accede a Zoom y a su escuela a través de su iPad o Mac, pero la escuela no funciona dentro de la plataforma iOS. En Occidente, la cuota del comercio electrónico en el gasto minorista dirigible oscila ahora entre el 20 y el 30 por ciento, pero la mayor parte de este gasto se destina a productos físicos, y el comercio minorista sólo representa el 6 por ciento de la economía. ¿Qué ocurre cuando nos trasladamos al metaverso? ¿Qué ocurre cuando una empresa gestiona la física, los bienes inmuebles, las políticas aduaneras, la moneda y el gobierno de un segundo plano de la existencia humana? La advertencia de Sweeney empieza a sonar menos hiperbólica.

Desde una perspectiva puramente tecnológica, no deberíamos querer que la evolución del metaverso esté ligada a las inversiones e ideales de una única plataforma. La empresa que Sweeney imagina seguramente daría prioridad a su control sobre el metaverso antes que a lo que es mejor para sus economías, desarrolladores o usuarios. Seguramente también maximizaría su parte de los beneficios.

Pero si no tenemos una única plataforma u operador del metaverso —y si tampoco es lo que queremos—, entonces tenemos que encontrar una forma de que interoperen entre ellos. Aquí volvemos, una vez más, a los árboles. Como verás, no bromeaba cuando decía que la existencia de un árbol virtual es más difícil de comprobar que la de uno real.

Capítulo 8

Interoperabilidad

A los teóricos del metaverso les gusta utilizar la expresión *activos interoperables*, pero es un término equivocado porque los activos virtuales no existen. Sólo existen los datos. Y es aquí, en el principio, donde empiezan los problemas de interoperabilidad.

Pensemos en la «interoperabilidad» de los bienes físicos, como un par de zapatos. El director de una tienda Adidas en el «mundo real» podría decidir prohibir a un cliente llevar Nike en su tienda. Esto sería una decisión comercial obviamente mala, y casi imposible de aplicar. Un cliente que lleve Nike puede entrar en una tienda Adidas abriendo su puerta. Esto se debe a que la física es universal y, por lo tanto, los átomos son «escritos una vez, ejecutados en todas partes». El hecho de que las zapatillas Nike existan físicamente significa que son automáticamente compatibles dentro de una tienda Adidas. El gerente de la tienda Adidas tendría que crear un sistema para bloquear los zapatos que no sean Adidas, escribir una política y luego hacerla cumplir. Los átomos virtuales no funcionan así. Para que los productos virtuales de una tienda virtual de Nike se entiendan en un punto de venta virtual de Adidas, el último tendría que admitir la información sobre estas zapatillas de Nike, operar un sistema que entendiera esta información y luego ejecutar el código para operar las zapatillas en consecuencia. De repente, la admisión de las zapatillas ha pasado de ser pasiva a ser activa.

Hoy en día, hay cientos de formatos de archivo diferentes utilizados para estructurar y almacenar datos. Hay docenas de motores de renderizado en tiempo real populares, la mayoría de los cuales se han fragmentado aún más a través de varias personalizaciones de código.[81] Como resultado, casi todos los mundos virtuales y sistemas de software no son capaces de entender lo que cada uno considera un «zapato» (datos), y mucho menos de poder utilizar esa comprensión (código).

Que pueda existir una variación tan enorme puede sorprender a quienes estén familiarizados con formatos de archivo comunes como JPEG o MP3, o que sepan que la mayoría de los sitios web utilizan HTML. Pero la estandarización de los lenguajes y medios en línea se debe a lo tarde que llegaron las empresas «con ánimo de lucro» a internet. iTunes, por ejemplo, no salió al mercado hasta 2001, casi veinte años después de que se estableciera el conjunto de protocolos de internet. A Apple le resultaba impracticable rechazar los estándares que ya se utilizaban ampliamente, como WAV y MP3. La de los videojuegos es una historia diferente. Cuando la industria empezó a surgir en la década de 1950, no existían estándares para los objetos virtuales, el renderizado o los motores. En muchos casos, las empresas que producían estos juegos eran pioneras en contenidos basados en el ordenador. El formato de archivo de intercambio de audio de Apple (AIFF) sigue siendo el más utilizado para almacenar el sonido en los ordenadores Apple; fue creado en 1988 y se basa en el formado de archivo de intercambio estándar de 1985 del fabricante de juegos Electronic Arts. Además, los videojuegos nunca fueron concebidos para formar parte de una «red» como inter-

81. En Unity, el eje y en un sistema de coordenadas x/y/z para un objeto virtual se refiere a arriba/abajo, mientras que Unreal utiliza el eje z para arriba/abajo y asocia el eje y a izquierda/derecha. Convertir esta información es fácil para el software, pero los desacuerdos sobre estas convenciones de datos fundamentales nos ayudan a entender las diferencias entre los motores.

net. En realidad, existían para funcionar en un software fijo y sin conexión.

Hoy en día, los mundos virtuales presentan una gran diversidad técnica por este motivo, pero también por las intensas exigencias informáticas y de conexión a la red de los videojuegos modernos: todo está construido a medida y optimizado individualmente. Las experiencias de RA y RV, los juegos en 2D y 3D, los mundos realistas y los de dibujos animados, las simulaciones con muchos usuarios simultáneos y con pocos, los títulos de alto y bajo presupuesto y las impresoras 3D, todos utilizan formatos diferentes y almacenan los datos de forma distinta. Una estandarización total probablemente implicaría desatender una aplicación, quedarse muy corto en otra, y así sucesivamente, a menudo de forma impredecible.

Figura 2

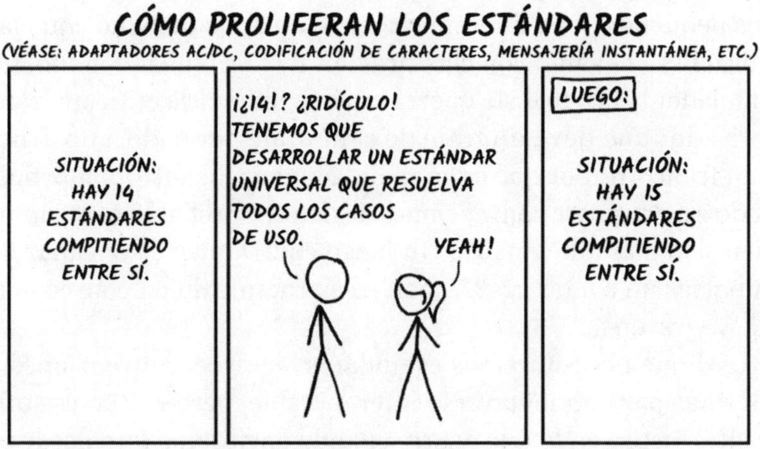

CÓMO PROLIFERAN LOS ESTÁNDARES
(VÉASE: ADAPTADORES AC/DC, CODIFICACIÓN DE CARACTERES, MENSAJERÍA INSTANTÁNEA, ETC.)

Fuente: Del cómic web *xkcd*. Xkcd.com.

El reto va más allá de los formatos de archivo y se acerca a cuestiones más ontológicas. Es relativamente fácil ponerse de acuerdo sobre lo que es una imagen: sólo tienen dos dimensiones y no se mueven (los archivos de vídeo son sólo sucesiones de imágenes). Pero con respecto al 3D, especialmente con objetos interactivos, llegar a un acuerdo es mucho más difícil. Por ejemplo, ¿un zapato es un objeto o una colección de objetos? Y si es así, ¿cuántos? ¿Los remates de los cordones forman parte del cordón o están separados de él? ¿Tiene un zapato una docena de ojetes individuales, cada uno de los cuales puede personalizarse e incluso eliminarse, o son un único conjunto interconectado? Si los zapatos parecen difíciles, imagínate los avatares, supuestas representaciones de personas reales. Olvídate de los árboles; ¿qué es una persona? Más allá de los aspectos visuales, hay otros atributos que deben examinarse, como el movimiento o la animación. Los cuerpos del Increíble Hulk y de una medusa no deberían moverse de la misma manera, pero para ello el creador de estos avatares necesita consagrarlos con un código que detalle este movimiento y que otra plataforma pueda entender. Para permitir objetos de terceros, las plataformas también necesitarán datos que describan la idoneidad de un bien (por ejemplo, desnudez, inclinación por la violencia, estilo y tono del lenguaje). Un videojuego para niños pequeños debe diferenciar entre un traje de baño con clasificación PG y uno con clasificación R.[82] Del mismo modo, un simulador bélico realista querrá saber la diferencia entre un francotirador que lleva un traje de camuflaje parecido a un árbol y un francotirador que es en realidad un árbol antropomórfico. Todo esto requiere convenciones de datos, y probablemente también sistemas adicionales. Un juego en 2D querrá ser capaz de importar un avatar en 3D, pero reestructurarlo en consecuencia, y viceversa.

Así que necesitaremos estándares técnicos, convenciones y sistemas para un metaverso interoperable, pero eso no es suficiente. Piensa en lo que ocurre cuando envías una foto desde tu almacenamiento en iCloud a la cuenta de Gmail de tu abuela: de repente, tanto tu iCloud como su Gmail tienen una copia de esa imagen. Su servicio de correo electrónico también la tiene. Y si ella la descarga desde su correo electrónico, ahora hay cuatro copias. Sin embargo, esto no serviría con los bienes virtuales

---

82. PG es *Parental Guidance*, «orientación parental»; R es *Restricted*, «restringido». *(N. del e.)*

si se quiere que tengan valor y puedan ser objeto de comercio. De lo contrario, existirán infinitas copias cada vez que se compartan entre un mundo y otro, o entre un usuario y otro. Esto significa que se necesitan sistemas para rastrear, validar y modificar los derechos de propiedad de estos bienes virtuales, a la vez que se comparten estos datos de forma segura de socio a socio.

Si un jugador compra un traje en Call of Duty de Activision Blizzard y quiere usarlo en Battlefield de EA, ¿cómo va a funcionar? ¿Activision envía el registro de propiedad del equipo a EA, que lo gestiona hasta que lo necesite en otro lugar, o Activision gestiona indefinidamente el equipo y proporciona a EA derechos temporales para utilizarlo? ¿Y cómo se le paga a Activision por hacer esto? Si el jugador vende el equipo a un usuario de EA que no tiene una cuenta de Activision, ¿qué ocurre entonces? ¿Qué compañía procesa la transacción? ¿Y si los usuarios deciden modificar el atuendo en el juego de EA? ¿Cómo se altera ese registro? Si los usuarios tienen objetos virtuales repartidos por varios títulos, ¿cómo pueden saber qué poseen en total y dónde se puede o no utilizar lo que poseen?

Los estándares 3D que hay que utilizar (o no utilizar), los sistemas que hay que construir y los datos que hay que estructurar, las colaboraciones que hay que establecer, los datos valiosos que hay que proteger, pero también compartir... Éstas y otras cuestiones tienen implicaciones financieras en el mundo real. La mayor de estas consideraciones, sin embargo, podría ser cómo gestionar una economía de objetos virtuales interoperables.

Los videojuegos no están diseñados para «maximizar el PIB». Están diseñados para ser divertidos. Aunque muchos juegos tienen economías virtuales que permiten a los usuarios comprar, vender, intercambiar o ganar bienes virtuales, esta funcionalidad existe como apoyo al juego y como parte del modelo de ingresos de la distribuidora. En consecuencia, estas distribuidoras tienden a gestionar las economías del juego fijando los precios y los tipos de cambio, limitando lo que se puede vender o intercambiar y casi nunca permitiendo a los usuarios «cobrar» en moneda del mundo real.

Las economías abiertas, el comercio sin restricciones y la interoperabilidad con títulos de terceros hacen que la creación de un «juego» sostenible sea mucho más difícil. La promesa de beneficios conlleva, naturalmente, incentivos laborales para los jugadores, pero éstos pueden erosionar la diversión, el propósito mismo del juego. Y la igualdad de condiciones para competir, que también es parte de lo que hace que un juego sea divertido, puede verse fácilmente socavada por la posibilidad de comprar objetos que de otro modo habría que ganar. Como muchas distribuidoras monetizan sus juegos vendiendo cosméticos y objetos dentro del juego, temen el momento en que sus jugadores dejen de comprar sus objetos virtuales porque los hayan comprado a un desarrollador de la competencia y luego los hayan importado. Por todo ello, es comprensible que muchos desarrolladores prefieran centrarse en mejorar sus juegos, hacerlos más atractivos y populares, en lugar de conectarse a un mercado de bienes virtuales aún no formado, con un valor financiero poco claro y que probablemente implique concesiones técnicas.

Para lograr un mínimo de interoperabilidad, la industria del videojuego tendrá que alinearse con un puñado de las llamadas soluciones de intercambio: varios estándares comunes, convenciones de trabajo, «sistemas de sistemas» y «marcos de marcos» que puedan pasar, interpretar y contextualizar de forma segura la información de o hacia terceros, y consentir modelos de intercambio de datos sin precedentes (pero seguros y legales) que permitan a los competidores tanto «leer» como «escribir» en sus bases de datos e incluso retirar objetos valiosos y moneda virtual.

La interoperabilidad es un espectro

Al leer sobre la dificultad de conseguir que muchos mundos virtuales se pongan de acuerdo acerca de un árbol, o un par de zapatos, o de los medios para acercarse a un árbol para cortarlo y venderlo como árbol de Navidad a tres mundos virtuales de distancia, puede que te preguntes si podemos esperar razonablemente que exista un metaverso interoperable en algún momento futuro. La respuesta es sí, pero requiere matices.

La mayoría de la ropa es interoperable en el mundo real. Se supone que todos los cinturones, por ejemplo, funcionan con todos los pantalones. Hay excepciones, por supuesto, pero en general, la mayoría de los cinturones son compatibles con la mayoría de los pantalones, independientemente del año en que se haya comprado el cinturón, su marca o el país en que se haya comprado. Al mismo tiempo, no todos los cinturones se adaptan igual de bien a todos los pantalones. Existen estándares comunes para los pantalones y los cinturones, pero un pantalón talla M de J. Crew se ajusta de forma distinta a un pantalón talla M de Old Navy (los vestidos varían aún más; los estándares de talla de zapatos europeas y americanas son totalmente diferentes, etcétera).

A nivel mundial, existen muchos estándares técnicos diferentes, como los relativos a la electricidad doméstica y a las mediciones de velocidad, distancia o peso. En algunos casos, es necesario un nuevo equipo para poder utilizar un dispositivo extranjero (por ejemplo, un adaptador de toma de corriente), y en otros casos, como el tubo de escape de un coche, un gobierno local puede exigir que se sustituya para cumplir con la normativa local sobre emisiones.

Los pantalones sirven en todas partes, aunque no todos los lugares que desees visitar admiten vaqueros. Los cines permiten casi cualquier ropa y la mayoría de las formas de pago, pero no se puede introducir comida ni bebida de fuera. Se puede llevar un arma en la mayoría de las zonas al aire libre de Estados Unidos, pero rara vez en las ciudades y casi nunca en una escuela. Los coches funcionan en todas las carreteras de Estados Unidos, pero para conducir en un campo de golf hay que alquilar un carrito de golf (aunque se tenga uno propio). No todos los negocios aceptan todas las monedas, pero se pueden cambiar a cambio de una comisión. Muchas tiendas admiten algunas tarjetas de crédito, pero no todas, algunas no aceptan ninguna. La mayor parte del mundo acepta ahora el comercio, pero no todo, ni para todas las cosas, ni en todas las cantidades, ni de forma gratuita.

La identidad es aún más complicada. Tenemos pasaportes, calificaciones crediticias, expedientes escolares, registro civil, números de la seguridad social, identificaciones estatales y más. Cuáles se utilizan para cada cosa, cuáles están a disposición de terceros o pueden verse afectados por terceros, todo varía, a veces en función de dónde se encuentre una persona en un momento dado.

Internet no es muy diferente. Siguen existiendo redes públicas y privadas (incluso sin conexión), así como redes, plataformas y software que admiten la mayoría de los formatos de archivo habituales, pero no todos. Aunque los protocolos más populares son libres y abiertos, muchos son de pago y privados.

La interoperabilidad en el metaverso no es binaria. No se trata de si los mundos virtuales compartirán o no. Se trata de cuántos comparten, cuánto se comparte, cuándo, dónde y a qué coste. Entonces, ¿por qué soy optimista con respecto a que, a pesar todas estas complicaciones, habrá un metaverso? Por la economía.

Empecemos por la cuestión del gasto de los usuarios. Muchos escépticos del metaverso plantean alguna versión de la pregunta: «¿Quién quiere llevar el *skin* Peely de Fortnite mientras juega a Call of Duty?». Ahora bien, para ser justos, un plátano antropomórfico gigante de estilo cómico no tiene mucho sentido en Call of Duty, o en una clase virtual, ya puestos. Pero es igualmente obvio que algunos usuarios quieren algunos artículos, como un disfraz de Darth Vader, una camiseta de los Lakers o un bolso de Prada, en muchos espacios diferentes. Y es evidente que no quieren comprar estos artículos una y otra vez. Puede que hoy estén dispuestos a hacerlo a regañadientes, pero eso se debe a que aún estamos en las primeras fases del cambio a la ropa virtual. En 2026, cientos de millones de personas tendrán numerosos atuendos (efectivamente) duplicados en sus muchos juegos anteriores, y sin duda se resistirán a volver a comprar esos atuendos. La teoría sugiere que liberar las compras de un solo título conducirá a más compras y a precios más altos.

Dicho de otro modo, ¿vendería Disney más o menos productos si sólo pudieran llevarse o utilizarse en sus parques temáticos? ¿Cuánto pagaría alguien por una camiseta del Real Madrid que sólo pudiera usarse en el estadio Santiago Bernabéu? ¿O cuánto se reduciría el gasto de los usuarios en Roblox si el atuendo de un jugador se limitara a un solo juego de Roblox?

Es probable que el gasto de los consumidores de hoy en día se vea limitado por el hecho de saber que ningún juego es eterno. Piensa en cualquier cosa que puedas comprar en vacaciones pero que no pienses llevar a casa en la maleta: una tabla de surf, una botella de agua de acero inoxidable, un disfraz para el Día de los Muertos. La obsolescencia programada siempre reduce nuestro gasto.

La utilidad de estos bienes se ve aún más limitada por las restricciones de propiedad. La mayoría de los juegos y plataformas de juego prohíben a los usuarios regalar trajes u objetos a otros usuarios, o incluso venderlos a cambio de dinero en el juego. Las distribuidoras que permiten la reventa y el comercio suelen poner firmes límites a esta actividad. Roblox Corporation sólo permite la reventa de «artículos limitados» (de lo contrario, el comercio entre pares socavaría la venta de productos de la propia tienda de Roblox), y sólo los suscriptores de Roblox Premium pueden vender estos artículos.

Es más, aunque creamos que hemos «comprado» estos artículos, en realidad sólo los hemos licenciado y la empresa puede «recuperarlos» en cualquier momento. Esto no es un gran problema en el caso de *skins* y bailes de 10 dólares, pero nadie comprará bienes virtuales por valor de 10.000 dólares que puedan serle arrebatados en cualquier momento, con o sin reembolso.

Consideremos un caso de principios de 2021, según informó Josh Ye, del *South China Morning Post*. Tencent, la mayor empresa de videojuegos de China, «demandó a una plataforma de comercio de objetos de juego para determinar quién es el propietario de la moneda y los objetos del juego». En concreto, la empresa argumentó que estos activos no tenían «ningún valor material en la vida real» y que las monedas del juego compradas con dinero real eran en realidad «cargos por servicios».[83] Esto provocó indignación, y muchos jugadores se sintieron maltratados y/o degradados.

Los derechos de propiedad son fundamentales para la inversión y el precio de cualquier bien, mientras que la oportunidad de obtener beneficios es un motivo de peso. La especulación siempre ha financiado el crecimiento de nuevas industrias, incluso cuando da lugar a burbujas (gran parte del cableado de fibra óptica de Estados Unidos, ahora barato, se instaló en el período previo a la caída de las puntocom). Si queremos que se invierta el mayor tiempo, energía y dinero posible en el metaverso —si queremos conseguir el metaverso— tenemos que establecer unos derechos de propiedad firmes.

Todas las partes interesadas en los mundos virtuales se enfrentan a incentivos y riesgos que apuntan en esta dirección. Es peligroso para cualquier desarrollador crear un negocio cuyos productos o servicios estén limitados por la popularidad de una determinada plataforma o su economía (o políticas económicas). Y todo lo que se traduce en menos inversión y, por tanto, en menos y peores productos en general, no beneficia ni al desarrollador, ni al usuario, ni al videojuego ni a su plataforma.

Limitar el alcance de los datos de identidad y de los jugadores es otro impedimento para la economía del metaverso. La toxicidad en los videojuegos es una preocupación importante para muchos, y con razón. Sin embargo, hoy en día, mientras Activision puede expulsar a un jugador de Call of Duty por lenguaje abusivo o racista, ese jugador puede irse a trolear a Fortnite de Epic Games (o a Twitter o Facebook). El jugador también podría crear una nueva cuenta de PlayStation Network, o cambiar a Xbox Live y, aunque eso significa fragmentar sus logros, algunos de estos logros están bloqueados en algunas plataformas igualmente. Por supuesto, los desarrolladores no quieren mejorar los juegos de sus competidores, ni suelen estar dispuestos a compartir sus datos de

83. Ye, Josh (@TheRealJoshYe), Twitter, 3 de mayo de 2021, <https://mobile.twitter.com/therealjoshye/status/1389217569228296201>.

juego. Pero ninguna empresa de videojuegos se beneficia de un comportamiento tóxico, y todas se ven afectados negativamente por él.

La economía, por tanto, impulsará la estandarización y la interoperabilidad con el tiempo.

Las guerras de protocolos ofrecen un ejemplo ilustrativo. Desde la década de 1970 hasta la de 1990, pocos creían que las numerosas pilas de redes que competían entre sí fueran a ser sustituidas por un único conjunto, y menos aún por uno dirigido por organismos de trabajo informales y sin ánimo de lucro. En su lugar, nos enfrentaríamos a un «ciberespacio dividido».

Los bancos y otras instituciones financieras tampoco solían compartir los datos crediticios: se consideraban demasiado valiosos y privilegiados. Pero con el tiempo se convencieron de que unas calificaciones crediticias con mejores datos y mayor cobertura implicarían un beneficio colectivo. Los mercados competidores de alojamiento en casa, Airbnb y Vrbo, se asocian ahora con un tercero para evitar que los huéspedes con un historial de mal comportamiento realicen futuras reservas. Aunque esto perjudica a los infractores individuales, todos los demás huéspedes, anfitriones y plataformas se benefician.

El mejor ejemplo de «gravedad económica» procede de los motores de juegos, las mismas empresas pioneras en el metaverso.

Aunque la oportunidad de los mundos virtuales nunca ha sido tan grande como ahora, llegar a la totalidad de este mercado nunca ha sido tan difícil. En los años ochenta, un desarrollador podía crear un juego para un solo cliente y llegar así al 70 por ciento de los jugadores potenciales. Dos desarrolladores podían llegar a todos los jugadores. Hoy en día hay tres fabricantes de consolas, dos de los cuales operan consolas en dos generaciones diferentes, además de consolas basadas en la nube que utilizan sus propias pilas de tecnología, como, por ejemplo, GeForce Now de NVIDIA, Luna de Amazon y Stadia de Google. También hay dos plataformas de PC, Mac y Windows, que abarcan docenas o cientos de construcciones de hardware diferentes, y dos plataformas de informática móvil dominantes, iOS y Android, que

Figura 3

Pasarelas de red: un ciberespacio dividido. En este mapa, las principales redes informáticas se apiñan en la masa de la Matriz, término que designa el conjunto global de redes informáticas que pueden intercambiar correo electrónico. Internet sirve de base común para gran parte de la comunicación en línea, con servicios comerciales en línea que construyen pasarelas para el correo electrónico, así como otros protocolos de comunicación y datos a internet. Los principales servicios nacionales, como el francés Minitel (http://www.minitel.fr/) ofrecen una pasarela de comunicación desde sus servicios a internet.

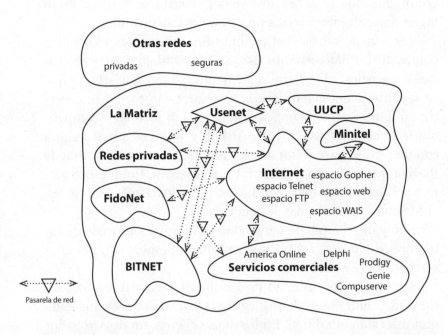

Nota: Mapa de geografía de las telecomunicaciones. Este mapa de 1995 y su leyenda reflejan lo que muchos expertos de la época consideraban el futuro de las redes en línea: redes y conjuntos de protocolos fragmentados. Internet, en este caso, no sería un estándar unificador de trabajo en internet, sino más bien un terreno común para diferentes colecciones de redes, algunas de las cuales no podrían comunicarse directamente entre sí. La mayoría de estas redes existirían en «la Matriz», aunque algunas quedarían para siempre fuera de ella. Pero este futuro nunca ocurrió. Al revés, internet se convirtió en la puerta principal entre todas las redes privadas y públicas, permitiendo así que cada red se comunicara con cualquier otra.

Fuente: TeleGeography.

abarcan muchas más versiones de SO, GPU, CPU y otros conjuntos de chips. Cada plataforma, dispositivo o versión adicional requiere un código exclusivo para un conjunto específico de hardware, o que se escribe para que funcione en muchos de ellos y sin generar el rendimiento al mínimo denominador común. La creación y el soporte de todo este código implican costes elevados, consumen tiempo y plantean dificultades. Otra opción es descartar a una gran parte del mercado, lo que también es caro.

Este reto, combinado con la creciente complejidad de las palabras virtuales, es la razón por la que han proliferado motores de juego multiplataforma como Unity y Unreal. Surgieron como respuesta a la fragmentación, y no sólo la resuelven, sino que lo hacen a bajo coste y en beneficio de todos, incluso de las plataformas más arraigadas.

Imagina que un desarrollador decide crear un nuevo juego para iOS. El ecosistema móvil de Apple tiene el 60 por ciento de la cuota de smartphones en Estados Unidos y el 80 por ciento entre los adolescentes, y más de dos tercios de los ingresos de los videojuegos móviles a nivel mundial. Además, un desarrollador puede llegar a casi el 90 por ciento de los usuarios de iOS escribiendo para sólo una docena de SKU de iPhone. El resto del mercado mundial se reparte entre miles de dispositivos Android diferentes. Obligado a elegir entre estas dos plataformas, un desarrollador siempre elegiría iOS. Pero, al utilizar Unity, pueden publicar fácilmente su videojuego en todas las plataformas (incluida la web), aumentando así su potencial de ingresos en más de un 50 por ciento con un pequeño coste adicional.

Puede que Apple prefiera juegos más exclusivos y totalmente optimizados para su hardware, pero es mejor para todos, incluidos los usuarios de iOS y la App Store, que la mayoría de los desarrolladores de móviles utilicen Unity. Al ganar más dinero, los desarrolladores pueden crear más y mejores juegos, lo que impulsará aún más el gasto de los usuarios en los dispositivos móviles.

La proliferación de motores de juego multiplataforma como Unity y Unreal también debería facilitar la unión de los numerosos mundos virtuales fragmentados que funcionan hoy en día en un metaverso unificado. De hecho, esto ya se ha demostrado. Durante más de una década, después de la aparición de los juegos en línea para consolas, Sony se negó a apoyar el juego cruzado, la compra cruzada o la progresión cruzada entre los juegos que se jugaban en su PlayStation y en otras plataformas. La política de Sony significaba que aunque un desarrollador creara versiones de su juego para PlayStation y Xbox, y dos amigos compraran copias de ese mismo juego, nunca podrían jugar juntos. Incluso si un mismo jugador compraba dos copias del mismo juego (por ejemplo, una para su PlayStation y otra para su portátil), sus monedas dentro del juego y muchas de sus recompensas permanecerían aisladas en una u otra.

Los críticos de esta política argumentaron que la postura de Sony era consecuencia de su posición dominante en el mercado. La primera PlayStation superó en ventas a la segunda consola, la Nintendo 64, en un 200 por ciento, y a la Xbox en más de un 900 por ciento. La PlayStation 2 vendió un 550 por ciento más que la Xbox y la Nintendo GameCube juntas. La PlayStation 3 apenas superó a la Xbox 360, en gran parte debido a las primeras innovaciones de la Xbox en materia de juegos en línea, y perdió frente a la Nintendo Wii, pero a mediados de la década de 2010, la PlayStation 4 había duplicado las ventas de la Xbox One y cuadruplicado las de la Wii U.

En consecuencia, parecía que PlayStation veía el juego multiplataforma como una amenaza. Si los usuarios no necesitaran una PlayStation para jugar con otros usuarios de PlayStation —la mayoría de los jugadores de consola—, sería menos probable que compraran una PlayStation en primer lugar, y los usuarios de PlayStation podrían incluso irse a la competencia. El presidente de entretenimiento interactivo de Sony lo admitió tácitamente en 2016, afirmando que «el aspecto técnico podría ser la parte más fácil» de abrir el acceso a su PlayStation Network para el juego cruzado.[84] Sin embargo, fue tan sólo dos años después cuando PlayStation permitió el juego cruzado, la com-

---

84. Phillips, Tom, «So, Will Sony Actually Allow PS4 and Xbox One Owners to Play Together?», *Eurogamer*, 17 de marzo de 2016, <https://www.

pra cruzada y la progresión cruzada. Tres años después, casi todos los juegos que podían soportar esta funcionalidad la ofrecían.

Sony no cambió de opinión por preferencias internas, modelos de negocio o presiones. En realidad, lo hizo en respuesta al éxito de Fortnite, que procedía de una empresa, Epic Games, que no por casualidad se centraba en los juegos multiplataforma.

Fortnite tenía una serie de atributos poco comunes cuando se lanzó. Fue el primer juego AAA[85] que podía jugarse en casi todos los principales dispositivos de juego del mundo, incluidas dos generaciones de PlayStation y Xbox, Nintendo Switch, Mac, PC, iPhone y Android. El título también era gratuito, lo que significaba que los jugadores no tenían que comprar varias copias para poder jugar en varias plataformas. Fortnite también se diseñó como un juego social; mejoraba a medida que más amigos lo usaban. Y se construyó en torno a los servicios en vivo, en lugar de una historia fija o cualquier juego sin conexión: el contenido del juego nunca terminaba y se actualizaba hasta dos veces por semana. Esto, además de una magnífica ejecución creativa, ayudó a Fortnite a convertirse en el juego AAA más popular a nivel global (excluyendo China) a finales de 2018. Generaba más ingresos al mes que cualquier otro juego de la historia.

Todos los competidores de juegos de Sony adoptaron servicios multiplataforma para Fortnite. El PC y el móvil nunca habían bloqueado la funcionalidad multiplataforma; ni Windows ni ninguna plataforma móvil habían comprado nunca juegos excluyentes. Nintendo también apoyó numerosos servicios multiplataforma para Fortnite desde el principio, pero, a diferencia de Sony, no tenía un verdadero negocio de redes en línea y no lo priorizó. Microsoft, por su parte, llevaba tiempo impulsando el

---

eurogamer.net/articles/2016-03-17-sonys-shuhei-yoshida-on-playstation-4 -and-xbox-one-cross-network-play>.

85. «AAA» es una clasificación informal para los videojuegos con grandes presupuestos de producción y marketing y que suelen proceder de los mayores estudios y editores de videojuegos. Es similar a la denominación *superproducción* de la industria cinematográfica. Ninguno de los dos términos significa que el título sea un éxito financiero.

juego cruzado (probablemente por la misma razón por la que Sony se resistía a ello).

La falta de integración entre plataformas significaba que PlayStation no sólo tenía la peor versión de Fortnite, sino que los propietarios de PlayStation tenían muchas versiones mejores a su alcance y no necesitaban pagar para usarlas. Esto cambió radicalmente la forma de pensar de Sony. Negar esa capacidad a títulos como Call of Duty pudo haber tenido un modesto impacto en el número de copias vendidas por Activision, pero con Fortnite, Sony perdió la mayor parte de los ingresos del videojuego y empujó a los jugadores de PlayStation a las plataformas de la competencia. Es cierto que PlayStation ofrecía una mejor experiencia técnica que el iPhone, pero la mayoría de los jugadores consideraban que los elementos sociales del juego eran más importantes que sus especificaciones. Además, Epic activó «accidentalmente» el juego cruzado en PlayStation, supuestamente sin el permiso de Sony, en al menos tres ocasiones, lo que hizo que los usuarios se enfadaran aún más y pidieran el cambio a Sony, demostrando que el impedimento era la política, no la tecnología.

Todos estos factores obligaron a Sony a cambiar sus políticas. Obviamente, esto ha sido para el bien de todos. En la actualidad, casi todos los dispositivos informáticos pueden acceder a un gran número de juegos de éxito en todo el mundo (y, por tanto, cualquiera puede jugar en cualquier momento y lugar), sin que los usuarios tengan que reembolsar o fragmentar su identidad, sus logros o sus redes de jugadores. Además, el juego, la progresión y las compras multiplataforma hacen que todas las consolas compitan en hardware, contenidos y servicios. Y Sony sigue prosperando: PlayStation impulsa más del 45 por ciento de los ingresos totales de Fortnite (y la PlayStation 5 ha superado en ventas a las series S y X de Xbox en una proporción de más del doble).[86]

86. Peters, Jay, «Fortnite's Cash Cow Is PlayStation, Not iOS, Court Documents Reveal», *The Verge*, 28 de abril de 2021, <https:// www.theverge.com/ 2021/4/28/22407939/fortnite-biggest-platform-revenue-playstation-not-ios -iphone>.

La decisión de Sony de abrir su plataforma cerrada también ofrece una visión de las posibles soluciones económicas al reto de la interoperabilidad. Para evitar la «fuga de ingresos», Sony exigió a Epic que «compensara» sus pagos a la tienda de PlayStation. Por ejemplo, si un jugador de Fortnite pasa cien horas jugando en PlayStation y cien en Nintendo Switch, pero gasta sólo 40 dólares en PlayStation y 60 en Nintendo Switch, Epic tendría que pagar a Nintendo una comisión del 25 por ciento de sus 60 dólares, pero luego pagaría a PlayStation el 25 por ciento de sus 40 dólares y los 10 dólares que su cuota de tiempo sugeriría que se le debía. En otras palabras, Epic paga dos veces por esos 10 dólares. No está claro si esta política sigue vigente; el público sólo sabe que existe por la demanda de Epic contra Apple. En cualquier caso, el modelo es un ejemplo de cómo la proliferación de juegos multiplataforma ayuda a todos los participantes del mercado.

El éxito de Discord es otro buen ejemplo. Históricamente, las plataformas de videojuegos como Nintendo, PlayStation, Xbox y Steam han protegido fuertemente sus redes de jugadores y servicios de comunicación. Por eso, alguien en Xbox Live no puede hacerse «amigo» de alguien en PlayStation Network, ni hablar con él directamente. En cambio, los usuarios de otras plataformas sólo están disponibles dentro de los juegos multiplataforma, como Fortnite, y a través de sus identificaciones específicas del juego. Aunque este enfoque funcionaba bastante bien cuando dos jugadores sabían a qué juego querían jugar antes de conectarse, no funcionaba bien para pasar el rato sin planearlo o de forma improvisada. Cuanto más importante era el juego en el estilo de vida de una persona, menos le convenía esta solución.

Discord surgió para satisfacer esta demanda, y ha ofrecido a los jugadores numerosas ventajas. Funciona en las principales plataformas informáticas —PC, Mac, iPhone y Android—, lo que significa que todos los jugadores pueden acceder a un único gráfico social (y los no jugadores también pueden unirse). El servicio también ofrece a los jugadores un amplio conjunto de API que pueden integrarse en otros juegos e incluso en servicios sociales casi competitivos, como Slack y Twitch, así como en juegos independientes que no distribuye ni gestiona. Discord ha sido capaz de construir una red de comunicación de jugadores más grande —y mucho más activa— que cualquier otra plataforma de juegos inmersivos.

Y lo que es más importante, las plataformas no podían impedir que los usuarios usaran las aplicaciones de Discord en sus teléfonos y utilizaran sus funciones de chat, concretamente. El éxito de Discord llevó a Xbox y PlayStation a anunciar la integración nativa de Discord en sus plataformas cerradas, lo que creó una nueva solución de «intercambio» para sus redes de jugadores, servicios de comunicación y socialización en línea.

Estableciendo formatos 3D e intercambios comunes

La estandarización de los motores de juego y las *suites* de comunicaciones es bastante compleja en comparación con la forma en que surgirán las convenciones de los objetos 3D.

Fíjate en el actual universo de activos 3D. Miles de millones de dólares se han gastado en objetos y entornos virtuales no estandarizados en el cine y los videojuegos, la ingeniería civil e industrial, la sanidad y la educación, entre otros. No hay indicios de que este nivel de gasto vaya a aumentar en un futuro próximo. Rehacer constantemente estos objetos para un nuevo formato de archivo o un nuevo motor es poco práctico desde el punto de vista económico y a menudo un despilfarro; el mayor atributo de un «objeto» digital es que puede reutilizarse infinitamente sin coste adicional.

Ya están surgiendo soluciones de intercambio para aprovechar la «mina de oro virtual» de las bibliotecas de activos previamente creadas y fragmentadas. Un buen ejemplo es Omniverse de NVIDIA, que se lanzó en 2020 y permite a las empresas construir y colaborar en simulaciones virtuales compartidas construidas a partir de activos y entornos 3D de diferentes formatos de archivo, motores y otras soluciones de renderizado. Una empresa de automoción podría llevar sus coches desarrollados por

Unreal a un entorno diseñado en Unity y hacer que esos coches interactúen con objetos hechos en Blender. Omniverse no admite todas las contribuciones posibles, ni todos los metadatos y funcionalidades, y por ello da a los desarrolladores independientes una razón más clara para estandarizar. La colaboración, mientras tanto, conduce a convenciones formales e informales. En concreto, Omniverse se basa en Universal Scene Description (USD), un marco de intercambio desarrollado por Pixar en 2012 y de código abierto en 2016. USD proporciona un lenguaje común para definir, empaquetar, ensamblar y editar 3D, y NVIDIA lo compara con HTML, pero aplicado al metaverso.[87] En resumen, Omniverse está impulsando tanto una plataforma de intercambio como un estándar 3D. Helios, el motor de renderizado en tiempo real patentado que utiliza la empresa de servicios de efectos visuales Industrial Light & Magic es otro buen ejemplo, ya que sólo es compatible con determinados motores y formatos de archivo.

A medida que crezca la colaboración en 3D, surgirán de forma natural los estándares. A principios de la década de 2010, por ejemplo, la globalización había llevado a muchas de las mayores empresas del mundo a imponer el inglés como su lengua corporativa oficial: Rakuten, la mayor empresa de comercio electrónico de Japón; Airbus, un gigante aeroespacial que cuenta con los Gobiernos de Francia y Alemania como sus dos mayores accionistas; Nokia, la cuarta empresa de Finlandia; Samsung, la mayor empresa de Corea del Sur, y otras. Una encuesta realizada en 2012 por Ipsos reveló que el 67 por ciento de las personas cuyo trabajo implicaba la comunicación con personas de otros países preferían hacerlo en inglés. El siguiente idioma más cercano era el español, con un 5 por ciento. El 61 por ciento de los encuestados afirmó que no utilizaba su lengua materna cuando trabajaba con socios extranjeros, por lo que la alineación con el inglés no reflejaba el hecho de que la mayoría de los encuestados fueran

87. Rakers, Aaron, Joe Quatrochi, Jake Wilhelm y Michael Tsevtanov, «NVDA: Omniverse Enterprise—Appreciating NVIDIA's Platform Strategy to Capitalize ($10B+) on the "Metaverse"», *Wells Fargo*, 3 de noviembre de 2021.

principalmente angloparlantes.[88] La globalización también ha dado lugar a estándares en materia de divisas (en concreto, el dólar estadounidense y el euro); unidades (por ejemplo, el sistema métrico); intercambio (el contenedor intermodal), etcétera.

Como ha demostrado Omniverse, el software no necesita que todo el mundo hable el mismo idioma. Piensa que es comparable al sistema de la Unión Europea, que tiene 24 lenguas oficiales representadas, pero tres (inglés, francés y alemán) «procedimentales» a las que se da prioridad (además, gran parte de los dirigentes, el Parlamento y el personal de la UE hablan al menos dos de estas lenguas).

Epic Games, por su parte, está trabajando en la creación de estándares de datos que permitan reutilizar un único «activo» (en realidad, un derecho a los datos) en múltiples entornos. Poco después de adquirir Psyonix, Epic Games anunció que el exitoso juego Rocket League del desarrollador se convertiría en gratuito y se trasladaría a Epic Online Services. Unos meses después, Epic anunció el primero de varios eventos «Llama-Rama». Estos modos de tiempo limitado permitían a los jugadores de Fortnite completar retos en Rocket League que desbloqueaban trajes y logros exclusivos que podían usarse en cualquiera de los dos juegos. Un año más tarde, Epic compró Tonic Games Group, creadores de Fall Guys y otras docenas de juegos, como parte de sus inversiones «en la construcción del metaverso».[89] Es probable que Epic extienda sus experimentos de Rocket League a los títulos de Tonic, así como a los de su Epic Games Publishing, que financia y distribuye juegos de estudios independientes.

Con su modelo de logros y activos entre títulos, es probable que Epic busque sentar un precedente similar a los que la compañía estableció en los juegos multiplataforma. Epic cree clara-

---

88. Michaud, Chris, «English the Preferred Language for World Business: Poll», *Reuters*, 12 de mayo de 2016, <https://www.reuters.com/article/us -language/english-the-preferred-language-for-world-business-poll- idUSBRE84F0OK20120516>.

89. Epic Games, «Tonic Games Group, Makers of 'Fall Guys', Joins Epic Games», 2 de marzo de 2021, <https://www.epicgames.com/site/en-US/news/ tonic-games-group-makers-of-fall-guys-joins-epic-games>.

mente que hay beneficios (económicos) en reducir la fricción en el acceso a los distintos juegos, facilitando la entrada de amigos y objetos en estos juegos, y dando a los jugadores una razón para probar nuevos juegos. Así, los jugadores pasarán más tiempo jugando, con más gente, en una mayor diversidad de títulos, y gastarán más dinero en el camino. De ser así, una red cada vez más amplia de juegos de terceros querrá conectarse a los sistemas de identidad virtual, comunicaciones y derechos de Epic (es decir, partes de Epic Online Services), impulsando así la estandarización en torno a las diversas ofertas de Epic.

Junto a Epic hay una serie de otros gigantes del software con vocación social que buscan utilizar su alcance para establecer normas y marcos comunes para los bienes virtuales compartidos. Un ejemplo claro es el de Facebook, que está añadiendo «avatares interoperables» a su conjunto de API de autenticación Facebook Connect. Facebook Connect es más conocido por el público como «Log in with Facebook», que permite a los usuarios de Facebook sustituir su inicio de sesión en Facebook por el sistema de cuentas propio de un sitio web o una aplicación. La mayoría de los desarrolladores prefieren que la gente cree una cuenta propia, ya que proporciona al desarrollador una mayor información sobre el usuario, y significa que el desarrollador controla esta información y la cuenta (y no Facebook). Sin embargo, Facebook Connect es mucho más sencillo y rápido, por lo que es la solución preferida por la mayoría de los usuarios. Como resultado, los desarrolladores se benefician de más usuarios registrados (frente a los anónimos). Una propuesta de valor similar existirá para el conjunto de avatares de Facebook (o quizá, los de Google o Twitter o Apple). Si los avatares personalizados son esenciales para la expresión del usuario en el espacio 3D, pocos usuarios querrán crear un avatar nuevo y detallado para cada mundo virtual que utilicen. Los servicios que aceptan los avatares en los que un usuario ya ha invertido podrán ofrecer una mejor experiencia a dicho usuario. Algunas personas incluso argumentan que la imposibilidad de utilizar un avatar consistente significa que ningún avatar puede representar realmente al usuario, del mismo modo que no diríamos que Steve Jobs tenía un uniforme si sólo pudiera llevar a veces vaqueros y un cuello cisne negro, y ocasionalmente necesitara llevar pantalones de cambray y un cuello cisne gris dependiendo del lugar. Eso es una estética, más que un uniforme destinado a reforzar su identidad. En cualquier caso, el establecimiento de servicios de títulos cruzados como los de Facebook servirá como otro proceso de estandarización *de facto* (en este caso, basado en las especificaciones de Facebook y avanzado por sus iniciativas de RA, RV y IVWP).

Además de la interoperabilidad de los activos, Epic también impulsa la «interoperación» de las propiedades intelectuales que compiten entre sí, lo cual es un problema filosófico, no técnico (los juegos entre plataformas nos recuerdan que éste es el más difícil de los dos desafíos). A medida que plataformas virtuales como Fortnite, Minecraft y Roblox se convirtieron en espacios sociales impulsores de la cultura, se han convertido en una parte cada vez más necesaria del mercado de consumo, la creación de marcas y las experiencias de franquicias multimedia. En los últimos tres años, Fortnite ha producido experiencias con la NFL y la FIFA, Marvel Comics, *Star Wars* y *Alien* de Disney, y DC Comics de Warner Bros, *John Wick* de Lionsgate, Halo de Microsoft, God of War y Horizon Zero Dawn de Sony, Street Fighter de Capcom, G. I. Joe de Hasbro, Nike y Michael Jordan, Travis Scott, etcétera.

Pero para participar en estas experiencias, los propietarios de las marcas deben aceptar algo que casi nunca permiten: licencias de duración ilimitada (los jugadores conservan los trajes del juego para siempre), ventanas de comercialización que se solapan (algunos eventos de las marcas tienen apenas unos días de diferencia o se solapan por completo) y poco o ningún control editorial. En resumen, esto significa que ahora es posible vestirse como Neymar mientras se lleva una mochila de Baby Yoda o de Air Jordan, se sostiene el tridente de Aquaman y se explora una Industrias Stark virtual. Y los propietarios de estas franquicias *quieren* que esto ocurra.

Si la interoperabilidad tiene un valor real, los incentivos económicos y la presión competitiva acabarán por solucionarlo. Los desarrolladores acabarán descubriendo cómo apoyar técnica y comercialmente los modelos de negocio del metaverso. Y utilizarán la mayor economía del metaverso para superar a los fabricantes de videojuegos «tradicionales».

Ésta es una de las lecciones del auge de la monetización de los juegos gratuitos. En este modelo de negocio, a los jugadores no se les cobra nada por descargar e instalar un juego —ni siquiera por jugarlo—, pero se les ofrecen compras opcionales dentro del juego, como un nivel extra o un objeto cosmético. Cuando se introdujo por primera vez en la década de 2000, e incluso una década más tarde, muchos creían que, en el mejor de los casos, conduciría a menores ingresos para un juego determinado y, en el peor de los casos, a canibalizar la industria. En cambio, resultó ser la mejor manera de monetizar un juego y un motor fundamental del ascenso cultural de los videojuegos. Es cierto que ha dado lugar a muchos jugadores que no pagan, pero ha incrementado sustancialmente el número total de jugadores e incluso ha dado a los jugadores que pagan una razón para gastar más. Al fin y al cabo, cuanta más gente pueda presumir de un avatar personalizado, más se pagará por hacerlo.

Al igual que los videojuegos gratuitos dieron lugar a nuevos productos para vender a los jugadores, desde bailes hasta moduladores de voz y «pases de batalla», la interoperabilidad también lo hará. Los desarrolladores pueden incorporar la degradación en el código de un activo: esta *skin* funciona durante 100 horas de uso, o 500 partidas, o tres años, tiempo durante el cual se desgasta lentamente. Por otra parte, los usuarios podrían tener que pagar una cuota adicional para llevar un artículo del título de un desarrollador al de otro desarrollador (al igual que muchos bienes tienen derechos de importación en el «mundo real») o pagar más por una «edición interoperable». No todos los mundos virtuales pasarán a un modelo ampliamente interoperable, por supuesto. A pesar de la prevalencia de los juegos online multijugador gratuitos, muchos títulos siguen siendo de pago, para un solo jugador, sin conexión, o las tres cosas.

Los usuarios de web3 se preguntarán por qué no he hablado aún de las blockchains, las criptomonedas y los tokens no fungibles. Estas tres innovaciones interrelacionadas parecen desempeñar un papel fundamental en nuestro futuro virtual y ya están funcionando como una especie de estándar común en una serie de mundos y experiencias en constante expansión. Pero antes de examinar estas tecnologías, debemos analizar el papel del hardware y los pagos en el metaverso.

Capítulo 9

Hardware

Para muchos de nosotros, el aspecto más emocionante del metaverso es el desarrollo de nuevos dispositivos que podamos utilizar para acceder a él, representarlo y manejarlo. Esto suele llevarnos a imaginar unas gafas superpoderosas, aunque ligeras, de realidad aumentada y realidad virtual inmersiva. Estos dispositivos no son necesarios para el metaverso, pero a menudo se supone que son la mejor manera, o la más natural, de experimentar sus numerosos mundos virtuales. Los ejecutivos de las grandes empresas tecnológicas parecen estar de acuerdo, aunque la supuesta demanda de estos dispositivos por parte de los consumidores aún no se ha traducido en ventas.

Microsoft comenzó a desarrollar sus gafas y su plataforma de realidad aumentada HoloLens en 2010, lanzó el primer dispositivo en 2016 y el segundo en 2019. Tras cinco años en el mercado, se han vendido menos de medio millón de unidades. Aun así, se sigue invirtiendo en la división y el CEO de Microsoft, Satya Nadella, sigue destacando el dispositivo ante inversores y clientes, especialmente en el contexto de las ambiciones de la empresa con respecto al metaverso.

Aunque Google Glass, el dispositivo de realidad aumentada de Google, se ganó rápidamente la reputación de ser uno de los productos más exagerados y fallidos de la historia de la electrónica de consumo tras su lanzamiento en 2013, Google sigue apoyándolo. En 2017, la compañía lanzó un modelo actualizado, llamado Google Glass Enterprise Edition, y anunció un sucesor que llegaría a finales de 2019. Desde junio de 2020, Google ha gastado entre 1.000 y 2.000 millones de dólares en la adquisición de empresas emergentes de gafas de realidad aumentada, como North y Raxium.

Aunque los intentos de Google con la RV recibieron menos atención de la prensa que las Google Glass, han sido más significativos y podría decirse que más decepcionantes. El primer experimento de Google surgió en 2014 y se denominó Google Cardboard, y su objetivo era inspirar interés por la realidad virtual inmersiva. Para los desarrolladores, Google creó un kit de desarrollo de software para Cardboard, que les ayudó a crear aplicaciones específicas de RV construidas en Java, Unity o Metal de Apple. Para los usuarios, Google creó un «visor» de cartón plegable de 15 dólares, en el que podían colocar sus iPhones o dispositivos Android para experimentar la RV sin necesidad de comprar un nuevo dispositivo. Un año después del anuncio de Cardboard, Google presentó Jump, una plataforma y un ecosistema para la realización de películas en RV, y Expeditions, un programa centrado en ofrecer a los educadores excursiones basadas en la RV. Las cifras alcanzadas por Cardboard fueron impresionantes: Google vendió más de 15 millones de visores en cinco años, mientras que se descargaron casi 200 millones de aplicaciones habilitadas para Cardboard, y más de un millón de estudiantes realizaron al menos una excursión en Expeditions durante el primer año de su lanzamiento. Sin embargo, estas cifras reflejaron más la intriga de los consumidores que la inspiración. En noviembre de 2019, Google cerró el proyecto Cardboard y abrió su kit de desarrollo de software (SDK). (Expeditions fue descatalogada en junio de 2021.)

En 2016, Google lanzó su segunda plataforma de RV, Daydream, que pretendía ser una versión mejorada de Cardboard. Estas mejoras comenzaron con la calidad del visor Daydream. Las gafas, de entre 80 y 100 dólares, estaban hechas de espuma y recubiertas de un tejido suave (disponible en cuatro colores) y, a diferencia del visor Cardboard, podían atarse a la cabeza del usuario, en lugar de tener que sostenerlo delante de él cuando lo utilizaba. El visor Daydream también venía con un mando a distancia y tenía un chip NFC (comunicación de campo cercano) que podía reconocer automáticamente las propiedades del teléfono que se estaba utilizando y ponerlo en modo RV, en lugar de que los usuarios tuvieran que hacerlo manualmente. Aunque Daydream recibió críticas positivas de la prensa e hizo que empresas como HBO o Hulu produjeran aplicaciones específicas de RV, los consumidores mostraron poco interés en la plataforma. Google canceló el proyecto al mismo tiempo que puso fin a Cardboard.

A pesar de los problemas con la RA y la RV, parece que Google sigue considerando estas experiencias como algo fundamental en su estrategia del metaverso. Sólo unas semanas después de que Facebook desvelara públicamente su visión del futuro en octubre de 2021, Clay Bavor, jefe de RA y RV de Google, pasó a ser empleado directo de Sundar Pichai, CEO de Google/Alphabet y fue colocado a cargo de un nuevo grupo, «Google Labs», que contiene todos los proyectos existentes de RA, RV y virtualización de Google, su incubadora interna, Area 120, y cualquier otro «proyecto de alto potencial a largo plazo». Según la prensa, Google planea lanzar una nueva plataforma de gafas de RV y/o RA en 2024.

En 2014, Amazon lanzó su primer y único smartphone, el Fire Phone. Lo que diferenciaba al dispositivo de los líderes del mercado, Android e iOS, era el uso de cuatro cámaras frontales, que ajustaban la interfaz en respuesta a los movimientos de la cabeza del usuario, y Firefly, una herramienta de software que reconocía automáticamente textos, sonidos y objetos visuales. El teléfono resultó ser —y sigue siendo— el mayor fracaso de la compañía, y fue cancelado apenas un año después de su lanzamiento. Amazon reconoció una pérdida de 170 millones de dólares, principalmente por el inventario no vendido. Sin embargo, la compañía pronto comenzó a trabajar en Echo Frames, unas gafas que carecían de cualquier tipo de pantalla visual, pero que tenían audio integrado, Bluetooth (para emparejarse con un smartphone) y el asistente Alexa. Las primeras Echo Frames salieron a la venta en 2019, con una edición actualizada lanzada un año después. Ninguno de los dos parece haberse vendido bien.

Uno de los defensores más reconocidos de los dispositivos de RA y RV es Mark Zuckerberg. En 2014, Facebook adquirió Oculus VR por 2.300 millones de dólares, más del doble de la suma que pagó por Instagram dos años antes, aunque Oculus aún no había lanzado su dispositivo al público. Poco después, Zuckerberg y sus trabajadores consideraron públicamente la posibilidad de que los ordenadores con gafas de RV se convirtieran en el principal ordenador para profesionales, y que las gafas de realidad aumentada se convirtieran en la principal forma de acceso de los consumidores al mundo digital. Ocho años después, Facebook anunció que el Oculus Quest 2 había vendido más de 10 millones de unidades entre octubre de 2020 y diciembre de 2021, una cifra que superó a las nuevas consolas Xbox Series S y X de Microsoft, que salieron a la venta en la misma época. Sin embargo, el dispositivo aún no ha sustituido al PC, y Facebook aún no ha lanzado un dispositivo de RA. Aun así, se cree que la mayor parte de los entre 10.000 y 15.000 millones de dólares de inversiones anuales de Facebook relacionadas con el metaverso se centran en dispositivos de RA y RV.

Como es habitual, Apple ha mantenido en secreto sus planes o incluso su creencia en la RA o la RV, pero sus adquisiciones y registros de patentes son reveladores. En los últimos tres años, Apple ha comprado empresas emergentes como Vrvana, que produce gafas de realidad aumentada llamadas Totem; Akonia, que fabrica lentes para productos de realidad aumentada; Emotient, cuyo software de aprendizaje automático rastrea las expresiones faciales y discierne las emociones; RealFace, una empresa de reconocimiento facial; y Faceshift, que plasma los movimientos faciales del usuario en un avatar en 3D. Apple también compró NextVR, un productor de contenidos de RV, así como Spaces, que creó entretenimiento de RV basado en la ubicación y experiencias basadas en la RV para software de videoconferencia. De media, a Apple se le conceden más de 2.000 patentes al año (aunque solicita aún más). Cientos de ellas están relacionadas con la RV, la RA o el seguimiento corporal.

Más allá de los gigantes tecnológicos, una serie de empresas medianas de tecnología social están invirtiendo en hardware propio de RA/RV, a pesar de tener poca o ninguna historia de producción, mucho menos de distribución y servicio, de electrónica de consumo. Por ejemplo, aunque las primeras gafas de realidad aumentada de Snap, las Spectacles de 2017, fueron más aclamadas por su modelo de venta en máquinas expendedoras que por su éxito técnico, empírico o comercial, la empresa ha lanzado tres nuevos modelos en los últimos cinco años.

La magnitud de la inversión en estos dispositivos, incluso ante el constante rechazo de consumidores y desarrolladores, se debe a la creencia de que la historia se repetirá. Cada vez que se produce una transformación a gran escala en la informática y las redes, surgen nuevos dispositivos que se adaptan mejor a sus capacidades. A su vez, las empresas que primero sacan a la luz estos dispositivos tienen la oportunidad de alterar el equilibrio de poder en la tecnología, no sólo de producir una nueva línea de negocio. Así, empresas como Microsoft, Facebook, Snap y Niantic ven las luchas en curso por la RA y la RV como prueba de que pueden ser capaces de desplazar a Apple y Google, que operan las plataformas más dominantes de la era móvil, mientras que Apple y Google entienden que deben invertir para evitar la disrupción. También hay señales tempranas que validan la creencia de que la RA y la RV son la próxima gran tecnología de dispositivos. En marzo de 2021, el Ejército de Estados Unidos anunció un acuerdo para comprar hasta 120.000 dispositivos HoloLens personalizados a Microsoft durante la siguiente década. Este contrato estaba valorado en 22.000 millones de dólares, es decir, casi 200.000 dólares por dispositivo (esto incluye actualizaciones de hardware, reparaciones, software a medida y otros servicios de informática en la nube de Azure).

Otra señal de que los dispositivos de realidad mixta son el futuro es que es posible identificar numerosas deficiencias técnicas en las gafas de RV y RA que podrían estar frenando su adopción masiva. En este sentido, algunos sostienen que los dispositivos actuales son para el metaverso lo que la malograda tableta Newton de Apple fue para la era de los smartphones. El Newton salió a la venta en 1993 y ofrecía gran parte de lo que esperamos de un dispositivo móvil —pantalla táctil, sistema operativo móvil específico y software—, pero le faltaba algo más. El dispositivo era casi del tamaño de un teclado (y pesaba todavía más), no podía acceder a una red de datos móviles y requería el uso de un lápiz digital en lugar del dedo del usuario.

En la RA y la RV, una de las principales limitaciones es la pantalla del dispositivo. El primer Oculus de consumo, lanzado en 2016, tenía una resolución de 1.080 × 1.200 píxeles por ojo, mientras que el Oculus Quest 2, lanzado cuatro años más tarde, tenía una resolución de 1.832 × 1.920 por ojo (aproximadamente como el 4K). Palmer Luckey, uno de los fundadores de Oculus, cree que se necesita más del doble de esta última resolución para que la RV supere los problemas de pixelación y se convierta en un dispositivo de uso generalizado. Las primeras Oculus alcanzaban una frecuencia de refresco de 90 Hz (90 fotogramas por segundo), mientras que las segundas ofrecían entre 72 y 80 Hz. La edición más reciente, la Oculus Quest 2 de 2020, viene por defecto a 72 Hz, pero admite la mayoría de los títulos a 90 Hz y ofrece «soporte experimental» para 120 Hz en juegos menos intensivos desde el punto de vista informático. Muchos expertos creen que 120 Hz es el umbral mínimo para evitar el riesgo de desorientación y náuseas. Según un informe publicado por Goldman Sachs, el 14 por ciento de los que han probado unas gafas de RV inmersiva dicen que experimentan «frecuentemente» mareos mientras usan el dispositivo, el 19 por ciento responde «a veces» y otro 25 por ciento los siente pocas veces, pero los siente.

Los dispositivos de RA tienen limitaciones aún mayores. La persona media ve aproximadamente 200°-220° en horizontal y 135° en vertical, lo que representa un campo de visión diagonal de aproximadamente 250°. La versión más reciente de las gafas de realidad aumentada de Snap, que cuestan unos 500 dólares, tiene un campo de visión de 26,3° en diagonal —lo que significa que se puede «aumentar» aproximadamente el 10 por ciento de lo que ves— y funciona a 30 fotogramas por segundo. Las Holo-Lens 2 de Microsoft, que cuestan 3.500 dólares, tienen el doble de campo de visión y velocidad de fotogramas, pero siguen dejando el 80 por ciento de la vista del usuario sin aumentar, aunque la totalidad de sus ojos (y gran parte de su cabeza) estén cubiertos por el dispositivo. HoloLens 2 pesa 566 gramos (el iPhone 13 más ligero pesa 174 gramos, mientras que el iPhone 13 Pro Max pesa 240 gramos) y sólo soporta entre dos y tres horas de uso activo. Las Spectacles 4 de Snap pesan 134 gramos y sólo pueden funcionar durante treinta minutos.

El reto tecnológico más difícil de nuestro tiempo

Podríamos suponer que es inevitable que las empresas tecnológicas encuentren formas de mejorar las pantallas, reducir el peso y aumentar la duración de la batería, al mismo tiempo que añaden nuevas funcionalidades. Al fin y al cabo, las resoluciones de los televisores parecen aumentar cada año, mientras que las frecuencias de refresco soportadas suben, los precios bajan y el perfil del dispositivo se reduce. Sin embargo, Mark Zuckerberg ha dicho que «el reto tecnológico más difícil de nuestro tiempo puede ser meter un superordenador en la montura de unas gafas de aspecto normal».[90] Como vimos al examinar la informática, los dispositivos de juego no se limitan a «mostrar» marcos previamente creados, como hace un televisor, sino que deben renderizar estos marcos ellos mismos. Y al igual que con el reto de la latencia, puede haber limitaciones reales impuestas por las leyes del universo cuando hablamos sobre lo que es posible con las gafas de RA y RV.

Aumentar tanto el número de píxeles renderizados por fotograma como el número de fotogramas por segundo requiere una potencia de procesamiento considerablemente mayor. Esta potencia de procesamiento también debe caber en un dispositivo que pueda llevarse cómodamente en la cabeza, en lugar de guardarse en el aparador del salón o sostenerse en la palma de la

90. Zuckerberg, Mark, Facebook, 29 de abril de 2021, <https:// www.face book.com/zuck/posts/the-hardest-technology-challenge-of-our-time-may-be -fitting-a-supercomputer-into/10112933648910701/>.

mano. Y, sobre todo, necesitamos que los procesadores de RA y RV hagan algo más que reproducir más píxeles.

El Oculus Quest 2 representa la magnitud del obstáculo. Como la mayoría de las plataformas de juegos, el dispositivo de RV de Facebook tiene un juego de *battle royale*, Population: One. Pero este *battle royale* no admite 150 usuarios simultáneos, como hace Call of Duty Warzone, ni 100 como Fortnite, ni siquiera los 50 que permite Free Fire. En cambio, está limitado a 18. El Oculus Quest 2 no puede aguantar mucho más. Además, los gráficos de este juego están más cerca de los de la PlayStation 3, que salió a la venta en 2006, que de los de la PlayStation 4 de 2013, y queda muy lejos de los de la PlayStation 5 de 2020.

También necesitamos dispositivos de RA y RV para realizar trabajos que no solemos pedir a una consola o un PC. Por ejemplo, los dispositivos Oculus Quest de Facebook incluyen un par de cámaras externas que pueden ayudar a alertar a un usuario que se va a chocar con un objeto físico o una pared. Al mismo tiempo, estas cámaras deben ser capaces de rastrear las manos del usuario para poder recrearlas dentro de un determinado mundo virtual, o utilizarlas como mandos, con determinados movimientos de los dedos que sustituyan la pulsación de un botón físico. Esto puede parecer un pobre sustituto de un mando real, pero libera al propietario de unas gafas de realidad virtual o aumentada de la necesidad de viajar con uno (o de caminar por la calle con él). Zuckerberg también ha hablado del deseo de incluir cámaras en el interior de las gafas para escanear y rastrear la cara y los ojos del usuario, de modo que el dispositivo pueda dirigir el avatar del usuario basándose únicamente en los movimientos faciales y oculares. Sin embargo, todas estas cámaras adicionales aumentan el peso y el volumen de las gafas, además de requerir más potencia de cálculo, por no hablar de la batería. Por supuesto, también afectan al coste.

Para poner esto en perspectiva, podemos comparar las HoloLens 2 de Microsoft con las Spectacles 4 de Snap. Aunque las primeras ofrecen el doble de campo de visión y velocidad de fotogramas que las segundas, también tienen un precio siete veces superior (3.000-3.500 dólares frente a 500), pesan cuatro veces más y, en lugar de parecerse a unas Ray-Ban futuristas, se parecen más a la pantalla y el cráneo de un cíborg. Para que los dispositivos de realidad aumentada de consumo despeguen, es probable que necesitemos un dispositivo más potente que las HoloLens, pero más pequeño que las Spectacles 4. Aunque las gafas de realidad aumentada industriales pueden ser más grandes, siguen estando limitadas por la necesidad de encajar bajo un casco y la necesidad de minimizar la tensión en el cuello. También tienen mucho que mejorar.

El inmenso reto técnico que supone «introducir un superordenador en unas gafas» ayuda a explicar que se gasten decenas de miles de millones de dólares al año en este problema. Pero, a pesar de esta inversión, no se producirá un avance rápido. Por el contrario, habrá un proceso constante de mejoras que reducen el precio y el tamaño de los dispositivos de RA y RV, al mismo tiempo que aumentan su potencia informática y su funcionalidad. E incluso cuando una plataforma de hardware o un proveedor de componentes rompe una barrera clave, el resto del mercado suele tardar dos o tres años en seguir sus pasos. Lo que acabará diferenciando a una determinada plataforma serán las experiencias que ofrezca.

Podemos ver este proceso claramente en la historia del iPhone, el producto más exitoso de la era móvil.

En la actualidad, Apple diseña muchos de los chips y sensores de sus dispositivos, pero sus primeros modelos se componían enteramente de componentes creados por proveedores independientes. La CPU del primer iPhone era de Samsung, la GPU, de Imagination Technologies, varios sensores de imagen eran de Micron Technologies, el cristal de la pantalla táctil era de Corning, etcétera. Las innovaciones de Apple fueron menos tangibles: cómo se juntaron estos componentes, cuándo y por qué.

Lo más obvio es que Apple apostó por la pantalla táctil, omitiendo por completo el teclado físico. Esta decisión fue ampliamente ridiculizada en su momento, especialmente por los líderes del mercado, Microsoft y BlackBerry. Apple también optó por centrarse en los consumidores, en lugar de dirigirse a las grandes empresas y a los pequeños y medianos negocios, que representaron la mayor parte de las ventas de smartphones desde mediados de los años noventa hasta finales de los 2000. Más radical aún fue el precio del iPhone: entre 500 y 600 dólares, frente a los 250 o 350 dólares de los smartphones de la competencia, como la BlackBerry (que a menudo también eran gratuitas para el usuario final, ya que las proporcionaba la empresa). El cofundador y CEO de Apple, Steve Jobs, creía que su dispositivo de 500 dólares ofrecía un valor superior —más de lo que podría ofrecer un dispositivo de 200 o 300 dólares—, incluso aunque este último fuera gratuito.

La apuesta de Jobs por las pantallas táctiles, el mercado objetivo y el precio resultó ser correcta. También le ayudaron las opciones de la interfaz, que a menudo parecían contradictorias, pero que manejaban perfectamente la tensión entre la complejidad y la simplicidad. Un buen caso de estudio es el «botón de inicio» del iPhone.

Aunque Jobs mostró poco interés por los teclados físicos, decidió colocar un gran «botón de inicio» en la parte frontal del iPhone. El botón es ahora un elemento de diseño familiar, pero fue algo novedoso en su momento. También tuvo un coste importante, pues el botón ocupaba un espacio que podría haberse utilizado para hacer una pantalla más grande, una batería más duradera o un procesador más potente. Sin embargo, Jobs lo vio como una parte esencial de la introducción de los consumidores a las pantallas táctiles y a la informática de bolsillo. A diferencia de lo que ocurre al cerrar un teléfono plegable, el usuario sabía que, independientemente de lo que ocurriera en la pantalla táctil de su iPhone, al pulsar el botón de inicio siempre volvería a la pantalla principal.

En 2011, cuatro años después de lanzar el primer iPhone, Apple añadió una nueva función a su sistema operativo: la multitarea. Antes de ese momento, los usuarios sólo podían manejar unas pocas aplicaciones predeterminadas al mismo tiempo. Era posible escuchar música a través de la aplicación del iPod mientras leía la aplicación de *The New York Times*, pero si el usuario abría también su aplicación de Facebook, la aplicación del *Times* se cerraba. Si el usuario quería volver a un artículo determinado en la aplicación del *Times*, tenía que volver a abrir la aplicación y, a continuación, navegar de nuevo hasta el artículo y llegar a la frase que estaba leyendo. Hacerlo significaba también salir de la aplicación de Facebook. La multitarea permitía a los usuarios «pausar» una aplicación mientras cambiaban a otra, todo ello gestionado por el botón de inicio. Si un usuario pulsaba el botón de inicio, la aplicación se ponía en pausa y volvía a la pantalla de inicio. Si hacía doble clic, la aplicación seguía en pausa y se mostraba una bandeja con todas las aplicaciones en pausa, por la que se podía navegar.

. Los primeros iPhones podrían haber soportado la multitarea. Al fin y al cabo, otros smartphones con CPU similares admitían esta función. Sin embargo, Apple creía que tenía que facilitar a los usuarios la entrada en la era de la informática móvil, y esto significaba centrarse no sólo en la tecnología posible, sino en el momento en que los usuarios estuvieran preparados para ella. Con este fin, no fue hasta 2017, con el lanzamiento del décimo iPhone, cuando Apple se sintió cómoda eliminando el botón físico de inicio y requiriendo a los usuarios que «deslizaran hacia arriba» desde la parte inferior de la pantalla en su lugar.

No hay «una práctica adecuada» dentro de la nueva categoría de dispositivos. De hecho, muchas de las opciones que hoy consideramos obvias fueron en su día controvertidas, no sólo la pantalla táctil del iPhone. Por ejemplo, algunas de las primeras aplicaciones y construcciones de Android utilizaban el concepto de Apple de «pellizcar para hacer *zoom*», pero consideraban que era al revés: si acercas los dedos juntos, ¿no debería acercarse lo que se mira, no alejarse? Es casi imposible imaginar esta lógica hoy en día, pero eso se debe en parte a que hemos sido entrenados durante quince años para pensar que lo contrario es natural. La función «deslizar para desbloquear» de Apple se consideró tan novedosa que la empresa obtuvo una patente por ella, y finalmente ganó más de 120 millones de dólares después de que un tribunal de apelación de Estados Unidos determinara que Samsung había violado esta patente, entre otras que también eran propiedad de Apple. Incluso el modelo de tienda de aplicaciones provocó controversia. El líder de los smartphones, BlackBerry, no lanzó su tienda de aplicaciones hasta 2010, dos años después de Apple y un año después de su famosa campaña «Hay una aplicación para eso». Es más, que BlackBerry se centrase tanto en el mercado empresarial (y por tanto en la seguridad) llevó a políticas tan estrictas, como la necesidad de documentos notariales sólo para acceder al kit de desarrollo de aplicaciones de BlackBerry, que muchos desarrolladores ni siquiera se plantearon la plataforma.

Ya podemos observar ecos de la «guerra de los smartphones» en la carrera de la RV y la RA. Como hemos visto, las gafas de realidad aumentada de Snap cuestan menos de 500 dólares y se dirigen a los consumidores, mientras que las de Microsoft cuestan 3.000 dólares o más y se centran en las empresas y los profesionales. Google creyó que, en lugar de vender unas gafas de RV de varios cientos o miles de dólares, los consumidores deberían colocar el caro smartphone que ya poseen en un «visor» que cuesta menos de 100 dólares. Las gafas de realidad aumentada de Amazon ni siquiera tienen una pantalla digital, y en su lugar hacen hincapié en su asistente Alexa, basado en el audio, y en su moderna forma. Facebook, a diferencia de Microsoft, parece centrarse en la RV antes que en la RA, y Zuckerberg y muchos de sus lugartenientes han reflexionado acerca de la posibilidad de que el *streaming* de juegos en la nube sea la única forma de que un usuario de RV participe en una simulación de alta simultaneidad y con gran riqueza de recursos. Zuckerberg también ha dicho que, como empresa centrada en la sociedad, cree que los dispositivos de realidad aumentada de Facebook probablemente pongan más énfasis en las cámaras, los sensores y las capacidades de seguimiento facial y ocular en comparación con sus competidores, que podrían centrarse en minimizar el tamaño de un dispositivo o maximizar su estética. Sin embargo, nadie sabe cuál es el equilibrio exacto entre, por ejemplo, el perfil del dispositivo y la funcionalidad, o el precio y la funcionalidad. Para aprovechar el descontento de los desarrolladores con el modelo de tienda de aplicaciones cerradas de Apple y Google (un tema que analizaré con más detalle en el próximo capítulo), Zuckerberg ha prometido mantener Oculus «abierto», permitiendo a los desarrolladores distribuir directamente sus aplicaciones a los usuarios y que éstos puedan instalar tiendas de aplicaciones ajenas a Oculus en sus dispositivos. Aunque esto seguramente ayude a atraer a los desarrolladores, produce nuevos riesgos en la privacidad de los usuarios y los datos, especialmente a medida que aumenta el número de cámaras en el dispositivo.

Para la RA y la RV, parece claro que los retos de hardware son mayores que los de los smartphones. Y, al adaptar las interfaces de un espacio táctil 2D a un espacio 3D mayormente intangible, es probable que el diseño de las interfaces también sea más difícil. ¿Qué será el «pellizcar para hacer *zoom*» o «deslizar para desbloquear» de la RA y la RV? ¿De qué son capaces exactamente los usuarios y cuándo?

Más allá de las gafas

Junto a las numerosas inversiones en gafas inmersivas, hay otros muchos intentos de producir un nuevo hardware centrado en el metaverso que complemente nuestros dispositivos informáticos primarios, en lugar de sustituirlos, como algunos imaginan que podrían hacer algún día los dispositivos de RA y RV.

Lo más habitual es que los jugadores se imaginen llevando guantes inteligentes e incluso trajes corporales que puedan proporcionar información física (es decir, «táctil») para simular lo que le ocurre a su avatar en un mundo virtual. Hoy en día existen muchos dispositivos de este tipo, aunque son tan caros y tienen funciones tan limitadas que suelen utilizarse exclusivamente para fines industriales. En concreto, estos dispositivos portátiles utilizan una red de motores y actuadores electroactivos que inflan pequeñas bolsas de aire, aplicando así presión a su propietario o limitando su capacidad de movimiento.

La tecnología de vibración táctil ha avanzado considerablemente desde que Nintendo presentó el Rumble Pak para la Nintendo 64 en 1997. Los botones de los mandos actuales, por ejemplo, pueden programarse con una resistencia específica según el contexto: una escopeta, un rifle de francotirador y una ballesta tendrán una resistencia diferente a la hora de «disparar». La ballesta podría incluso resistirse, el usuario tendría que esforzarse para sujetarla, y percibiría las vibraciones de una cuerda de arco virtual que no existe realmente.

Otra clase de dispositivos de interfaz táctil emiten sonidos ultrasónicos (es decir, ondas de energía mecánica más allá del rango audible para los humanos) desde una red de sistemas microelectromecánicos (conocidos como MEMS), produciendo lo que un usuario podría describir como un «campo de fuerza» en el aire frente a él. El campo de fuerza producido por estos dispositivos, similares a una caja de lata perforada, suele tener menos de 15 o 20 centímetros de alto y ancho, pero su matiz resulta sorprendente. Los participantes en las pruebas afirman ser capaces de percibir todo tipo de cosas, desde un oso de peluche hasta una bola de bolos y la forma de un castillo de arena al desmoronarse, ayudados en parte por el hecho de que las yemas de los dedos contienen más terminaciones nerviosas que casi cualquier otra parte del cuerpo. Los dispositivos MEMS también pueden detectar la interacción del usuario, lo que permite que sus osos de peluche basados en sonido respondan al toque del usuario con el aire, o que el castillo se desmorone si lo tocan.

Los guantes y los trajes corporales también pueden utilizarse para capturar los datos de movimiento del usuario, en lugar de limitarse a transmitir información, lo que permite reproducir el cuerpo y los gestos del usuario en un entorno virtual en tiempo real. Esta información también puede captarse mediante cámaras de seguimiento. Sin embargo, estas cámaras requieren una visión sin obstáculos y una relativa proximidad al usuario, y pueden tener problemas si tienen que seguir a más de un usuario con gran detalle. Muchos usuarios —familias, por ejemplo— querrán tener varias cámaras de seguimiento en sus «habitaciones del metaverso» y podrían añadir algún *wearable* (tecnología vestible) inteligente a sus muñecas o tobillos.

Esta idea puede parecer torpe (¿cómo podría una pulsera o tobillera sustituir a una cámara de alta definición que vigila cada dedo?), pero incluso la tecnología actual es impresionante. Los sensores de un Apple Watch, por ejemplo, pueden distinguir entre un usuario que aprieta o suelta el puño, si pellizca uno o dos dedos con el pulgar, y pueden utilizar estos movimientos para interactuar con el Apple Watch y potencialmente con otros dispositivos. Además, las personas que lleven el reloj pueden utilizar el movimiento de apretar para colocar un cursor en la esfera del reloj, y luego utilizar la orientación de su mano para moverlo. El software implicado, el AssistiveTouch de Apple, funciona con sensores bastante estándar, como un monitor cardíaco, un giroscopio o un acelerómetro.

Otras propuestas prometen capacidades aún mayores. La adquisición más cara de Facebook desde Oculus VR en 2014 fue CTRL-labs, una empresa de interfaz neural que produce brazaletes que registran la actividad eléctrica de los músculos del esqueleto (una técnica llamada electromiografía). Aunque los dispositivos de CTRL-labs se colocan a más de 15 centímetros de la muñeca y aún más lejos de los dedos, el software de CTRL-labs permite reproducir gestos minúsculos dentro de mundos virtuales: desde levantar los dedos para contar, señalar o hacer el gesto de «ven aquí», hasta pellizcos entre distintos grupos de dedos. Es importante destacar que las señales electromiográficas de CTRL-labs pueden ir más allá de la reproducción de apéndices humanos. Una famosa demostración de CTRL-labs consiste en que un usuario —en este caso, un empleado— asigne sus dedos a un robot con forma de cangrejo para hacerlo caminar hacia delante, hacia atrás y de lado a lado flexionando el puño y moviendo los dedos.

Facebook también está planeando su propia línea de relojes inteligentes. Pero, a diferencia de Apple, Facebook no ve el dispositivo como algo secundario o dependiente de un smartphone. En cambio, el reloj de Facebook está pensado para tener su propio plan de datos inalámbricos e incluye dos cámaras, ambas desmontables y destinadas a integrarse en artículos de terceros, como una mochila o un sombrero. Mientras tanto, la quinta mayor adquisición de Google fue la empresa de *wearables* inteligentes Fitbit, que la compañía compró por más de 2.000 millones de dólares a principios de 2021.

Los *wearables* reducirán su tamaño y aumentarán sus prestaciones, y a medida que la tecnología mejore se integrarán en nuestra ropa. Estos avances ayudarán a los usuarios a mejorar sus interacciones con el metaverso y les permitirán interactuar con él en más lugares. Llevar un mando a todas partes no es práctico, y si el objetivo principal de la RA es hacer que la tecnología desaparezca en unas gafas de uso cotidiano, entonces necesitar un mando o un smartphone para utilizarla frustra el propósito.

Algunos creen que el futuro de la informática no es un par de gafas de RA ni un reloj ni otro tipo de *wearable*, sino algo más pequeño. En 2014, sólo un año después de su malogrado lanzamiento de las Google Glass, Google anunció su primer proyecto de lentes de contacto de Google, cuyo objetivo era ayudar a los diabéticos a controlar sus niveles de glucosa. En concreto, este «dispositivo» estaba formado por dos lentes blandas con un chip inalámbrico, una antena inalámbrica más fina que un pelo humano y un sensor de glucosa colocado en medio. Un orificio entre la lente subyacente y los ojos del usuario permitía que el líquido lacrimal llegara al sensor, que mide los niveles de azúcar en sangre. La antena inalámbrica se alimentaba del smartphone del usuario, que debía realizar al menos una lectura por segundo. Google también tenía previsto añadir una pequeña luz LED que pudiera avisar a los usuarios de los picos o descensos de los niveles de azúcar en sangre en tiempo real.

Google interrumpió su programa de lentes inteligentes para la diabetes cuatro años después de su lanzamiento, pero la empresa alegó que la cancelación se debía a la «insuficiente consistencia de nuestras mediciones de correlación entre la glucosa en lágrimas y la concentración de glucosa en sangre», que había sido ampliamente examinada por investigadores de la comunidad médica. En cualquier caso, las solicitudes de patentes demuestran que las principales empresas tecnológicas occidentales, orientales y del Sudeste Asiático siguen invirtiendo en la tecnología de las lentes inteligentes.

Por muy fantasiosas que parezcan estas tecnologías en un mundo en el que las conexiones a internet siguen siendo inestables y la informática escasa, no parecen estar tan cerca como las denominadas interfaces cerebro-ordenador (BCI), que llevan desarrollándose desde la década de 1970 y cada vez atraen mayores inversiones. Muchas de las supuestas soluciones de BCI no son invasivas, como el casco del Profesor X en *X-Men*, o una red de sensores con cables oculta bajo el pelo del usuario. Otras soluciones son parcial o totalmente invasivas, dependiendo de la proximidad de los electrodos al tejido cerebral.

En 2015, Elon Musk fundó Neuralink, de la que sigue siendo CEO, y anunció que la empresa estaba trabajando en un dispositivo «similar a una máquina de coser», que podría implantar sensores de entre cuatro y seis micrómetros de grosor (aproximadamente 0,000099 centímetros, o una décima parte del diámetro de un cabello humano) en el cerebro. En abril de 2021, la empresa publicó un vídeo en el que un mono jugaba al pimpón con un implante inalámbrico Neuralink. Tan sólo tres meses después, Facebook anunció que dejaba de invertir en su propio programa de BCI. En los años anteriores, la empresa había financiado varios proyectos dentro y fuera de la compañía, incluida una prueba en la Universidad de California en San Francisco, que consistía en llevar un casco que disparaba partículas de luz a través del cráneo, para luego medir los niveles de oxigenación de la sangre en grupos de células cerebrales. En un blog sobre el tema se explicaba que «aunque la medición de la oxigenación nunca nos permita descifrar frases imaginadas, ser capaces de reconocer incluso un puñado de comandos imaginados, como "casa", "seleccionar" y "eliminar", proporcionaría formas totalmente nuevas de interactuar con los sistemas de RV actuales y las gafas de RA del futuro».[91] Otra prueba de BCI de Facebook consistió en una malla física de electrodos colocada en la parte superior del cráneo del usuario, que permitió al sujeto escribir a una velocidad de aproximadamente 15 palabras por minuto simplemente a través del pensamiento (la persona media escribe 39 palabras por minuto, dos veces y media más rápido). Facebook informó de que «aunque seguimos creyendo en el potencial a

---

91. Tech@Facebook, «Imagining a New Interface: Hands-Free Communication without Saying a Word», 30 de marzo de 2020, <https://tech.fb.com/imagining-a-new-interface-hands-free-communication-without-saying-a-word/>.

largo plazo de las tecnologías ópticas [de interfaz cerebro-ordenador] en la cabeza, hemos decidido centrar nuestra labor más inmediata en un enfoque de interfaz neuronal diferente que tiene un camino más cercano al mercado para la RA/RV»,[92] y que «un dispositivo óptico de habla silenciosa montado en la cabeza queda todavía lejos. Posiblemente sea un camino más largo de lo que habíamos previsto».[93] Con «enfoque de interfaz neuronal diferente», Facebook probablemente se refería a CTRL-labs, pero parte del problema de la «vía de comercialización» de la BCI es la ética, no la tecnología. ¿Cuánta gente quiere un dispositivo que pueda leer sus pensamientos, y no sólo los relacionados con la tarea que se está realizando? Sobre todo si ese dispositivo es permanente.

El hardware que nos rodea

Además de los dispositivos que sujetamos, llevamos y quizá incluso implantamos como parte de nuestra transición al metaverso, están los dispositivos que proliferarán en todo el mundo que nos rodea.

En 2021, Google presentó el Proyecto Starline, una cabina física diseñada para que las conversaciones de vídeo fueran como estar en la misma habitación que el otro participante. A diferencia de un monitor tradicional o una estación de videoconferencia, las cabinas de Starline están equipadas con una docena de sensores de profundidad y cámaras (que producen siete flujos de vídeo

92. Tech@Facebook, «BCI Milestone: New Research from UCSF with Support from Facebook Shows the Potential of Brain-Computer Interfaces for Restoring Speech Communication», 14 de julio de 2021, <https://tech.fb.com/bci-milestone-new-research-from-ucsf-with-support-from-facebook-shows-the-potential-of-brain-computer-interfaces-for-restoring-speech-communication/>.

93. Regalado, Antonio, «Facebook Is Ditching Plans to Make an Interface that Reads the Brain», *MIT Technology Review*, 14 de julio de 2021, <https://www.technologyreview.com/2021/07/14/1028447/facebook-brain-reading-interface-stops-funding/>.

desde cuatro puntos de vista y tres mapas de profundidad), así como una pantalla de campo de luz multicapa y cuatro altavoces de audio espaciales. Estas características permiten captar a los participantes y luego renderizarlos utilizando datos volumétricos, en lugar de vídeo 2D plano. Durante las pruebas internas, Google descubrió que, en comparación con las videollamadas típicas, los usuarios de Starline se concentraban un 15 por ciento más en sus interlocutores (según los datos de seguimiento ocular), mostraban formas de comunicación no verbales significativamente mayores (por ejemplo, un 40 por ciento más de gestos con las manos, un 25 por ciento más de asentimientos con la cabeza y un 50 por ciento más de movimientos de las cejas) y recordaban un 30 por ciento mejor los detalles de su conversación o reunión.[94] La magia, como siempre, está en el software, pero depende del amplio hardware que se utilice.

El famoso fabricante de cámaras Leica vende ahora cámaras fotogramétricas de 20.000 dólares que tienen hasta 360.000 «puntos de escaneo láser por segundo» y que están diseñadas para fotografiar centros comerciales, edificios y casas enteras con mayor claridad y detalle de lo que una persona media podría ver si estuviera físicamente en el lugar. Por su parte, Quixel, de Epic Games, utiliza cámaras propias para generar «megaescaneos» ambientales que comprenden decenas de miles de millones de triángulos con precisión de píxeles. La empresa de imágenes por satélite Planet Labs, mencionada en el capítulo 7, realiza escaneos diarios de casi toda la Tierra a través de ocho bandas espectrales, lo que permite no sólo obtener imágenes diarias de alta resolución, sino también detalles como el calor, la biomasa y la bruma. Para producir estas imágenes, opera la segunda flota de satélites más grande del mundo,[95] con más de 150, muchos de los

94. Nartker, Andrew, «How We're Testing Project Starline at Google», Google Blog, 30 de noviembre de 2021, <https://blog.google/ technology/research/how-were-testing-project-starline-google/>.

95. Como contrapunto, China tiene menos de 500 satélites, mientras que Rusia tiene menos de 200. Sin embargo, suelen ser mucho más grandes y capaces que los de Planet Labs.

cuales pesan menos de 5 kilogramos y tienen un tamaño inferior a 10 × 10 × 30 centímetros. Cada foto de estos satélites cubre entre 20 y 25 kilómetros cuadrados y se compone de 47 megapíxeles, en los que cada píxel representa 3 × 3 metros. Desde cada uno de estos satélites se envían aproximadamente 1,5 GB de datos por segundo desde una distancia media de 1.000 kilómetros. Will Marshall, CEO y cofundador de Planet Labs, cree que el coste de rendimiento de estos satélites se ha multiplicado por 1.000 desde 2011.[96] Estos dispositivos de escaneo facilitan y abaratan a las empresas la producción de «mundos espejo» o «gemelos digitales» de alta calidad de los espacios físicos, y el uso de escaneos del mundo real para producir mundos de fantasía de mayor calidad y más baratos.

También son importantes las cámaras de seguimiento en tiempo real. Pensemos en los supermercados sin cajeros, sin efectivo y con pago automático de Amazon, Amazon Go. Estas tiendas despliegan decenas de cámaras que rastrean a todos los clientes mediante un escáner facial, así como el seguimiento del movimiento y el análisis de la marcha. El cliente puede coger y dejar lo que quiera, y luego simplemente salir de la tienda, habiendo pagado sólo lo que se ha llevado. En el futuro, este tipo de sistema de seguimiento se utilizará para reproducir a estos usuarios, en tiempo real, como gemelos digitales. Tecnologías como Starline, de Google, podrían permitir al mismo tiempo que los trabajadores estén «presentes» en la tienda (potencialmente desde un «centro de llamadas metaverso» deslocalizado), saltando a través de diferentes pantallas para ayudar al cliente.

Las cámaras de proyección hiperdetalladas también desempeñarán un papel, permitiendo que los objetos, mundos y avatares virtuales se traspasen al mundo real de forma realista. La clave de estas proyecciones son varios sensores que permiten a las cámaras escanear y comprender los paisajes no planos y no perpendiculares sobre los que proyectarán, y alterar su proyección

96. Marshall, Will, «Indexing the Earth», *Colossus*, 15 de noviembre de 2021, <https://www.joincolossus.com/episodes/14029498/ marshall-indexing-the-earth?tab=blocks>.

en consecuencia para que aparezca sin distorsiones para el espectador.

Los tecnólogos llevan mucho tiempo imaginando un futuro de «internet de las cosas» en el que los sensores y los chips inalámbricos sean tan omnipresentes como los aparatos eléctricos, aunque más diversos, lo que nos permitirá iluminar cualquier tipo de experiencia allá donde vayamos. Imaginemos una obra con drones sobrevolando la zona, cada uno de ellos repleto de cámaras, sensores y chips inalámbricos, y con trabajadores debajo de ellos llevando cascos o gafas de realidad aumentada. Esta configuración permitiría al operario de la obra saber en todo momento qué está ocurriendo y dónde exactamente, incluyendo el volumen total de arena en un montículo determinado, el número de viajes necesarios para moverla con máquinas, quién está más cerca de una zona problemática y es más capaz de abordarla, cuándo y con qué impacto. Por supuesto, no todas estas experiencias requieren el metaverso, ni siquiera la simulación virtual. Sin embargo, los seres humanos creen que los entornos 3D y la presentación de datos son mucho más intuitivos: pensemos en la diferencia entre ver una tableta digital con el estado de una obra y ver esa información superpuesta sobre la obra y sus objetos. Cabe destacar que la segunda mayor adquisición de Google (la mayor si excluimos a Motorola, de la que Google se desprendió al cabo de tres años) es la de Nest Labs, que desarrolla y opera dispositivos de sensores inteligentes, por 3.200 millones de dólares en 2014. Ocho meses después de la adquisición, Google gastó otros 555 millones de dólares en adquirir Dropcam, un fabricante de cámaras inteligentes, que luego se integró en Nest Labs.

¿Larga vida al smartphone?

Es divertido imaginar todos los nuevos y brillantes dispositivos que pronto nos permitirán entrar en el metaverso. Pero, al menos en la década de 2020, es probable que la mayoría de los dispositivos de la era del metaverso sean los que ya utilizamos. La mayoría de los expertos, incluido el CEO de Unity Technologies, John Riccitiello, estiman que en 2030 habrá menos de 250 millones de gafas de realidad virtual y realidad aumentada en uso.[97] Por supuesto, apostar por tales prognosis a largo plazo es peligroso. El primer iPhone salió a la venta en 2007, ocho años después del primer smartphone BlackBerry y en un momento en el que la penetración de los smartphones era inferior al 5 por ciento en Estados Unidos. Ocho años después, el iPhone había vendido más de 800 millones de unidades y había impulsado la penetración en Estados Unidos hasta casi el 80 por ciento. Pocos hubieran creído en 2007 que en 2020 dos tercios de la población mundial tendría un smartphone.

Sin embargo, los dispositivos de realidad aumentada y realidad virtual se enfrentan no sólo a importantes obstáculos técnicos, financieros y de experiencia, sino también a la necesidad de hacerse un hueco. Detrás del rápido crecimiento de la cantidad de smartphones hay un par de hechos sencillos: el ordenador personal fue uno de los inventos más importantes de la historia de la humanidad, pero más de treinta años después de su invención, menos de una de cada seis personas en todo el mundo tenía uno. ¿Y los pocos afortunados que lo tenían? Bueno, sus ordenadores eran grandes e inamovibles. Los dispositivos de RA y RV no serán el primer dispositivo informático de una persona, ni siquiera su primer dispositivo portátil. Luchan por ser el tercero, e incluso el cuarto, y durante mucho tiempo también serán de los menos potentes.

La RA y la RV pueden llegar a sustituir a la mayoría de los dispositivos que utilizamos hoy en día. Es poco probable que ese momento esté al llegar. Incluso si el número combinado de gafas de RV y RA (dos tipos de dispositivos muy diferentes) en uso para 2030 supera los mil millones, cuatro veces la previsión mencionada, seguirían llegando a menos de uno de cada seis usuarios de smartphones. Y no pasa nada. En 2022 habrá cientos de millones de personas que pasarán horas a diario dentro de

97. Wingfield, Nick, «Unity CEO Predicts AR-VR Headsets Will Be as Common as Game Consoles by 2030», *The Information*, 21 de junio de 2021.

mundos virtuales renderizados en tiempo real a través de smartphones y tabletas, y estos dispositivos están mejorando rápidamente.

En puntos anteriores repasé las continuas mejoras en las CPU de los smartphones y la potencia de las GPU. Éstos son probablemente los avances más importantes relacionados con el metaverso en estos dispositivos, pero no son ni mucho menos los únicos que merece la pena destacar. Desde 2017, los nuevos modelos de iPhone incluyen sensores infrarrojos que rastrean y reconocen 30.000 puntos de la cara del usuario. Aunque esta funcionalidad es la más utilizada para Face ID, el sistema de autenticación basado en el rostro de Apple también permite a los desarrolladores de apps reproducir la cara de un usuario en tiempo real en un avatar o con aumentos virtuales. Algunos ejemplos son el propio Animoji de Apple, las lentes AR de Snap y la aplicación Live Link Face de Epic Games, basada en Unreal. En los próximos años, muchos operadores de mundos virtuales utilizarán esta capacidad para permitir a los jugadores asignar sus expresiones faciales a sus avatares en el mundo, en vivo y sin requerir ningún dólar en hardware.

Apple también ha liderado el despliegue de escáneres lídar en smartphones y tabletas.[98] Como resultado, ni siquiera la mayoría de los profesionales de la ingeniería ven la necesidad de comprar cámaras específicas de lídar que cuestan de 20.000 a 30.000 dólares, y casi la mitad de los usuarios de smartphones estadounidenses pueden ahora crear y compartir escaneos virtuales de sus casas, oficinas, patios y todo lo que hay en ellos. Esta innovación ha transformado a empresas como Matterport (de la que se habla en el capítulo 7), que ahora produce miles de veces más escaneos al año, y con mucha más diversidad.

Las cámaras de alta resolución y tres lentes del iPhone también permiten a los usuarios crear objetos y modelos virtuales de

98. El lídar determina la distancia y la forma de los objetos midiendo el tiempo que tarda un láser reflejado (es decir, un haz de luz) en volver a un receptor, de forma similar a como los escáneres de radar utilizan las ondas de radio.

alta fidelidad a partir de fotografías, con los activos almacenados en el marco de intercambio Universal Scene Description. Estos objetos pueden luego trasplantarse a otros entornos virtuales —reduciendo así el coste y aumentando la fidelidad de los productos sintéticos— o superponerse a entornos reales con fines artísticos, de diseño y otras experiencias de RA.

Oculus VR, por su parte, utiliza la cámara de alta resolución y multiángulo del iPhone para producir experiencias de realidad mixta. Por ejemplo, un usuario de Oculus que juegue a Beat Sabre[99] puede colocar su iPhone a varios metros de distancia, de modo que pueda verse dentro de un entorno de RV desde su casco de RV, y todo ello desde una perspectiva en tercera persona. Muchos de los nuevos smartphones también incorporan nuevos chips de banda ultraancha (UWB) que emiten hasta mil millones de pulsos de radar por segundo y receptores que procesan la información de retorno. De esta forma, los smartphones pueden crear extensos mapas de radar de la casa y la oficina del usuario, y saber exactamente dónde se encuentra el usuario dentro de estos mapas (u otros como los mapas de calles o edificios de Google), y en relación con otros usuarios y dispositivos. A diferencia del GPS, la UWB ofrece una precisión de unos pocos centímetros. La puerta principal de tu casa puede desbloquearse automáticamente cuando te acercas desde el exterior, pero saber que cuando estás ordenando el zapatero en el interior, la puerta no debería desbloquearse. Gracias a un mapa de radar en directo, podrás navegar por gran parte de tu casa sin necesidad de quitarte las gafas de RV: tu dispositivo te avisará de una posible colisión o te mostrará el posible obstáculo dentro de las gafas para que puedas rodearlo.

Que todo esto sea posible a través de hardware estándar de consumo es impresionante. El papel cada vez más importante de esta funcionalidad en nuestra vida cotidiana justifica que el precio medio de venta del iPhone de Apple haya pasado de unos

---

99. Beat Sabre es como Guitar Hero, aunque las notas no se tocan pulsando un botón en un teclado físico, sino golpeando un botón virtual con un sable de luz virtual.

450 dólares en 2007 a más de 750 dólares en 2021. Dicho de otro modo, los consumidores no han pedido a Apple que utilice el lado izquierdo de la ley de Moore para ofrecer las capacidades de los primeros iPhones, pero a un precio menor. Tampoco han pedido a Apple que utilice el lado derecho de la ley de Moore para mejorar el iPhone del año anterior manteniendo su precio. En cambio, los consumidores quieren más, más de casi todo lo que puede hacer el iPhone.

Algunos creen que el futuro papel del smartphone incluye operar como «proceso perimetral» o «servidor perimetral» del usuario, proporcionando conectividad e informática al mundo que nos rodea. Ya existen versiones de este modelo. Por ejemplo, la mayoría de los Apple Watch que se venden hoy en día carecen de un chip de red celular y se conectan al iPhone de su propietario a través de Bluetooth. Pero esto tiene limitaciones: el Apple Watch no puede hacer una llamada telefónica cuando se aleja demasiado del iPhone al que está conectado, ni reproducir música con los AirPods del usuario, descargar nuevas aplicaciones, recuperar mensajes que no estén almacenados en el reloj, etcétera. Pero a cambio, el dispositivo es mucho más barato, más ligero y consume menos batería, todo ello porque el iPhone del usuario, un dispositivo mucho más potente y con mayor coste de rendimiento, está haciendo la mayor parte del trabajo.

Del mismo modo, el iPhone enviará las complejas consultas de Siri a los servidores de Apple para que las procesen, mientras que muchos usuarios optan por almacenar la mayor parte de sus fotos en la nube en lugar de comprar iPhones con discos duros más grandes, que pueden costar entre 100 y 500 dólares más. Antes he mencionado que muchos creen que las gafas de RV deben duplicar, como mínimo, la resolución de pantalla que ofrecen los dispositivos de gama alta del mercado actual y alcanzar una velocidad de fotogramas entre un 33 y un 50 por ciento mayor (es decir, producir más de dos veces y media el número de píxeles por segundo) si quieren conseguir una adopción generalizada. Y no sólo eso, sino que esto debe ir acompañado de una reducción de costes, de la disminución del perfil del dispositivo y de la minimización del calor. Aunque la tecnología aún no existe en un solo dispositivo, si se conecta a un PC con suficiente potencia a través de Oculus Link, el Oculus Quest 2 puede aumentar de forma fiable su velocidad de fotogramas al tiempo que incrementa las capacidades de renderizado. En enero de 2022, Sony anunció su plataforma PlayStation VR2, que ofrecía 2.000 × 2.040 píxeles por ojo (aproximadamente un 10 por ciento más que el Oculus Quest 2) y una frecuencia de refresco de 90-120 Hz (frente a los 72-120 del OQ2), con un campo de visión de 110° (frente a 90°), además de seguimiento ocular (no disponible). Sin embargo, el PSVR2 requiere que los usuarios posean la consola PlayStation 5 de Sony —que cuesta más que el Oculus Quest 2 más barato, y no incluye las gafas PSVR2— y se conecten físicamente a ella.

Dada la escasez, la importancia y el coste de la informática, tiene sentido centrarse en las capacidades de un solo dispositivo, en lugar de invertir en decenas de otros, especialmente cuando esos dispositivos tienen mayores limitaciones físicas, térmicas y económicas. Un ordenador que se lleva en la muñeca o en la cara simplemente no puede competir con uno que se lleva en el bolsillo. Esta lógica se aplica a algo más que a la informática. Si Facebook quiere que llevemos una banda de CTRL-labs en cada extremidad, ¿por qué cargar cada una con sus propios chips de red celular y wifi, si existen chips Bluetooth más baratos, de menor consumo y más pequeños, y pueden enviar esos datos a un smartphone para que los gestione? Los datos personales pueden ser la consideración más importante. Probablemente no queramos que nuestros datos sean recogidos, almacenados o enviados a una amplia red de dispositivos. En cambio, la mayoría de nosotros preferiría que estos datos se enviaran desde estos dispositivos al que más confianza nos inspira (y que se almacena en nuestra persona), y que ese dispositivo gestionara qué otros dispositivos pueden tener acceso a otras partes de nuestros historiales, información y derechos online.

El hardware como puerta de entrada

Los numerosos dispositivos que se necesitan y se espera que soporten el metaverso pueden agruparse en tres categorías. En primer lugar, los «dispositivos informáticos primarios», que para la mayoría de los consumidores son smartphones, pero que podrán ser de RA o RV inmersiva en algún momento del futuro. En segundo lugar, los «dispositivos informáticos secundarios» o «de apoyo», como un PC o una PlayStation, y probablemente gafas de RA y RV. Estos dispositivos pueden depender o no de un dispositivo principal, o complementarse con él, pero serán utilizados con menos frecuencia que un dispositivo principal y para fines más específicos. Por último, tenemos los dispositivos terciarios, como un smartwatch o una cámara de seguimiento, que enriquecen o amplían la experiencia del metaverso, pero que rara vez lo ejecutarán directamente.

Cada categoría y subcategoría de dispositivos aumentará el tiempo de participación en el metaverso y los ingresos totales, y ofrecerá a los fabricantes la oportunidad de generar una nueva línea de negocio. Sin embargo, la inversión masiva en estos dispositivos —muchos de los cuales están a años de ser viables— tiene motivaciones que van más allá.

El metaverso es una experiencia principalmente intangible: una red persistente de mundos virtuales, datos y sistemas de apoyo. Sin embargo, los dispositivos físicos son la puerta de entrada para acceder y crear estas experiencias. Sin ellos no hay bosque que conocer, oír, oler, tocar o ver. Este hecho proporciona a los fabricantes y operadores de dispositivos un importante poder coercitivo y de atracción. Los fabricantes y operadores determinarán qué GPU y CPU se utilizan, los conjuntos de chips inalámbricos y los estándares desplegados, los sensores incluidos, etcétera. Aunque estas tecnologías intermedias son fundamentales para una experiencia determinada, rara vez interactúan directamente con el desarrollador o el usuario final. En su lugar, se accede a ellas a través de un sistema operativo que gestiona cómo, cuándo y por qué las capacidades son utilizadas por un desarrollador, qué tipo de experiencias pueden ofrecer al usuario y si hay que pagar una comisión al fabricante de dicho dispositivo y en qué medida. En otras palabras, el hardware no se limita a lo que puede ofrecer el metaverso y cuándo, sino que es una lucha por influir en su funcionamiento e, idealmente, por sacar una tajada de la mayor parte posible de su actividad económica. Cuanto más importante sea el dispositivo —y cuantos más dispositivos se conecten a él—, mayor será el control que tendrá la empresa que lo fabrique. Para entender lo que esto significa en la práctica, tenemos que profundizar en los pagos.

Capítulo 10

Medios de pago

El metaverso se concibe como un plano paralelo para el ocio, el trabajo y la existencia humana en general. Así que no debería sorprender que el éxito del metaverso dependa, en parte, de que tenga una economía próspera. Sin embargo, no estamos acostumbrados a pensar en estos términos; si bien la ciencia ficción ha predicho el metaverso, en esas historias sólo se encuentran referencias superficiales a la economía interna de un mundo virtual. Una economía virtual puede parecer extraña, desalentadora e incluso confusa, pero no debería serlo. Con algunas excepciones importantes, la economía del metaverso seguirá las pautas de las del mundo real. La mayoría de los expertos están de acuerdo en muchos de los atributos que producen una economía próspera en el mundo real: competencia rigurosa, un gran número de empresas rentables, confianza en sus «reglas» y en la «justicia», derechos de los consumidores, gasto constante de los consumidores y un ciclo constante de interrupción y reemplazo, entre otros.

Podemos ver estas características en juego en la mayor economía del mundo. Estados Unidos no fue construido por un solo gobierno o corporación, sino por millones de empresas diferentes. Incluso en la era actual de las megacorporaciones y los gigantes tecnológicos, los más de 30 millones de pequeñas y medianas empresas del país emplean a más de la mitad de la población activa y son responsables de la mitad del PIB (ambas cifras excluyen el gasto militar y de defensa). Los cientos de miles de millones de ventas de Amazon corresponden casi exclusivamente a productos fabricados por otras empresas. El iPhone de Apple es uno de los productos más importantes de la historia de la humanidad y, cada año, Apple diseña una parte cada vez mayor de sus componentes suntuosamente integrados.

Sin embargo, la mayoría de sus componentes siguen procediendo de la competencia, y muchos de ellos están en constante guerra con Apple por los precios, al mismo tiempo que suministran a sus competidores. Además, los consumidores compran (y con frecuencia actualizan) este increíble dispositivo para acceder a contenidos, aplicaciones y datos elaborados en gran parte por empresas distintas a Apple.

Apple es un excelente ejemplo del dinamismo de la economía estadounidense. Aunque la empresa fue uno de los primeros líderes en la era de los ordenadores personales de las décadas de 1970 y 1980, pasó apuros durante la de 1990 mientras crecía el ecosistema de Microsoft y proliferaban los servicios de internet. Pero gracias al iPod en 2001, iTunes en 2003, el iPhone en 2007 y la App Store en 2008, Apple se convirtió en la empresa más valiosa del mundo. No es difícil imaginar otro escenario: uno en el que Microsoft, cuyo sistema operativo alimentaba el 95 por ciento de los ordenadores utilizados para gestionar un iPod o ejecutar iTunes, fuera capaz de obstaculizar a su posible competidor para así reforzar sus ofertas de Windows Mobile y Zune. También podríamos imaginar una versión de la Tierra en la que proveedores de internet como AOL, AT&T o Comcast hubieran utilizado su poder sobre la transmisión de datos para controlar los contenidos que podían circular por sus sistemas, cómo y con qué derechos.

La economía estadounidense está respaldada por un elaborado sistema legal que cubre todo lo que se hace o se invierte, lo que se vende y se compra, a quién se contrata y qué tareas realiza, y también lo que se debe. Aunque este sistema es imperfecto, caro de utilizar y a menudo lento, su existencia infunde a todos los participantes en el mercado la fe de que sus acuerdos serán respetados y de que existe un término medio entre la «libre competencia del mercado» y la «justicia» que beneficia a todas las partes. El éxito de Apple, así como el de otros gigantes de internet que nacieron durante la era de los ordenadores personales, como Google y Facebook, está inextricablemente ligado al famoso caso judicial Estados Unidos contra Microsoft Corporation, en el que se determinó que la empresa había monopolizado ilegalmente su sistema operativo mediante el control de las API, los paquetes forzados de software, las licencias restrictivas y otras restricciones técnicas. Otro ejemplo es la «doctrina de la primera venta», que permite a quien compra una copia de una obra protegida por derechos de autor del titular disponer de esa copia como desee. Por eso Blockbuster pudo comprar una cinta de VHS de 25 dólares y alquilarla infinitamente a sus clientes sin tener que pagar derechos de autor al estudio de Hollywood que la había fabricado, y por eso tú tienes derecho a vender tu copia de un libro o a romper y volver a coser una camiseta cuyo diseño tiene derechos de autor.

En este libro he examinado hasta ahora muchas de las innovaciones, convenciones y dispositivos necesarios para lograr un metaverso próspero y consagrado. Pero aún no he abordado uno de los más importantes: las «pasarelas de pago».

Mayores empresas públicas por capitalización bursátil (excluyendo las empresas estatales) en billones de dólares				
31 de marzo de 2002			**1 de enero de 2022**	
1	General Electric	0,372 $	1	Apple	2,913 $
2	Microsoft	0,326 $	2	Microsoft	2,525 $
3	Exxon Mobil	0,300 $	3	Alphabet (Google)	1,922 $
4	Walmart	0,273 $	4	Amazon	1,691 $
5	Citigroup	0,255 $	5	Tesla	1,061 $
6	Pfizer	0,249 $	6	Meta (Facebook)	0,936 $
7	Intel	0,204 $	7	NVIDIA	0,733 $
8	Bp	0,201 $	8	Berkshire Hathaway	0,669 $
9	Johnson & Johnson	0,198 $	9	TSMC	0,623 $
10	Royal Dutch Shell	0,190 $	10	Tencent	0,560 $

Fuentes: «Global 500», Internet Archive Wayback Machine, <https://web.archive.org/web/20080828204144/http://specials.ft.com/spdocs/FT3BNS7BW0D.pdf>; «Largest Companies by Market Cap», <https://companiesmarketcap.com/>.

Dado que la mayoría de las pasarelas de pago son anteriores a la era digital, tendemos a no pensar en ellas como «tecnología». En realidad, son la encarnación de los ecosistemas digitales: una serie compleja de sistemas y estándares, desplegados en una amplia red y en apoyo de billones de dólares de actividad económica, y de forma principalmente automatizada. Suelen ser difíciles de construir y aún más difíciles de desplazar, y también resultan bastante rentables. Visa, MasterCard y Alipay se encuentran entre las 20 empresas públicas más valiosas del mundo, y la mayoría de sus homólogas son de la talla de Google, Apple, Facebook, Amazon y Microsoft, así como grandes conglomerados financieros como JPMorgan Chase y Bank of America, que poseen billones en depósitos y gestionan la transferencia de otros billones en instrumentos financieros cada día.

No es de extrañar que ya exista una lucha por convertirse en la «vía de pago» dominante en el metaverso. Es más, esta lucha es posiblemente el principal campo de batalla del metaverso, y potencialmente también su mayor impedimento. Para desentrañar las pasarelas de pago del metaverso, primero haré un repaso de los principales medios de pago de la era moderna, antes de explicar el papel de los pagos en la actual industria del videojuego y cómo han conformado los medios de pago de la era de la informática móvil. A continuación, hablaré de cómo se están utilizando las vías de pago móviles para controlar las tecnologías emergentes y sofocar la competencia; antes de abordar por qué tantos fundadores, inversores y analistas centrados en el metaverso ven las blockchains y las criptomonedas como la primera vía de pago «nativa digital» y la solución a los problemas que afectan a la economía virtual actual.

Los principales medios de pago en la actualidad

A lo largo del último siglo, el número de medios de pago distintos ha crecido como consecuencia de las nuevas tecnologías de comunicación, el aumento del número de transacciones realizadas a diario, y el hecho de que la mayoría de las compras no se realizan en efectivo. De 2010 a 2021, el porcentaje de transacciones en efectivo en Estados Unidos se redujo de más del 40 por ciento a aproximadamente el 20 por ciento.

Los medios de pago más comunes en Estados Unidos son Fedwire (antes conocida como Federal Reserve Wire Network), CHIPS (Clear House Interbank Payment System), ACH (Automated Clearing House), tarjetas de crédito, PayPal y servicios de pago entre particulares como Venmo. Estas vías tienen diferentes requisitos, méritos y deméritos, que tienen que ver con las comisiones que cobran, el tamaño de la red, la velocidad, la fiabilidad y la flexibilidad. Volveremos a hablar de esto más adelante cuando hable de las blockchains y las criptomonedas, así que es importante recordar estas categorías y los detalles relacionados.

Empecemos por la clásica vía de pago: las transferencias. A mediados de la década de 1910, los Bancos de la Reserva Federal de Estados Unidos comenzaron a mover fondos electrónicamente, estableciendo finalmente un sistema de telecomunicaciones propio que abarcaba cada uno de los 12 Bancos de la Reserva, la Junta de la Reserva Federal y el Tesoro de Estados Unidos. Los primeros sistemas eran telegráficos y utilizaban el código Morse, pero en la década de 1970, Fedwire comenzó a pasarse al télex, luego a las operaciones por ordenador y posteriormente a las redes digitales propias. Las transferencias sólo pueden utilizarse entre bancos (y, por tanto, a través de ellos), por lo que tanto el emisor como el receptor deben tener una cuenta bancaria. Por razones similares, una transferencia sólo puede enviarse en días laborables no festivos y en horario de oficina. Aunque un remitente puede establecer transferencias periódicas (por ejemplo, enviar 5.000 dólares todos los martes), no existe una «solicitud de transferencia» y, por tanto, las transferencias no pueden utilizarse para pagar automáticamente facturas recurrentes. Una vez que el dinero se envía a través de las transferencias, ese envío no se puede revertir. Incluso si esto fuera posible, hay otras limitaciones que desalientan el uso frecuente de las transferencias. Por ejemplo, a menudo se cobran importantes comisiones tanto al remitente (de 25 a 45 dólares) como al destinatario (unos 15 dólares), además de otras comisiones por transferencias que no sean en dólares, transferencias fallidas, confirmaciones (que no siempre son posibles), etcétera. Los propios bancos cobran tan sólo 0,35 y 0,9 dólares por transacción mediante Fedwire. La cuantía de estas tarifas, que son en su mayoría fijas, hace que las transferencias de pequeño valor en dólares sean poco prácticas. Pero para cantidades mayores (los particulares pueden transferir hasta 100.000 dólares), las transferencias son la opción más rentable.

En la década de 1970, los principales bancos estadounidenses también crearon un competidor (y cliente) de Fedwire, llamado CHIPS, en parte para reducir sus costes de transferencia. En particular, esto significó apartarse de la «liquidación en tiempo real» de Fedwire, en la que la transferencia de un remitente sería recibida al momento y estaría disponible instantáneamente para el destinatario. Por el contrario, cada banco retiene las transferencias CHIPS salientes hasta el final del día, momento en el que se agrupan en función del banco receptor, y luego se compensan con todas las transferencias CHIPS entrantes de ese mismo banco. De forma simplificada, CHIPS significa que en lugar de que el banco A envíe al banco B millones de transferencias al día, y el banco B envíe al banco A millones de transferencias al día, esperan hasta el final del día y realizan una única transacción. Con este sistema, ni el remitente de una transferencia ni su destinatario tienen acceso a los fondos de ésta (y hasta un máximo de 23 horas, 59 minutos y 59 segundos). Sólo el banco lo tiene, y cobra intereses sobre gran parte de ellos a lo largo del día. Naturalmente, los bancos suelen optar por el CHIPS para sus transferencias. Debido a las zonas horarias, las protecciones contra el blanqueo de dinero y otras restricciones gubernamentales, las transferencias internacionales suelen tardar de dos a tres días.

Como sabe cualquiera que haya enviado una transferencia, suele ser la forma más compleja y lenta de enviar dinero, ya que se necesita mucha información del destinatario. La irreversibilidad de la transacción, combinada con la falta de confirmación (o el retraso de ésta), significa también que los errores son aún más lentos de corregir. Sin embargo, las transferencias siguen considerándose la forma más segura de enviar dinero, ya que CHIPS está limitado a sólo 47 bancos miembros y no implica ningún intermediario, mientras que el único intermediario de Fedwire es la Reserva Federal de Estados Unidos. En 2021, se enviaron 992 billones de dólares a través de Fedwire en 205 millones de transacciones (una media por transacción de aproximadamente 5 millones de dólares), mientras que CHIPS completó más de 700 billones de dólares en unos 250 millones de transacciones (una media por transacción de 3 millones de dólares).

La ACH es una red electrónica de procesamiento de pagos. La primera ACH surgió en el Reino Unido a finales de la década de 1960. Al igual que las transferencias, los pagos de la ACH sólo pueden realizarse durante el horario laboral y requieren que tanto el remitente como el destinatario tengan una cuenta bancaria.

Estas cuentas bancarias suelen formar parte de la red ACH y, como tal, los pagos ACH se enfrentan a limitaciones geográficas en la mayoría de los casos. Una cuenta bancaria canadiense suele poder hacer un pago ACH a una de Estados Unidos, pero hacer un pago ACH a Vietnam, Rusia o Brasil no suele ser posible, o al menos requiere varios intermediarios, algo que aumenta los costes. Las comisiones asociadas a los pagos ACH se consideran su principal diferenciador. La mayoría de los bancos permiten a los clientes realizar transferencias basadas en la ACH de forma gratuita o, como mucho, por 5 dólares. Las empresas pueden realizar pagos por ACH a proveedores o empleados con comisiones inferiores al 1 por ciento. A diferencia de una transferencia, un pago por ACH también es reversible y permite las solicitudes de pago de los posibles receptores. Estas capacidades, junto con su bajo coste, son la razón por la que esta vía se utiliza normalmente para realizar pagos a proveedores y empleados, y para activar el «pago automático» de facturas de electricidad, teléfono, seguros y demás. Se calcula que en 2021 este sistema procesó en Estados Unidos 70 billones de dólares, con más de 20.000 millones de transacciones (una media de unos 2.500 dólares por transacción).[100]

100. NACHA, «ACH Network Volume Rises 11.2% in First Quarter as Two Records Are Set», nota de prensa, 15 de abril de 2021 <https://www.prnewswire.com/news-releases/ach-network-volume-rises-11-2-in-first-quarter-as-two-records-are-set-301269456.html>.

El principal inconveniente de ACH es su lentitud: las transacciones tardan entre uno y tres días. Esto se debe a que los pagos de ACH no se «compensan» hasta el final del día (algunos bancos realizan unos cuantos lotes al día), momento en el que un banco junta todo lo que debe enviar a otro banco (es decir, todas las ACH) y lo envía en una sola suma a través de Fedwire, CHIPS o un sistema similar. El retraso resultante produce varios problemas más allá de pasar uno o dos días y medio durante los cuales ni el emisor ni el receptor tienen los fondos. Por ejemplo, con la ACH no hay confirmación de una transacción exitosa, sólo se notifica si hay un error. Y ese error tarda varios días en corregirse: el banco receptor no se da cuenta del fallo hasta el segundo día, su informe no se procesa hasta el final del segundo día, y el remitente original recibe la notificación al día siguiente (momento en el que el proceso de tres días vuelve a empezar).

Los sistemas precarios de tarjetas de crédito han existido desde finales del siglo XIX, aunque lo que ahora consideramos «tarjeta de crédito» no surgió hasta la década de 1950. Hoy en día, «pasamos» una tarjeta física (o introducimos los datos de nuestra tarjeta de crédito en una página web), tras lo cual un datáfono o un servidor remoto captura la información de la cuenta y lo envía digitalmente al banco del comerciante, que a su vez lo remite al proveedor de la tarjeta de crédito del cliente, que concede o deniega la transacción. El proceso tarda de uno a tres días, aunque el consumidor, por supuesto, no lo nota, y los comerciantes pagan entre el 1,5 y el 3,5 por ciento de comisión por la transacción. Esta comisión es mucho más alta que la de un pago ACH, pero las tarjetas de crédito permiten realizar una transacción en segundos y sin intercambiar información detallada y personal de la cuenta bancaria. El comprador ni siquiera necesita tener una cuenta bancaria.

Aunque las tarjetas de crédito suelen ser gratuitas para el usuario, la morosidad y el interés pueden suponer rápidamente el pago de más de un 20 por ciento anual sobre las transacciones pertinentes (es probable que pagues la factura de tu tarjeta de crédito a través de ACH). Los operadores de tarjetas de crédito generan un tercio de sus ingresos a través de otros servicios vendidos a los comerciantes y propietarios de tarjetas de crédito, como los seguros, o mediante la venta de datos generados en su red. Al igual que ACH, pero a diferencia de las transferencias, los pagos con tarjeta de crédito pueden anularse, aunque este proceso puede llevar días, suele ser impugnado y sólo está disponible durante unas horas o días después de la transacción (la impugnación puede presentarse mucho más tarde). Al igual que las transferencias, las tarjetas de crédito funcionan en casi todos los mercados del mundo. Y, a diferencia de las transferencias y ACH, los pagos con tarjeta de crédito son compatibles con casi todos los mercados, y las transacciones pueden realizarse en cualquier momento y día. Como sabe cualquiera que tenga una tarjeta de crédito, suele ser la forma menos segura de realizar un pago y, a menudo, la que más fraude sufre. Se calcula que se pagaron 6 billones de dólares con tarjeta de crédito en Estados Unidos en 2021, una media de 90 dólares por transacción en más de 50.000 millones de operaciones.

Por último, están las redes de pago digital (también conocidas como redes entre pares) como PayPal y Venmo. Aunque los usuarios no necesitan cuentas bancarias para abrir una cuenta de PayPal o Venmo, estas cuentas deben ser financiadas con el dinero procedente de un pago ACH (una cuenta bancaria), un pago con tarjeta de crédito o una transferencia de otro usuario. Una vez financiadas, estas plataformas actúan como un banco centralizado utilizado por todas las cuentas; las transferencias entre usuarios son, en realidad, meras reasignaciones de dinero en manos de la propia plataforma. Como resultado, los pagos son instantáneos y pueden realizarse independientemente del día o la hora. Cuando se envía dinero entre amigos y familiares, estas plataformas no suelen cobrar una comisión. Sin embargo, los pagos realizados a las empresas suelen conllevar comisiones de entre el 2 y el 4 por ciento. Y si un usuario quiere trasladar su dinero de la plataforma a su cuenta bancaria, debe pagar normalmente un 1 por ciento (hasta 10 dólares) para que le llegue el mismo día o, de lo contrario, esperar de dos a tres días (durante los cuales la plataforma obtiene rendimiento de ese dinero). Por último, estas redes suelen estar limitadas geográficamente (Venmo sólo funciona en Estados Unidos, por ejemplo) y no admiten pagos entre pares fuera de sus redes (es decir, un usuario de PayPal no puede enviar fondos a un monedero de Venmo, lo que significa que debe dirigirlos a través de varias cuentas o carriles intermediarios). En 2021, se calcula que PayPal, Venmo y la aplicación Cash de Square procesaron 2 billones de dólares en todo el mundo, con una media de aproximadamente 65 dólares por transacción en más de 30.000 millones de operaciones.

En resumen, los distintos medios de pago de Estados Unidos tienden a variar en términos de seguridad, tarifas y velocidad. Ninguna vía de pago es perfecta, pero más allá de sus atributos técnicos, lo importante es que compiten entre sí, incluso dentro de cada categoría. Hay múltiples medios de pago, múltiples redes de tarjetas de crédito y múltiples procesadores y plataformas de pago digitales. Cada una de ellas compite en función de sus ventajas e inconvenientes, e incluso dentro de una misma categoría existen diversos modelos de tarifas. El operador de tarjetas de crédito American Express, por ejemplo, cobra mucho más que Visa, pero ofrece a los consumidores puntos y ventajas más lucrativas, y a los comerciantes una clientela con mayores ingresos. Si un usuario decide que no quiere una tarjeta de crédito, o un comerciante se niega a aceptar Amex, tienen múltiples alternativas disponibles. Y, de nuevo, también pueden realizar algunas transferencias gratuitas si están dispuestos a prestar su dinero a una determinada red de pago digital durante dos o tres días.

El estándar del 30 por ciento

Podríamos suponer que el mundo virtual tendría «mejores» medios de pago que el «mundo real». Al fin y al cabo, su economía se basa principalmente en bienes que sólo existen virtualmente y que se compran a través de transacciones puramente digitales (y, por tanto, de bajo coste marginal), y la mayoría cuestan entre 5 y 100 dólares cada uno. La economía virtual también es grande. En 2021, los consumidores gastaron más de 50.000 millones de dólares en videojuegos sólo digitales (en contraste con los discos físicos), y casi 100.000 millones de dólares más en productos del juego, trajes y vidas extra. Como contrapunto, en 2019 se gastaron 40.000 millones de dólares en la taquilla de cine, el último año antes de la pandemia de la COVID-19, y 30.000 millones en música grabada. Además, el «PIB» del mundo virtual está creciendo rápidamente: se ha quintuplicado, ajustado a la inflación, desde 2005. En teoría, estos hechos deberían traducirse en creatividad, innovación y competencia en los pagos. En la práctica, ha sucedido lo contrario: los medios de pago de la economía virtual actual son más caros, engorrosos y lentos que los del mundo real, y menos competitivos. ¿Por qué? Porque lo que consideramos un medio de pago virtual, como el monedero de PlayStation, el Apple Pay de Apple o los servicios de pago dentro de la app, son en realidad una pila de diferentes medios del «mundo real» y un conjunto forzado de muchos otros servicios.

En 1983, el fabricante de máquinas recreativas Namco se puso en contacto con Nintendo para publicar versiones de sus títulos, como Pac-Man, en su Nintendo Entertainment System (NES). En aquel momento, la NES no estaba pensada para ser plataforma. En su lugar, sólo reproducía títulos hechos por Nintendo. Finalmente, Namco acordó pagar a Nintendo un 10 por ciento de la licencia de todos los títulos que aparecieran para NES (Nintendo tendría derecho de aprobación sobre cada título individual), más otro 20 por ciento para que Nintendo fabricara los cartuchos de Namco. Esta tarifa del 30 por ciento se convirtió en un estándar de la industria, reproducido por empresas como Atari, Sega y PlayStation.[101]

Cuarenta años después, poca gente juega ya a Pac-Man, y los caros cartuchos se han transformado en discos digitales de bajo coste fabricados por los fabricantes de videojuegos y en un ancho de banda aún más barato para las descargas digitales (en las que los costes son asumidos en su mayoría por los consumidores a través de las tarifas de internet y los discos duros de las conso-

101. Mochizuki, Takashi y Vlad Savov, «Epic's Battle with Apple and Google Actually Dates Back to Pac-Man», *Bloomberg*, 19 de agosto de 2020, <https://medium.com/bloomberg-businessweek/epics-battle-with-apple-and-google-actually-dates-back-to-pac-man-cb2f6547bc43>.

las). Sin embargo, la norma del 30 por ciento ha perdurado y se ha extendido a todas las compras dentro del juego, como una vida extra, una mochila digital, un pase prémium, una suscripción, una actualización, etcétera. (Esta tasa también incluye los dos o tres puntos porcentuales que cobra un medio de pago subyacente, como PayPal o Visa.)

Las plataformas de las consolas justifican la tasa más allá de simplemente ganar dinero. Lo más importante es que permiten a los desarrolladores de videojuegos ganar dinero. Por ejemplo, Sony y Microsoft suelen vender sus respectivas consolas PlayStation y Xbox por menos de lo que cuesta fabricarlas, lo que abarata el acceso de los consumidores a potentes GPU y CPU, así como a otro hardware y componentes relacionados que son necesarios para jugar a un juego. Y esta pérdida por unidad se añade a lo que estas plataformas destinan a inversiones en investigación y desarrollo para diseñar sus consolas, a los costes de marketing para convencer a los usuarios de que las compren y a los contenidos exclusivos (es decir, los estudios internos de desarrollo de juegos de Microsoft y Sony) que animan a los usuarios a comprarlas en el momento de su lanzamiento, en lugar de años después. Dado que las nuevas consolas suelen permitir nuevas o mejores capacidades, una adquisición más rápida debería beneficiar tanto a los desarrolladores como a los jugadores.

Las plataformas también desarrollan y mantienen una serie de herramientas y API propias que los desarrolladores necesitan para que sus juegos funcionen en una consola determinada. Las plataformas también gestionan redes y servicios multijugador en línea, como Xbox Live, Nintendo Switch Online y PlayStation Network. Estas inversiones ayudan a los creadores de videojuegos, pero la plataforma tiene que intentar recuperarlas y luego obtener ganancias, de ahí la tasa del 30 por ciento.

Puede que las plataformas de juegos tengan una justificación para una tasa del 30 por ciento, pero eso no significa que la tasa la fije el mercado, ni que se gane completamente. Los consumidores se ven obligados a comprar estas consolas por debajo de su coste; no hay opción de comprar una unidad más cara que tenga un 30 por ciento menos de precio en el software. Y aunque las consolas deben atraer a los desarrolladores, no compiten entre sí por ellos. La mayoría de los creadores de videojuegos lanzan sus títulos en tantas plataformas como sea posible para llegar al mayor número de jugadores. Por eso, ninguna de las grandes consolas se beneficia de ofrecer a los desarrolladores mejores condiciones. Una reducción del 15 por ciento por parte de Xbox significaría que una distribuidora de videojuegos ganaría un 21 por ciento más por cada copia que vendiera en Xbox, pero si en consecuencia decidiera no lanzar su título en PlayStation o Nintendo Switch, perdería hasta el 80 por ciento de las ventas totales. Esto podría suponer para Microsoft algunos clientes adicionales, pero no un 400 por ciento más, la cifra necesaria para compensar a la distribuidora. Si la maniobra de Microsoft fuera igualada por PlayStation o Nintendo, las tres plataformas perderían la mitad de sus ingresos por software, a cambio de poco beneficio.

La crítica más aguda a la tasa del 30 por ciento se centra en las herramientas, las API y los servicios patentados de la consola. En muchos casos añaden costes al desarrollador, en lugar de ayudarle. En otros casos producen un valor limitado. Y otras veces sólo sirven para encerrar a clientes y desarrolladores por igual, en detrimento de ambos grupos. Esta realidad puede verse claramente en tres áreas: las colecciones de API, los servicios multijugador y los derechos.

Para que un juego funcione en un dispositivo concreto tiene que saber cómo comunicarse con los numerosos componentes de ese dispositivo, como su GPU o su micrófono. Para facilitar esta comunicación, los sistemas operativos de las consolas, los smartphones y los PC producen «kits de desarrollo de software» (o SDK) que incluyen, entre otras cosas, «colecciones de API». Antes, un desarrollador podía escribir su propio «controlador» para comunicarse con estos componentes, o utilizar alternativas libres y de código abierto. OpenGL es otra colección de API que se utiliza para comunicarse con el mayor número posible de GPU desde el mismo código base. Pero en las consolas y en el iPhone de Apple un desarrollador sólo puede utilizar las creadas por el operador de la plataforma. Fortnite, de Epic Games, debe utilizar la colección de API DirectX de Microsoft para comunicarse con la GPU de Xbox. La versión de Fortnite para PlayStation debe usar GNMX de PlayStation, mientras que iOS de Apple requiere Metal, Nintendo Switch requiere NVM de NVIDIA, etcétera.

Cada plataforma argumenta que sus API patentadas son las que mejor se adaptan a sus sistemas operativos y/o su hardware patentados, y por tanto los desarrolladores pueden hacer mejor software con ellas, lo que se traducirá en usuarios más felices. Esto es cierto en gran medida, aunque la mayoría de los mundos virtuales que operan hoy en día —y especialmente los más populares— están hechos para funcionar en el mayor número de plataformas posibles. Por eso no están bien adaptados a ninguna plataforma. Además, muchos juegos no necesitan toda la potencia de cálculo. Las variaciones en las colecciones de API y la falta de alternativas abiertas son, en parte, la razón por la que los desarrolladores utilizan motores de juego multiplataforma como Unity y Unreal, ya que están diseñados para hablar a cada colección de API. Para ello, algunos desarrolladores prefieren renunciar a un poco de optimización del rendimiento para, en cambio, optimizar su presupuesto usando OpenGL, en lugar de pagar o compartir una parte de los ingresos con Unity o Epic Games.

El reto del multijugador es un poco diferente. A mediados de la década de 2000, Xbox Live de Microsoft gestionaba casi todo el «trabajo» de un juego online: comunicaciones, emparejamiento, servidores, etcétera. Aunque este trabajo era duro y costoso, también aumentaba sustancialmente el compromiso y la felicidad de los jugadores, lo que era bueno para los desarrolladores. Sin embargo, veinte años después, casi todos estos costes los asume y gestiona el creador del juego. La transición refleja la creciente importancia de los servicios en línea y el cambio para apoyar el juego cruzado. La mayoría de los desarrolladores quieren gestionar ahora sus propias «operaciones en vivo», como las actualizaciones de contenido, las competiciones, los análisis del juego y las cuentas de usuario, y no tiene sentido que Xbox gestione los servicios en vivo de un juego que está integrado en PlayStation, Nintendo Switch y otros. Pero los desarrolladores de juegos siguen estando obligados a pagar el 30 por ciento a las plataformas de juego y a trabajar a través de sus sistemas de cuentas online. Además, si la red Xbox Live se desconecta por dificultades técnicas, por ejemplo, los jugadores no podrán acceder al juego online de Call of Duty: Modern Warfare. Y, por supuesto, los propios jugadores ya están pagando una cuota de suscripción mensual a Microsoft por Xbox Live, y ninguna parte de esa cuota va a parar a los desarrolladores cuyos juegos justifican su existencia y son los que más pagan en facturas de servidores.

Los críticos sostienen que los verdaderos objetivos de los servicios de plataforma son crear una distancia adicional entre los desarrolladores y los jugadores, encerrar a ambos grupos en plataformas basadas en hardware y justificar la cuota del 30 por ciento de la plataforma. Así, cuando los jugadores compran una copia digital de FIFA 2017 en la PlayStation Store, esa copia queda atada para siempre a PlayStation. En otras palabras, PlayStation ya ha obtenido sus 20 dólares de una compra de 60 dólares, pero si el jugador quiere jugar al juego en Xbox, tendrá que gastar otros 60 dólares aunque el desarrollador esté dispuesto a dárselo gratis. Cuanto más le pague el usuario al fabricante de la consola, como Sony —reembolsando así lo que éste pierde al fabricarla—, más caro le resultará abandonarla.

Las plataformas adoptan una estrategia similar con el contenido del juego. Si un jugador se pasa Bioshock en PlayStation y luego se cambia a Xbox, no sólo tendrá que volver a comprar el juego, sino que tendrá que superarlo por segunda vez para volver a jugar el último nivel. Además, si PlayStation concediera a los jugadores de Bioshock algún trofeo (por ejemplo, por superar el juego más rápido que el 99 por ciento de los demás jugadores), PlayStation se quedaría con estos premios para siempre. Como ya comenté en el capítulo 8, Sony utilizó su control sobre el juego online para impedir el juego entre plataformas durante más de una década. Esto no ayudó ni a los desarrolladores ni a los jugadores —obviamente, perjudicó a ambos—, pero (teóricamente) ayudó a Sony a retener a los clientes de PlayStation al dificultar la adquisición de clientes por parte de Xbox.

Los medios de pago de los juegos de consola no son discretos, como lo son en el mundo real. Tanto los jugadores como los desarrolladores tienen prohibido utilizar directamente tarjetas de crédito, ACH, transferencias o redes de pago digitales, y la solución de facturación ofrecida por una plataforma va unida a otras muchas cosas: derechos, datos de guardado, multijugador, API, etcétera. No importa cuál sea la tarifa del mercado, ni lo que necesite un desarrollador o un usuario. No hay descuento si el juego de un editor es sólo offline, o si no necesita los servicios multijugador online de una determinada plataforma. Tampoco importa si el juego de una distribuidora se compró en Game-Stop, en lugar de digitalmente en la PlayStation Store —aunque la distribuidora también tuvo que dar a GameStop una parte de la transacción—. La cuota es la cuota. La mejor ilustración de esta realidad es una plataforma que carece de hardware, pero que ha demostrado ser más dominante que Nintendo, Sony o Microsoft.

El auge de Steam

En 2003, el fabricante de videojuegos Valve lanzó la aplicación Steam, exclusiva para PC, que era el iTunes de los videojuegos. En aquella época, la mayoría de los discos duros de los PC sólo podían almacenar unos pocos juegos a la vez, un problema que no hacía más que empeorar a medida que el tamaño del archivo medio del juego crecía más rápido que el espacio de almacenamiento asequible. Encontrar y descargar uno de estos juegos, desinstalarlo para liberar espacio para otros, reinstalarlo cuando el usuario quería volver a él y pasarlo a un nuevo PC era mucho trabajo. Un usuario tenía que gestionar múltiples credenciales, numerosos recibos de tarjetas de crédito, direcciones web, etcétera. Además, muchos juegos multijugador en línea, como el propio Counter-Strike de Valve, estaban pasando a un modelo de «juegos como servicio» en el que el juego se actualizaba o parcheaba con frecuencia. Esto permitía «actualizar» los juegos con nuevas características, armas, modos y apariencias, pero también significaba que los jugadores tenían que actualizar constantemente sus juegos, lo que provocaba mucha frustración. Imagina llegar a casa después de un largo día de trabajo para jugar a

Counter-Strike y descubrir que tienes que esperar una hora para que se descargue e instale una actualización.

Steam solucionó estos problemas creando un «iniciador de juegos» que indexaba y gestionaba de forma centralizada los archivos de instalación de los juegos, pero también se encargaba de los derechos del usuario sobre ellos y descargaba y actualizaba automáticamente los juegos que un jugador tenía instalados en su PC. A cambio, Steam se quedaba con el 30 por ciento de la venta de cada juego a través de su sistema, al igual que las plataformas de juegos de consola.

Con el tiempo, Valve añadió más servicios a Steam, llamados colectivamente Steamworks. Por ejemplo, utilizó el sistema de cuentas de Steam para crear una primera «red social» de amigos y compañeros de equipo a la que podía acceder cualquier juego. Los jugadores ya no tenían que buscar y volver a añadir a sus amigos (o reconstruir sus equipos) cada vez que compraban un nuevo juego. El emparejamiento de Steamworks, por su parte, permitía a los desarrolladores utilizar las redes de jugadores de Steam para crear experiencias multijugador online equilibradas y justas. Steam Voice permitía a los jugadores hablar en tiempo real. Estos servicios se ofrecían sin coste adicional para los desarrolladores y, a diferencia de las plataformas de consola, Steam tampoco cobraba a los propios jugadores por acceder a las redes o servicios online. Más tarde, Valve puso Steamworks a disposición de los juegos que no se vendían en Steam, como una copia física de Call of Duty que se compraba en GameStop o Amazon, construyendo así una red más grande y más rica en servicios de juego en línea. Steamworks era teóricamente gratuito para los desarrolladores, pero también obligaba a cada juego a utilizar el servicio de pago de Steam para todas las transacciones posteriores dentro del juego. De este modo, los desarrolladores pagaban por Steamworks dando a Steam el 30 por ciento de los ingresos.

Steam se considera una de las innovaciones más importantes en la historia de los juegos para PC, y una razón fundamental para que este segmento siga siendo tan grande como el de los juegos en solitario, incluso con su mayor complejidad de uso y su mayor coste de entrada (un PC para juegos decente sigue costando más de 1.000 dólares, mientras que para cumplir con las especificaciones de las consolas más modernas se necesitan 2.000 dólares o más). Pero casi veinte años después, sus innovaciones técnicas en la distribución de juegos, la gestión de derechos y los servicios en línea se han mercantilizado en gran medida. Por eso muchas veces, tanto usuarios como distribuidores evitan estos servicios. Muchos jugadores de PC, por ejemplo, utilizan ahora Discord para el chat de audio, en lugar del chat de voz de Steam. El auge de los juegos multiplataforma también significa que la mayoría de los trofeos y récords de juego son concedidos y gestionados por un fabricante de juegos, en lugar de por Steam.

Sin embargo, nadie ha conseguido competir con la plataforma de Valve ni perturbarla, a pesar de que los PC, a diferencia de las consolas, son ecosistemas abiertos. Un jugador puede descargar todo el software que quiera e incluso comprar un juego directamente a la distribuidora. A su vez, ésta también puede sacar ese título de Steam y seguir llegando a sus clientes. Pero el poder y la centralidad de Steam perduran.

En 2011, el gigante de los videojuegos Electronics Arts lanzó su propia tienda, EA Origin, que vendería exclusivamente las versiones para PC de sus títulos (reduciendo así las tasas de distribución del 30 al 3 por ciento o menos). Ocho años después, EA anunció que volvería a Steam. Activision Blizzard, el estudio que está detrás de éxitos como Warcraft y Call of Duty, lleva veinte años intentando abandonar Steam, pero salvo títulos gratuitos como Call of Duty: Warzone, la mayoría de sus títulos siguen vendiéndose a través de la plataforma. Y Amazon, la mayor plataforma de comercio electrónico del mundo y propietaria de Twitch, el mayor servicio de retransmisión de videojuegos en directo fuera de China, ha tenido dificultades para hacerse con una cuota significativa de juegos de PC, incluso después de añadir juegos y artículos gratuitos a su popular suscripción Prime. Nada de lo anterior ha provocado siquiera un modesto recorte de tarifas o un cambio de política por parte de Valve.

El éxito continuado de Steam se debe en parte a su excelente servicio y a su rico conjunto de funciones. También está protegido por su agrupación forzada de distribución, pagos, servicios en línea, derechos y otras políticas, al igual que las consolas.

Un ejemplo es que cualquier juego comprado a través de la tienda de Steam o que funcione a través de Steamworks requerirá para siempre de Steam para poder jugar. Incluso décadas después de que Steam haya prestado sus servicios a un jugador y a un desarrollador, la plataforma seguirá obteniendo regularmente una parte de los ingresos. La única forma de evitarlo era que la distribuidora retirara su juego de Steam, lo que supondría que los usuarios tendrían que volver a comprar el título a través de otro canal. Dado que Steam no permite a los jugadores exportar los logros conseguidos en la plataforma, si abandonaran Steam perderían todos los premios concedidos a través de Steamworks.

Según algunos informes, Steam también utiliza cláusulas de «naciones más favorecidas» (MFN, Most Favored Nations) para garantizar que, aunque una tienda de la competencia ofrezca tarifas de distribución más bajas, una distribuidora no pueda aprovecharse de ello para rebajar los precios de Steam al consumidor. Pensemos en un juego de 60 dólares vendido por Steam, que se lleva 18 dólares (30 por ciento) de los 60 dólares y deja 42 dólares a la distribuidora. Si un competidor ofreciera un 10 por ciento de tasas, una distribuidora podría vender ese juego por 60 dólares, con lo que obtendría 54 dólares (8 dólares más). Sin embargo, los usuarios no abandonarán una tienda que adoran (y que utilizan todos sus amigos y que contiene décadas de compras de juegos y premios) a cambio de nada. Una tienda competidora tendría que perturbar a Steam repartiendo la reducción de tasas entre desarrolladores y consumidores. El juego podría venderse por 50 dólares, lo que supondría 45 dólares para la distribuidora (3 dólares más) y un ahorro de 10 dólares para el consumidor (este recorte de precios también podría dar lugar a más compras totales). Por desgracia, los MFN de Steam lo hacen imposible. Si una distribuidora reduce su precio en la tienda de un competidor, tendría que hacer lo mismo en Steam. También podría abandonar la tienda, pero perdería sin duda más clientes de los que podría esperar recuperar marginalmente. Lo más importante es que este acuerdo de MFN se aplicaba incluso a la propia tienda de la distribuidora, y no sólo a los intermediarios logísticos como Steam.

El intento más notable de competir con Steam vino de Epic Games, que lanzó la Epic Games Store en 2018 con el propósito explícito de reducir las tarifas de distribución en la industria de los juegos de PC. Para atraer tanto a los desarrolladores como a los usuarios, Epic buscaba ofrecer todos los beneficios de Steam, pero con menos limitaciones y mejores precios.

Los juegos vendidos a través de EGS no requerirían que el jugador siguiera usando EGS mientras quisieran jugar al juego. Los jugadores eran en realidad propietarios de una copia del juego, en lugar de tener derecho a una copia de ese juego dentro de EGS; por lo tanto, los creadores de juegos podían abandonar la tienda en cualquier momento sin abusar de sus clientes. Los jugadores también eran dueños de sus datos dentro del juego. Si querían abandonar la plataforma para ir a la tienda de una distribuidora, o a cualquier otra, podían llevarse sus trofeos y redes de jugadores. EGS ofrecía un 12 por ciento de tasas por la tienda (que se reducía al 7 por ciento si el desarrollador ya utilizaba Unreal, con lo que se aseguraba de que incluso si un desarrollador utilizaba el motor y la tienda de Epic, no pagaría más del 12 por ciento combinado, incluso si se compraban, utilizaban o licenciaban varios productos distintos).

Epic también utilizó su exitoso juego Fortnite, que generaba más ingresos al año que cualquier otro juego de la historia, para atraer a los jugadores a la tienda. Con una actualización, las copias del juego para PC se transformaron en la propia Epic Games Store, con Fortnite como título incluido dentro de ella. Epic también gastó cientos de millones en regalar copias de juegos de éxito como Grand Theft Auto V y Civilization V, y cientos de millones más en ventanas exclusivas para una serie de títulos de PC que aún no se habían lanzado. Sin embargo, debido a los MFN de Steam, no podía ofrecer precios más bajos en títulos no exclusivos.

El 3 de diciembre de 2018 —sólo tres días antes de que Epic lanzara su tienda—, Steam anunció que reduciría su comisión al

25 por ciento después de que el título de una distribuidora supe-rara los 10 millones de dólares en ventas brutas, y al 20 por cien-to después de 50 millones. Ésta fue una victoria temprana para Epic, aunque la compañía señaló que la concesión de Valve be-neficiaba en mayor medida a los desarrolladores de juegos más grandes, es decir, a los pocos gigantes mundiales que tienen más probabilidades de iniciar sus propias tiendas o retirar sus juegos de Steam. No se aplicó a los muchos miles de desarrolla-dores independientes que luchan por mantenerse a flote, y que es-tán muy lejos de obtener grandes beneficios. Valve también se negó a abrir Steamworks. Sin embargo, la medida desplazó cientos de millones en beneficios anuales de Steam a los desarrolladores.

En enero de 2020, Epic había gastado enormes cantidades de dinero y, aun así, no había inspirado ninguna otra concesión de Steam (ni de las plataformas de consola). No obstante, el CEO de Epic, Tim Sweeney, expresó su opinión de que las tiendas de la competencia tendrían que reducir sus tarifas, tuiteando que EGS era una «moneda al aire»: «Cara, las otras tiendas no responden, así que Epic Games Store gana [robando cuota de mercado] y to-dos los desarrolladores ganan. Cruz, los competidores nos igualan, perdemos nuestra ventaja en el reparto de los ingresos, y puede que otras tiendas ganen, pero todos los desarrolladores siguen ga-nando».[102] Puede que la táctica de Sweeney acabe resultando acer-tada, pero en febrero de 2022, las políticas de Valve aún no se ha-bían modificado ni una sola vez. Mientras tanto, EGS acumulaba enormes pérdidas y mostraba escasas pruebas de éxito sostenible entre los jugadores. Las presentaciones de cuentas públicas de Epic mostraban que los ingresos de la plataforma crecían de 680 millones de dólares en 2019[103] a 700 millones de dólares en 2020[104]

102. Sweeney, Tim (@TimSweeneyEpic), Twitter, 11 de enero de 2020, <https://twitter.com/TimSweeneyEpic/status/1216089159946948620>.

103. Epic Games, «Epic Games Store Weekly Free Games in 2020!», 14 de enero de 2022, <https://www.epicgames.com/store/en-US/ news/epic-games-store-weekly-free-games-in-2020>.

104. Epic Games, «Epic Games Store 2020 Year in Review», 28 de enero de 2021, <https://www.epicgames.com/store/en-US/news/ epic-games-store-2020-year-in-review>.

y 840 millones de dólares en 2021.[105] Sin embargo, Fortnite representaba un 64 por ciento de ese gasto, y el título también impulsaba el 70 por ciento del crecimiento de los ingresos de la plataforma durante esos tres años. Con casi 200 millones de usuarios únicos en 2021, de los cuales unos 60 millones estaban activos en diciembre, EGS parece ser popular (Steam tiene unos 120-150 millones de usuarios mensuales). Pero, como sugieren los ingresos de la plataforma, es probable que muchos de estos jugadores utilicen EGS sólo para jugar a Fortnite, ya que sólo se puede acceder a través de EGS en PC. También es probable que muchos jugadores que no son de Fortnite utilicen EGS únicamente por sus juegos gratuitos. Sólo en 2021, Epic lanzó 89 títulos gratuitos, con un valor combinado de 2.120 dólares al por menor (aproximadamente 24 dólares cada uno). Ese año se canjearon más de 765 millones de copias, lo que representa un valor teórico de 18.000 millones de dólares, frente a los 17.500 millones del año anterior y los 4.000 millones de 2019.[106] Aunque estos regalos atrajeron a los jugadores, no estimularon el gasto por parte de los usuarios (probablemente lo perjudicaron). El usuario medio gastó entre 2 y 6 dólares en contenido no relacionado con Fortnite durante todo el año 2021 (y recibió entre 90 y 300 dólares en juegos gratuitos). Los documentos filtrados de Epic Games sugieren que EGS perdió 181 millones de dólares en 2019 y 273 millones en 2020, y que perdería entre 150 y 330 millones en 2021, y que el punto de equilibrio se produciría como muy pronto en 2027.[107]

Se podría argumentar que, al ser los ordenadores personales una plataforma abierta, ninguna tienda puede tener un monopolio y en particular, el distribuidor de juegos online dominante

105. Epic Games, «Epic Games Store 2021 Year in Review», 27 de enero de 2022, <https://www.epicgames.com/store/en-US/news/epic-games-store-2021-year-in-review>.

106. Epic paga a las distribuidoras un precio mayorista muy reducido, y los pagos de 2021 se estiman en unos 500 millones de dólares.

107. Wilde, Tyler, «Epic Will Lose Over $300M on Epic Games Store Exclusives, Is Fine With That», *PC Gamer*, 10 de abril de 2021, <https://www.pcgamer.com/epic-games-store-exclusives-apple-lawsuit/>.

es independiente tanto de Microsoft como de Apple, que gestionan los sistemas operativos Windows y Mac y ofrecen sus propias tiendas. Al mismo tiempo, es revelador que sólo haya una gran tienda rentable, y sus mayores proveedores luchen por existir fuera de ella. Pocos deberían considerar esto como un resultado saludable, especialmente con una tasa del 30 o incluso del 20 por ciento. Esto se debe a que, como siempre, los pagos son un paquete que abarca no sólo el procesamiento de una transacción, sino la existencia en línea de un usuario, su casillero de historias, sus amistades y sus recuerdos, así como la obligación de un desarrollador con sus clientes más antiguos.

De Pac-Man a iPod

Quizá te preguntes qué tienen que ver los cartuchos de Pac-Man, los MFN de Steam y las copias de Call of Duty con el metaverso. Pues bien, la industria de los videojuegos no sólo está formando los principios de diseño creativo y construyendo las tecnologías subyacentes del «internet de nueva generación». También sirve de precedente económico del metaverso.

En 2001, Steve Jobs introdujo la distribución digital en la mayor parte del mundo a través de la tienda de música iTunes. Para su modelo de negocio, optó por imitar la comisión del 30 por ciento que cobraban Nintendo y el resto de la industria de los videojuegos (aunque, a diferencia de las consolas, el propio iPod tenía márgenes brutos superiores al 50 por ciento, no inferiores al 0 por ciento). Siete años más tarde, este 30 por ciento se trasladó a la tienda de aplicaciones del iPhone, y Google no tardó en hacer lo mismo con su sistema operativo Android.

Jobs también decidió, en ese momento, adoptar el modelo de software cerrado que utilizaban las plataformas de consola, pero que no habían utilizado antes sus portátiles y ordenadores Mac, ni su iPod.[108] En iOS, todo el software y los contenidos tendrían que

108. Aunque la mayoría de los usuarios de iPod compraban su música en iTunes, también podían importar canciones compradas en otros servicios, car-

descargarse de la App Store de Apple, y, al igual que con PlayStation, Xbox, Nintendo y Steam, sólo Apple tenía voz sobre qué software podía distribuirse y cómo se facturaría a los usuarios.

Google adoptó un enfoque más permisivo con Android, que técnicamente permitía a los usuarios instalar aplicaciones sin utilizar Google Play Store y sin tiendas de aplicaciones de terceros. Pero esto requería que los usuarios navegasen profundamente en la configuración de su cuenta y diesen permiso a aplicaciones individuales (por ejemplo, Chrome, Facebook o la Epic Games Store para móviles) para instalar «aplicaciones desconocidas», al tiempo que se advertía a los usuarios de que esto hacía que su «teléfono y sus datos personales fuesen más vulnerables a los ataques» y se los obligaba a aceptar «que eres responsable de cualquier daño en tu teléfono o pérdida de datos que pueda resultar de su uso». Aunque Google no se responsabilizaba de ningún daño o pérdida de datos derivados del uso de las apps distribuidas por su tienda Google Play, los pasos adicionales y las advertencias hacían que, mientras la mayoría de los usuarios de PC descargaban software directamente de su fabricante, como Microsoft Office desde Microsoft.com o Spotify desde Spotify. com, casi nadie lo hacía en Android.

Tuvo que pasar más de una década para que los problemas asociados al modelo de patentes empleado por Apple y, de manera diferente, por Google salieran a la luz en el escenario global. En junio de 2020, la Unión Europea demandó a Apple después de que Spotify y Rakuten, dos empresas de medios de *streaming*, alegaran que Apple utilizaba sus tarifas para beneficiar a sus propios servicios de software (como Apple Music) y asfixiar a sus competidores. Dos meses después, Epic Games demandó tanto a Apple como a Google, alegando que sus tasas y controles del 30 por ciento eran ilegales y contrarios a la competencia. Una semana antes de la demanda, Sweeney había tuiteado: «Apple ha prohibido el metaverso».

---

gadas desde un CD o incluso pirateadas en servicios como Napster. Los usuarios con más conocimientos técnicos podían incluso descargar estas canciones a un iPod sin usar iTunes.

El retraso tuvo varias causas. Una de ellas fue el impacto desigual de las políticas de la tienda de Apple, que cobraba principalmente a las empresas de la «nueva economía» y eximía de tasas a las de la vieja economía. Apple estableció tres grandes categorías de aplicaciones en lo que respecta a las compras dentro de la aplicación. La primera categoría era la de las transacciones realizadas por un producto físico, como la compra de jabón Dove en Amazon o la carga de una tarjeta regalo de Starbucks. En este caso, Apple no se llevaba ninguna comisión e incluso permitía que estas aplicaciones utilizaran directamente medios de pago de terceros, como PayPal o Visa, para completar una transacción. La segunda categoría era la de las llamadas aplicaciones de lectura, que incluían servicios que vinculaban contenidos no transaccionales (por ejemplo, una suscripción ilimitada a Netflix, *The New York Times* o Spotify), o que permiten a un usuario acceder a contenidos que ha comprado previamente, como una película comprada previamente en el sitio web de Amazon que el usuario quiere ahora reproducir en la aplicación Prime Video de Amazon para iOS. La tercera categoría era la de las apps interactivas en las que los usuarios pueden influir en el contenido (en un juego o en una unidad en la nube, por ejemplo) o realizar transacciones individuales de contenido digital (como el alquiler o la compra de una película concreta en la app Prime Video). Estas aplicaciones no tenían más remedio que ofrecer facturación dentro de la aplicación.

Aunque estas aplicaciones interactivas podían ofrecer alternativas de pago basadas en el navegador, como las aplicaciones de lectura, los jugadores podían no haber sido informados aún de estas opciones dentro de la propia aplicación. Por ello, estas alternativas rara vez se utilizaban, si es que se conocían. Piensa en la última vez que utilizaste una aplicación que admitía pagos dentro de la aplicación: ¿te preguntaste alguna vez si el desarrollador de la aplicación ofrecía mejores precios en su tienda? Y si lo hiciera, ¿cuánta tendría que ser la diferencia para que te molestes en registrarte en su cuenta e introducir tu información de pago, en lugar de simplemente hacer clic en «comprar» en la App Store? ¿Un 10 por ciento? ¿Un 15 por ciento? ¿Cómo de grande tendría que ser la compra (ahorrar un 20 por ciento en una vida extra de 0,99 dólares no merece la pena)? Tal vez el 20 por ciento funcionara para la mayoría de las compras, pero entonces un desarrollador sólo se «ahorraría» el 7 por ciento, ya que tendría que cubrir las tasas que cobran PayPal o Visa. Si, en cambio, un juego pudiera obligar al cliente a ir a otro sitio, como Netflix o Spotify, podrían ahorrar un 20 por ciento o incluso un 27 por ciento.

Varios correos electrónicos y documentos del caso judicial de Epic contra Apple revelaron que los modelos de pago por categorías de la App Store se debían principalmente a dónde creía Apple que podía ejercer su influencia. Pero el apalancamiento también se correlacionaba con el lugar donde Apple creía que podía crear valor. El comercio móvil, por supuesto, ha sido fundamental para el crecimiento de la economía mundial durante algún tiempo, pero la mayor parte fue una reasignación del comercio físico. Para mucha gente, el formato del iPad hacía que la lectura de *The New York Times* fuera más atractiva en la tableta que en la versión impresa, pero Apple no propició la industria del periodismo. Los juegos para móviles fueron diferentes. Cuando se lanzó la App Store, la industria del videojuego generaba algo más de 50.000 millones de dólares al año, de los cuales 1.500 millones correspondían a los móviles. En 2021, el móvil era más de la mitad de la industria de 180.000 millones de dólares y representaba el 70 por ciento del crecimiento desde 2008.

La economía de la App Store ejemplifica esta dinámica. Se calcula que en 2020 se gastaron 700.000 millones de dólares en aplicaciones de iOS. Sin embargo, menos del 10 por ciento fue facturado por Apple. De este 10 por ciento, casi el 70 por ciento fue para juegos. Dicho de otro modo, 7 de cada 100 dólares gastados dentro de aplicaciones de iPhone y iPad fueron en juegos, pero 70 de cada 100 dólares recaudados por la App Store fueron en esta categoría. Ya que estos dispositivos no se centran en los juegos, rara vez se compran con este fin, y dado que Apple no ofrece casi ninguno de los servicios en línea de una plataforma de juegos, esta cifra suele sorprender. El juez que supervisa la demanda de Epic Games contra Apple le dijo al CEO de Apple,

Tim Cook: «No le cobras a Wells Fargo, ¿verdad? O al Bank of America. Pero estáis cobrando a los jugadores para subvencionar a Wells Fargo».[109]

Dado que los ingresos de la App Store procedían principalmente de un segmento minúsculo, pero de rápido crecimiento, de la economía mundial, también tardó en convertirse en un gran negocio digno de ser analizado. Irónicamente, incluso Apple parecía dudar de que llegara a serlo. Dos meses después de su lanzamiento, Jobs analizó el naciente negocio con *The Wall Street Journal*. En su informe, el periódico afirmaba que «no era probable que Apple obtuviera muchos beneficios directos del negocio [...]. Jobs apuesta a que las aplicaciones venderán más iPhones y dispositivos iPod touch inalámbricos, aumentando el atractivo de los productos de la misma forma en que la música vendida a través de iTunes de Apple ha hecho que los iPods sean más deseables». Para ello, Jobs declaró al *Journal* que las tarifas del 30 por ciento de Apple estaban destinadas a cubrir las comisiones de las tarjetas de crédito y otros gastos de funcionamiento de la tienda. También dijo que la App Store «va a alcanzar los 500 millones, pronto... Quién sabe, tal vez sea un mercado de mil millones de dólares en algún momento». La App Store superó esta marca de 1.000 millones de dólares en su segundo año, y Apple señaló que ahora funcionaba «un poco por encima del punto de equilibrio».[110]

En 2020, la App Store se había convertido en uno de los mejores negocios del mundo. Con unos ingresos de 73.000 millones de dólares y un margen estimado del 70 por ciento, habría sido lo suficientemente grande como para formar parte de la lista Fortune 15 si se escindiera de su empresa matriz (que es la mayor empresa del mundo por capitalización bursátil, así como la más

109. Robertson, Adi, «Tim Cook Faces Harsh Questions about the App Store from Judge in Fortnite Trial», *The Verge*, 21 de mayo de 2021, <https://www.theverge.com/2021/5/21/22448023/epic-apple-fortnite-antitrust-lawsuit-judge-tim-cook-app-store-questions>.

110. Wingfield, Nick, «IPhone Software Sales Take Off: Apple's Jobs», *The Wall Street Journal*, 11 de agosto de 2008.

244 · El metaverso

rentable en dólares). Y todo ello a pesar de que la App Store fac-
turó menos del 10 por ciento de las transacciones que pasaban
por su sistema, que por sí solas representaban menos del 1 por
ciento de la economía mundial. Si iOS fuera una «plataforma
abierta», estos beneficios probablemente habrían desaparecido,
al menos en parte. Visa y Square ofrecerían comisiones más bajas
dentro de la aplicación, mientras que surgirían tiendas de aplicaciones que ofrecerían servicios comparables a los de Apple pero a
precios más bajos. Pero esto no es posible porque Apple controla
todo el software de su dispositivo y, al igual que las consolas de
juegos, lo mantiene cerrado y agrupado. Y su único gran competidor, Google, está igual de contento con la situación.

Estos problemas no son exclusivos del metaverso, por supuesto, pero sus consecuencias serán profundas, por la misma
razón por la que el juez Gonzalez Rogers se centró en las políticas
de videojuegos de Apple: el mundo entero se está convirtiendo
en un juego. Eso significa que está siendo forzado en el estándar
del 30 por ciento de las principales plataformas.

Tomemos como ejemplo a Netflix. En diciembre de 2018, el
servicio de *streaming* optó por eliminar la facturación dentro de
la aplicación de su app para iOS. Como «aplicación de lectura»,
esto era un derecho de la empresa, y su equipo de planificación
financiera había decidido que, aunque pedir a los usuarios que
se registraran en Netflix.com e introdujeran manualmente su
tarjeta de crédito les costaría algunas suscripciones frente a la
alternativa dentro de la app de un solo clic de Apple, esta pérdida de ingresos era menor que el 30 por ciento que tendría que
enviar a Apple.[111] Pero en noviembre de 2021, Netflix añadió jue-

111. En 2016, Apple ofreció a las apps de suscripción una bajada al 15 por
ciento de la comisión cuando un cliente alcanzaba el segundo año seguido de
suscripción (es decir, el mes 13). Si bien esto parece significativo, ya que la mayoría de las suscripciones esperan retener a los abonados para siempre, lo que significa que el 30 por ciento se aplicaría sólo a una pequeña parte de los clientes,
en realidad era al revés. Netflix, por ejemplo, tiene aproximadamente un 3,5 por
ciento de rotación mensual. Esto significa que el cliente medio es suscriptor durante 28 meses, lo que supondría una media del 21,5 por ciento de comisiones
pagadas a lo largo de su suscripción. Dicho de otro modo, sólo el 62 por ciento de

gos móviles a su plan de suscripción, lo que convirtió a la empresa en una «app interactiva» y la obligó a volver al propio servicio de pago de Apple (o a dejar de ofrecer una app para iOS por completo).

Pero, volviendo al comentario de Sweeney previo a la demanda, ¿por qué, exactamente, el 30 por ciento de Apple «ilegaliza» el metaverso? Hay tres razones fundamentales. En primer lugar, ahoga la inversión en el metaverso y afecta negativamente a sus modelos de negocio. En segundo lugar, perjudica a las mismas empresas que están promoviendo el metaverso hoy en día, es decir, a las plataformas integradas de mundos virtuales. En tercer lugar, el deseo de Apple de proteger estos ingresos impide que muchas de las tecnologías más centradas en el metaverso sigan desarrollándose.

Costes elevados y beneficios desviados

En el «mundo real», el procesamiento de pagos tiene un coste mínimo del 0 por ciento (dinero en efectivo), suele alcanzar un máximo del 2,5 por ciento (compras con tarjeta de crédito estándar) y a veces llega al 5 por ciento (en el caso de transacciones de bajo valor en dólares con altas comisiones mínimas). Estas cifras son bajas debido a la fuerte competencia entre los medios de pago (transferencia frente a ACH, por ejemplo) y dentro de ellos (Visa frente a MasterCard y American Express).

Pero en el «metaverso», todo cuesta un 30 por ciento. Es cierto que Apple y Android ofrecen algo más que el procesamiento de pagos: también operan sus tiendas de aplicaciones, hardware, sistemas operativos, paquetes de servicios en vivo, etcéte-

---

los abonados renuevan la suscripción para un segundo año, por ello Apple ve reducidas en un 15 por ciento sus comisiones. Además, la mayoría de los servicios de suscripción no son Netflix. La media del sector en el vídeo online por suscripción es de aproximadamente el 6 por ciento, o una media de 17 meses de servicio por abonado, menos de 48 de cada 100 inscripciones llegan a un segundo año.

ra. Pero todas estas capacidades están forzosamente agrupadas y, por tanto, no están expuestas a la competencia directa. Muchos medios de pago también son paquetes. Por ejemplo, American Express proporciona a los consumidores acceso al crédito, así como a sus redes de pago, ventajas y seguros, mientras que los comerciantes obtienen acceso a una clientela lucrativa, servicio contra el fraude, etcétera. Sin embargo, también están disponibles de forma desagregada y compiten en función de las características específicas de estos paquetes. En los smartphones y las tabletas no existe esa competencia. Todo está agrupado en sólo dos opciones: Android e iOS. Y ninguno de los dos sistemas tiene incentivos para reducir las tarifas.

Esto no significa necesariamente que los paquetes tengan un precio excesivo o sean problemáticos. Pero ciertamente lo parece. El tipo de interés medio anual de los préstamos de tarjetas de crédito sin garantía es del 14-18 por ciento, mientras que la mayoría de los estados de Estados Unidos tienen restricciones a la usura que limitan los tipos al 25 por ciento. Ni siquiera los centros comerciales más caros del mundo cobran alquileres que supongan el 30 por ciento de los ingresos de una empresa, ni los tipos impositivos de las ciudades más gravadas de los países con más impuestos se acercan al 30 por ciento. Si así fuera, todos los consumidores, trabajadores y empresas se irían y todos los organismos fiscales sufrirían las consecuencias. Pero en la economía digital, sólo hay dos «países» y ambos están contentos con su «PIB».

Además, los márgenes de beneficio medio de las pequeñas y medianas empresas en Estados Unidos están entre el 10 y el 15 por ciento. En otras palabras, Apple y Google recaudan más en beneficios por la creación de un nuevo negocio o venta digital que quienes invirtieron (y asumieron el riesgo) para hacerlo. Es difícil argumentar que éste es un resultado saludable para cualquier economía. Visto de otra manera, reducir las comisiones de estas plataformas del 30 al 15 por ciento duplicaría con creces los beneficios de los desarrolladores independientes, y gran parte de ese dinero se reinvertiría en sus productos. Muchos, si no la mayoría, estarían de acuerdo en que esto es probablemente mejor que canalizar más dinero a dos de las empresas más ricas del planeta.

El actual dominio de Apple y Google también da lugar a incentivos económicos poco recomendables. Nike, que ya es pionera en la venta de ropa deportiva virtual en el metaverso, es un buen ejemplo. Si Nike vende zapatillas físicas a través de su aplicación Nike para iOS, Apple cobra una tasa del 0 por ciento. Más tarde, si Nike decide dar a los compradores de sus zapatillas del mundo real los derechos de las copias virtuales («compra unas Air Jordan en la tienda, consigue un par en Fortnite», por ejemplo), Apple seguirá sin cobrar una comisión. Si el propietario «lleva» estas zapatillas virtuales en el mundo real, como podría hacerse a través de un iPhone o de las próximas gafas de realidad aumentada de Apple, Apple sigue sin cobrar nada. Lo mismo ocurre si las zapatillas físicas de Nike tienen chips Bluetooth o NFC que hablan con los dispositivos iOS de Apple. Pero si Nike quisiera vender de forma independiente zapatillas virtuales, pistas de atletismo virtuales o clases de atletismo virtuales a un usuario, a Apple se le debe un 30 por ciento. En teoría, a Apple se le debería una parte si determinara que la principal fuente de valor en un conjunto de zapatillas virtuales y físicas es también virtual. El resultado es un gran caos para una serie de resultados en los que la función del dispositivo, los componentes y las capacidades de Apple es prácticamente la misma.

He aquí otra hipótesis, esta vez centrada en Activision, una empresa que, a diferencia de Nike, da prioridad a lo virtual. Si un usuario de Call of Duty: Mobile compra un par de zapatillas virtuales de 2 dólares para su personaje, Apple cobrará 0,60 dólares. Pero si Activision pide al usuario que vea anuncios por valor de 2 dólares a cambio de un par de zapatillas virtuales gratuitas, Apple recaudará 0 dólares.

En resumen, las consecuencias de las políticas de Apple determinarán cómo se monetiza el metaverso y quién dirige ese proceso. Para Nike, la diferencia del 18 por ciento entre la tasa del 30 por ciento de Apple y el 12 por ciento argumentado por Epic es buena, pero no necesaria. Y si Nike quiere, puede omitirla por completo aprovechando su negocio físico existente. Sin embargo, la mayoría de las nuevas empresas necesitan el margen extra y no pueden confiar en una línea de negocio anterior al metaverso.

Estos problemas no harán más que aumentar en los próximos años. Hoy en día, un profesor de secundaria puede vender clases grabadas directamente a los clientes a través del navegador web, y si decide ofrecer una aplicación para iOS, puede optar por no realizar pagos dentro de la aplicación. Esto se debe a que las aplicaciones centradas en el vídeo son «aplicaciones de lectura». Pero si este tutor quiere añadir experiencias interactivas, como una clase de física que implique la construcción de una máquina de Rube Goldberg simulada, o un curso sobre la reparación de motores de automóviles con una rica inmersión en 3D, están obligados a apoyar los pagos dentro de la app porque ahora son una «aplicación interactiva». Apple o Android reciben comisión porque este tutor eligió invertir en una lección más difícil, y más cara.

Apple podría argumentar que el beneficio añadido de la inmersión justificaría su recorte, pero las matemáticas aquí son complicadas. Un libro de texto no interactivo de 100 dólares vendido fuera de la tienda de aplicaciones tendría que cobrar 143 dólares para compensar la cuota de Apple. El profesor necesitaría un precio aún mayor para recuperar sus inversiones y riesgos adicionales, y por cada dólar adicional que cobrara, Apple se llevaría 30 céntimos. Por 200 dólares, Apple recibe 60 dólares por la nueva lección, mientras que los ingresos del profesor sólo han aumentado en 40 dólares y los alumnos se han gastado el doble de dinero. Es difícil interpretar esto como un resultado social positivo, sobre todo teniendo en cuenta que es poco probable que la experiencia educativa de los estudiantes se haya duplicado en calidad, independientemente de la importancia de las mejoras específicas del 3D.

Márgenes limitados de la plataforma de mundo virtual

Los problemas de la comisión del 30 por ciento en los medios de pago son especialmente graves en las plataformas de mundos virtuales.

Roblox está lleno de usuarios felices y creadores con talento. Sin embargo, pocos de estos creadores están ganando dinero. Aunque Roblox Corporation ingresó casi 2.000 millones de dólares en 2021, sólo 81 desarrolladores (es decir, empresas) obtuvieron más de un millón de dólares ese año, y sólo siete superaron los 10 millones. Esto es malo para todos, realmente, dado que un aumento en los ingresos de los desarrolladores se traduciría en más inversión por su parte y mejores productos para los usuarios, lo que a su vez impulsaría el gasto.

Por desgracia, es difícil que los desarrolladores aumenten sus ingresos porque Roblox sólo les paga el 25 por ciento de cada dólar gastado en sus juegos, activos o artículos. Aunque esto hace que los porcentajes de pago del 70-85 por ciento de Apple parezcan generosos, en realidad es al revés.

Imagina una hipótesis que incluya unos ingresos de 100 dólares de Roblox para iOS. Basándonos en los resultados del año fiscal 2021, 30 dólares van a parar a Apple, 24 se dedican a los costes de infraestructura y seguridad de Roblox, y otros 16 se dedican a los gastos generales. Esto deja un total de 30 dólares de margen bruto antes de impuestos para que Roblox reinvierta en su plataforma. La reinversión abarca tres categorías: investigación y desarrollo (que hace que la plataforma sea mejor para los usuarios y los desarrolladores), adquisición de usuarios (que aumenta los efectos de la red, el valor para el jugador individual y los ingresos de los desarrolladores) y pagos a los desarrolladores (que conducen a la creación de mejores juegos en Roblox). Estas categorías reciben 28 dólares, 5 dólares y 28 dólares (esto supera el objetivo de Roblox del 25 por ciento debido a los incentivos, las garantías mínimas y otros compromisos con los desarrolladores), o 60 dólares en total. Como resultado, Roblox opera actualmente con un margen de aproximadamente –30 por ciento en iOS. (El margen mixto de Roblox es un poco mejor, un –26 por ciento. Esto se debe a que iOS y Android representan entre el 75 y el 80 por ciento de los ingresos totales por plataforma, mientras que la mayor parte del resto procede de plataformas como Windows, que no cobran.)

En resumen, Roblox ha enriquecido el mundo digital y ha convertido a cientos de miles de personas en nuevos creadores digitales. Pero por cada 100 dólares de valor que cobra en un dispositivo móvil, pierde 30 dólares, los desarrolladores recaudan 25 dólares en ingresos netos (es decir, antes de todos sus costes de desarrollo) y Apple recauda unos 30 dólares en puro beneficio, aunque la empresa no pone nada en riesgo. La única manera de que Roblox aumente los ingresos de los desarrolladores hoy en día es profundizar en sus pérdidas o detener su I+D, lo que a su vez perjudicaría tanto a Roblox como a sus desarrolladores a largo plazo. Los márgenes de Roblox deberían mejorar con el tiempo, ya que es probable que ni los gastos generales ni los de ventas y marketing crezcan tan rápido como los ingresos. Sin embargo, estas dos categorías sólo desbloquearán unos pocos puntos porcentuales, lo que no es suficiente para cubrir sus considerables pérdidas ni para aumentar marginalmente las cuotas de ingresos de los desarrolladores. La I+D también debería ofrecer algunas mejoras en los márgenes relacionados con la escala, pero las empresas de rápido crecimiento no deberían alcanzar la rentabilidad a través del apalancamiento operativo de la I+D. La categoría de costes más importante de Roblox, la infraestructura y la seguridad, es poco probable que disminuya, ya que está impulsada principalmente por el uso (que a su vez impulsa los ingresos) y, en todo caso, es probable que la I+D de la empresa permita experiencias que cuestan más de operar por hora (por ejemplo, mundos virtuales con alta simultaneidad o que implican más flujo de datos en la nube). La segunda categoría de costes (y la única que queda) son las tarifas de las tiendas, sobre las que Roblox no tiene control.

Para Apple, las limitaciones de margen de Roblox (y las consecuencias de esas limitaciones en los ingresos de los desarrolladores de Roblox) son una característica, no un error, del sistema de la App Store. Apple no quiere un metaverso compuesto por plataformas de mundos virtuales integradas, sino por muchos mundos virtuales dispares que están interconectados a través de la App Store de Apple y con el uso de los estándares y servicios de Apple. Al privar a estas plataformas de mundos virtuales del flujo de dinero, mientras ofrece a los desarrolladores mucho más, Apple puede empujar al metaverso hacia este resultado.

Volvamos a mi ejemplo anterior de un tutor que quiere producir clases interactivas. El tutor necesita aumentar el precio de sus clases en un 43 por ciento o más sólo para alcanzar el equilibrio debido al recorte del 30 por ciento de Apple. Pero si se pasa a Roblox, su precio tendría que aumentar un 400 por ciento para compensar el 75,5 por ciento recaudado por Roblox y Apple juntos. Mientras que Roblox es mucho más fácil de usar que Unity o Unreal, asume muchos costes adicionales para el tutor (por ejemplo, las cuotas del servidor) y ayuda a la captación de clientes, la dimensión de esta diferencia de precios llevará a la mayoría de los desarrolladores a lanzar aplicaciones independientes usando Unity y Unreal, o a agruparlas en un IVWP específico para la educación. En cualquiera de los dos casos, Apple se convierte en el principal distribuidor de software virtual, y la App Store se encarga de los servicios de detección y facturación.

Frenando las tecnologías disruptivas

Las políticas de Apple y Google limitan el potencial de crecimiento no sólo de las plataformas de mundos virtuales, sino también de internet en general. Para muchos, la red informática mundial es el mejor protometaverso». Aunque carece de varios componentes de mi definición, es una red de sitios web de escala masiva e interoperable, que funciona con estándares comunes y está disponible en casi todos los dispositivos, con cualquier sistema operativo y a través de cualquier navegador web. Por ello, muchos miembros de la comunidad del metaverso creen que la web y el navegador deben ser el punto central de todo el desarrollo del metaverso. Ya se están desarrollando varios estándares abiertos, como OpenXR y WebXR para el renderizado, WebAssembly para los programas ejecutables, Tivoli Cloud para los espacios virtuales persistentes, WebGPU, que aspira a proporcionar «capacidades modernas de computación y gráficos 3D» dentro de un navegador, y otros.

Apple ha argumentado con frecuencia que su plataforma no es cerrada porque proporciona acceso a la «web abierta», es decir, a los sitios web y a las aplicaciones web. Por ello, los desarrolladores no necesitan producir aplicaciones para llegar a sus usuarios de iOS, especialmente si no están de acuerdo con las tarifas o políticas de Apple. Además, la empresa argumenta que la mayoría de los desarrolladores optan por crear aplicaciones a pesar de esta alternativa, lo que demuestra que los servicios agrupados de Apple superan a la totalidad de la web, en lugar de ser anticompetitivos.

El argumento de Apple no es convincente. Recordemos la historia que destaqué al principio de este libro, sobre lo que Mark Zuckerberg llamó una vez el «mayor error de Facebook». Durante cuatro años, la aplicación iOS de la compañía era en realidad un «cliente ligero» que ejecutaba HTML. Es decir, su aplicación tenía muy poco código y, en su mayor parte, se limitaba a cargar varias páginas web de Facebook. Un mes después de cambiar a una aplicación «reconstruida desde cero» con código nativo, los usuarios duplicaron el número de publicaciones en Facebook.

Cuando una aplicación se escribe de forma nativa para un determinado dispositivo, la programación se configura específicamente para los procesadores, componentes y demás elementos de ese dispositivo. Como resultado, la aplicación tiene un rendimiento más eficiente, optimizado y consistente. Las páginas y aplicaciones web no pueden acceder directamente a los controladores nativos. En su lugar, deben hablar con los componentes de un dispositivo a través de una especie de «traductor» y con un código más genérico (y a menudo más voluminoso). Esto lleva al resultado opuesto al de las aplicaciones nativas: ineficacia, suboptimización y un rendimiento menos fiable (como los cuelgues).

Pero por mucho que los consumidores prefieran las aplicaciones nativas para todo, desde Facebook hasta *The New York*

Times y Netflix, son esenciales para los entornos 2D y 3D detallados y renderizados en tiempo real. Estas experiencias son intensivas desde el punto de vista informático, mucho más que renderizar una foto, cargar un artículo de texto o reproducir un archivo de vídeo. Las experiencias web excluyen en gran medida los juegos sofisticados como los de Roblox, Fortnite y Legend of Zelda. Ésta es una de las razones por las que Apple ha podido imponer unas normas de facturación dentro de la aplicación tan estrictas en las categorías de juegos.

Es más, se debe acceder a la web a través de un navegador web, que es una aplicación. Y Apple utiliza el control de su App Store para impedir que haya navegadores de la competencia en sus dispositivos iOS. Esto quizá te sorprenda si usas habitualmente Chrome en tu iPhone o iPad. Sin embargo, éstos son en realidad la «versión del sistema iOS de WebKit [Safari de Apple] envuelta en la propia interfaz de usuario del navegador de Google», según el experto de Apple John Gruber, y la aplicación de Chrome para iOS [no puede] «utilizar los motores de renderizado o JavaScript de Chrome».[112] Lo que consideramos como Chrome en iOS es simplemente una variante del propio navegador Safari de Apple, pero que se conecta al sistema de cuentas de Google.[113]

Dado que Safari es la base de todos los navegadores de iOS, las decisiones técnicas de Apple para su navegador definen lo que la llamada «web abierta» puede y no puede ofrecer a los desarrolladores y usuarios. Los críticos sostienen que Apple utiliza su posición para dirigir tanto a los desarrolladores como a los usuarios hacia las aplicaciones nativas, donde la empresa cobra una comisión.

El mejor caso de estudio en este sentido es la tibia adopción por parte de Safari de WebGL, una API de JavaScript diseñada

112. Gruber, John, «Google Announces Chrome for iPhone and iPad, Available Today», *Daring Fireball*, 28 de junio de 2021, <https://daringfireball.net/linked/2012/06/28/chrome-ios>.

113. Apple suele obligar a los navegadores de terceros a utilizar versiones de WebKit más antiguas, y por tanto más lentas y menos capaces que Safari de iOS.

para permitir un renderizado 2D y 3D más complejo vía navegador utilizando procesadores locales. WebGL no aporta al navegador juegos «similares a los de las aplicaciones», pero sí eleva el rendimiento al mismo tiempo que simplifica el proceso de desarrollo.

Sin embargo, el navegador móvil de Apple suele soportar sólo una subselección del conjunto de características de WebGL, y a menudo años después de su lanzamiento. Safari para Mac adoptó WebGL 2.0 18 meses después de su lanzamiento, pero Safari para móviles esperó más de cuatro años para hacerlo.[114] En efecto, las políticas de Apple para iOS reducen el poco margen de maniobra que dejaban los limitados juegos web, empujando así a más desarrolladores y usuarios a su App Store, y evitando un «metaverso» interoperable que, como la red informática mundial, se construyó sobre HTML.

Esta hipótesis se ve respaldada por el enfoque que Apple ha dado a otro método de renderización en tiempo real: la nube. En el capítulo 6, hablé de esta tecnología en detalle; como recordarás, el *streaming* de juegos en la nube implica trasladar gran parte del «trabajo» que normalmente gestiona un dispositivo local (como una consola o una tableta) a un centro de datos remoto. Así, el usuario puede acceder a recursos informáticos que superan con creces los que podría contener un pequeño dispositivo de electrónica de consumo, lo que en teoría es bueno tanto para el usuario como para los desarrolladores.

Sin embargo, no es bueno para aquellos cuyos modelos de negocio se basan en la venta de dichos dispositivos y del software que se ejecuta en ellos. ¿Por qué? Estos dispositivos acaban siendo poco más que una pantalla táctil con una conexión de datos y que se limita a reproducir un archivo de vídeo. Si un iPhone de 2018 y un iPhone de 2022 juegan a Call of Duty de la misma forma —la aplicación más compleja que probablemente se ejecute en el dispositivo—, ¿por qué gastar 1.500 dólares en sustituir el

114. El hecho de que Apple admita ahora WebGL 2.0 es algo que no viene al caso. Los desarrolladores no aguardan años con la esperanza de que un determinado estándar sea soportado y tampoco pueden poner en juego su futuro.

dispositivo? Si ya no es necesario descargar juegos de varios gigabytes, ¿por qué comprar los iPhone de mayor precio (y mayor margen) con gran espacio de almacenamiento?

Los videojuegos en la nube amenazan aún más la relación de Apple con los desarrolladores de aplicaciones móviles. Para lanzar un juego para el iPhone hoy en día, un desarrollador debe ser distribuido por la App Store de Apple y utilizar la colección de API patentadas de Apple, Metal. Pero para lanzar un juego en la nube, un desarrollador podría distribuir a través de casi cualquier aplicación, de Facebook a Google, *The New York Times* o Spotify. Y no sólo eso, sino que el desarrollador podría utilizar las colecciones de API que quisiera, como WebGL o incluso las que él mismo escribiera, además de utilizar las GPU y los sistemas operativos que quisiera, y seguir llegando a todos los dispositivos Apple que funcionaran.

Durante años, Apple ha bloqueado prácticamente cualquier forma de aplicación de juegos en la nube. El Stadia de Google y la Xbox de Microsoft tenían técnicamente permiso para tener una aplicación, pero sólo si no cargaba realmente los juegos. En su lugar, eran efectivamente salas de exhibición, mostrando lo que estos hipotéticos servicios tenían, como una versión de Netflix que tenía miniaturas que no se podían pulsar.

Dado que las transmisiones de juegos en la nube son transmisiones de vídeo y que el navegador Safari admite transmisiones de vídeo, los juegos en la nube seguían siendo técnicamente posibles en los dispositivos iOS (aunque Apple prohibía que estas aplicaciones informaran a los usuarios de este hecho). Pero Safari también impone al navegador Safari numerosas limitaciones esenciales que hacen que los juegos basados en el navegador no sean satisfactorios, ni para los desarrolladores de videojuegos en la nube ni para los basados en WebGL. Por ejemplo, las aplicaciones web no pueden realizar una sincronización de datos en segundo plano, ni conectarse automáticamente a dispositivos Bluetooth, ni enviar notificaciones *push* como una invitación para jugar a un juego. De nuevo, estas limitaciones no afectan realmente a aplicaciones como *The New York Times* o Spotify, pero erosionan gravemente las interactivas.

En un principio, Apple argumentó que el juego en la nube estaba prohibido para proteger a los usuarios. Apple no podría revisar y aprobar todos los títulos y sus actualizaciones, por lo que los usuarios podrían verse perjudicados por contenidos inapropiados, violaciones de la privacidad o una calidad inferior. Pero este argumento es incoherente con otras categorías de aplicaciones y políticas. Netflix y YouTube agrupan miles e incluso miles de millones de vídeos que no fueron revisados por Apple. Además, la política de la App Store de Apple no exigía a los desarrolladores una moderación perfecta, sino simplemente iniciativas y políticas sólidas.

En este sentido, los críticos han afirmado que las políticas de Apple estaban motivadas por el deseo de proteger sus propios negocios de venta de hardware y juegos. El auge del *streaming* de música podría ser un ejemplo de advertencia para Apple. En 2012, iTunes tenía una cuota de mercado de casi el 70 por ciento de los ingresos por música digital en Estados Unidos y operaba con un margen de beneficio bruto de casi el 30 por ciento. Hoy, Apple Music tiene menos de un tercio de la cuota de música en *streaming* y se cree que opera con un margen bruto negativo. Spotify, el líder del mercado, ni siquiera se vende a través de iTunes. Amazon Music Unlimited, que ocupa el tercer lugar, es utilizado casi exclusivamente por los clientes de Prime, y no le reporta a Apple ningún ingreso.

En el verano de 2020, Apple revisó finalmente sus políticas para que servicios como Google Stadia y xCloud de Microsoft pudieran existir en iOS y como aplicaciones. Pero las nuevas normas son complicadas y se las describe como contrarias al consumidor. Por poner un ejemplo llamativo, los servicios de juegos en la nube tendrían que enviar primero cada juego (y su futura actualización) a la App Store para su revisión, y luego mantener una lista separada para el juego en la App Store.

Esta norma tiene varias implicaciones. En primer lugar, Apple controlaría efectivamente los calendarios de publicación de contenidos de estos servicios. En segundo lugar, podría denegar unilateralmente cualquier título (lo que ocurriría sólo después de haber obtenido la licencia, y el servicio no tendría capacidad directa para modificar el juego para que cumpla los requisitos de Apple). En tercer lugar, las reseñas de los usuarios se fragmentarían entre la aplicación del servicio de *streaming* y la App Store. En cuarto lugar, estos servicios de distribución de juegos necesitarían que sus desarrolladores establecieran una relación con la App Store, un servicio de distribución de juegos de la competencia.

Las políticas de Apple también establecían que los suscriptores de Stadia seguirían sin poder jugar a los juegos de Stadia a través de la aplicación de Stadia (que seguiría siendo un catálogo). En su lugar, los usuarios tendrían que descargar una aplicación específica de Stadia para cada juego que quisieran jugar. Esto sería como descargar una aplicación de Netflix de *House of Cards*, una aplicación de Netflix de *Orange Is the New Black* y una aplicación de Netflix de *Bridgerton*, con la aplicación de Netflix en sí misma que serviría sólo como un catálogo/directorio para la gestión de derechos, en lugar de como un servicio de vídeo en *streaming*. Según los correos electrónicos que se cruzaron entre Microsoft y Apple y que fueron filtrados, cada aplicación ocuparía casi 150 megabytes y tendría que actualizarse cada vez que se actualizara la tecnología subyacente de *streaming* en la nube.

Aunque Stadia facturaría al usuario por su suscripción a los juegos, seleccionaría el contenido dentro de esa suscripción y se encargaría de su distribución, Apple distribuiría el juego en la nube (a través de la App Store) y los clientes de iOS accederían al título a través de la pantalla de inicio de iOS (no de la aplicación de Stadia). Las políticas de Apple también crean una inevitable confusión entre los consumidores. Si un juego fuera ofrecido por varios servicios, por ejemplo, la App Store acabaría con varios listados (habría Cyberpunk 2077-Stadia, Cyberpunk 2077-Xbox, Cyberpunk 2077-PlayStation Now, etcétera). Y cada vez que un servicio retirara un título de su servicio (si Stadia retirara Cyberpunk 2077), los usuarios se quedarían con una aplicación vacía en su dispositivo.

Apple también declaró que todos los servicios de *streaming* de juegos tendrían que venderse también a través de la App Store, tratándolos de forma diferente a como Apple trata otros paquetes multimedia, como los de Netflix y Spotify, que tienen sus aplicaciones distribuidas por la App Store, pero pueden (y eligen) no ofrecer la facturación a través de iTunes. Por último, Apple ha dicho que todos los juegos por suscripción deben estar disponibles también como compra a la carta a través de la App Store. Esto, de nuevo, difiere de sus políticas con la música, el vídeo, el audio y los libros. Netflix no necesita (ni hace) que *Stranger Things* esté disponible en iTunes para su compra o alquiler.

Microsoft y Facebook (que también estaba trabajando en su propio servicio de *streaming* de juegos en la nube) corrieron a criticar públicamente la política revisada de Apple. «Esto sigue siendo una mala experiencia para los clientes», dijo Microsoft el día de la actualización de Apple. «Los jugadores quieren saltar directamente a un juego de su catálogo seleccionado dentro de una aplicación al igual que lo hacen con las películas o las canciones, y no verse obligados a descargar más de 100 aplicaciones para jugar a juegos individuales [que se transmiten] desde la nube.» El vicepresidente de juegos de Facebook dijo a *The Verge*: «Hemos llegado a la misma conclusión que otros: las aplicaciones web son la única opción para transmitir videojuegos en la nube en iOS en este momento. Como muchos han señalado, la política de Apple de "permitir" los juegos en la nube en la App Store no permite mucho. La exigencia de Apple de que cada juego en la nube tenga su propia página, pase por una revisión y aparezca en los listados de búsqueda desvirtúa el propósito del juego en la nube. Estas trabas impiden a los jugadores descubrir nuevos juegos, jugar entre dispositivos y acceder a juegos de alta calidad de forma instantánea en las aplicaciones nativas de iOS, incluso para aquellos que no utilizan los dispositivos más modernos y caros».

Bloqueando blockchain

A pesar de todas las restricciones que Apple impone a las experiencias interactivas, sus controles más estrictos se centran en los medios de pago emergentes.

Por ejemplo, el control de Apple sobre su chip NFC. NFC hace referencia a la comunicación de campo cercano, un protocolo que permite a dos dispositivos electrónicos compartir información de forma inalámbrica a corta distancia. Apple prohíbe que todas las aplicaciones de iOS y las experiencias vía navegador utilicen pagos móviles NFC, con la única excepción de Apple Pay. Sólo Apple Pay puede ofrecer pagos rápidos sin contacto, que tardan un segundo o menos en completarse y ni siquiera requieren que el usuario abra su teléfono, y mucho menos que navegue hasta una aplicación o su submenú. Visa, por su parte, tiene que pedir al usuario que haga exactamente eso, y luego hacer que un minorista escanee una versión virtualmente reproducida de una tarjeta física o un código de barras.

Apple afirma que sus políticas pretenden proteger a sus clientes y sus datos. Pero no hay pruebas que sugieran que Visa, Square o Amazon pongan en peligro a los usuarios, y Apple podría introducir fácilmente una política que proporcionara acceso a NFC sólo a las instituciones bancarias reguladas. También podría establecer requisitos de seguridad adicionales, como un límite de 100 dólares o incluso de 5 dólares, para las compras con NFC. Apple sí permite a los desarrolladores de terceros utilizar el chip NFC para otros casos de uso que pueden ser más peligrosos que la compra de una taza de café o un par de vaqueros. Marriott y Ford, por ejemplo, utilizan NFC para desbloquear habitaciones de hotel y puertas de coches. Se podría concluir razonablemente que esto está relacionado con el hecho de que Apple no opera en las industrias hotelera o automovilística. Sin embargo, se estima que se lleva un 0,15 por ciento de cada transacción de Apple Pay, incluso si Apple Pay procesa la transacción real utilizando la tarjeta Visa o MasterCard del cliente.

El problema de Apple Pay puede parecer modesto hoy en día. Dicho esto, y como ya comenté en el capítulo 9, es posible que estemos avanzando hacia un futuro en el que nuestro smartphone no sea sólo un smartphone, sino un superordenador que alimentará los numerosos dispositivos que nos rodean. También es probable que sirva como nuestro puerto de paso al mundo virtual y al físico. El ID de Apple iCloud no sólo se utiliza para acceder a la mayoría de los programas en línea, sino que Apple ha recibido la aprobación de varios estados norteamericanos para operar con versiones digitales de identificaciones emitidas por el estado, como el carné de conducir, que pueden utilizarse para rellenar una solicitud bancaria o subir a un avión. El uso exacto de estos documentos de identidad, los desarrolladores a los que se les facilitan y las condiciones en las que se utilizan podrían ayudar a determinar la naturaleza y el momento del metaverso.

Otro caso de estudio es la postura de Apple sobre las blockchains y las criptomonedas. En el próximo capítulo, entraré en más detalle sobre el funcionamiento de estas tecnologías, lo que podrían ofrecer al metaverso y por qué las políticas de Apple son tan problemáticas si eres un partidario de la blockchain. Pero primero quiero abordar rápidamente cómo ya están en conflicto con las políticas de la App Store y los incentivos de la plataforma. Por ejemplo, ni Apple ni ninguna de las principales plataformas de consolas permiten aplicaciones que se utilicen para la minería de criptomonedas o el procesamiento de datos descentralizados. Apple ha basado esta prohibición en la creencia declarada de que tales aplicaciones «agotan la batería, generan un calor excesivo o ejercen una presión innecesaria sobre los recursos del dispositivo».[115] Los usuarios podrían argumentar con razón que ellos —y no Apple o Sony— tienen derecho a decidir si su batería se agota con demasiada rapidez, a gestionar la salud de su dispositivo y determinar el uso adecuado de los recursos de su dispositivo. En cualquier caso, el efecto neto es que ninguno de estos dispositivos puede participar en la economía de blockchain, ni poner su potencia de cálculo ociosa a disposición de quienes la necesitan (a través de la computación descentralizada).

Además, estas plataformas (con la excepción de Epic Games Store) no permiten juegos que acepten criptomonedas como forma de pago, o que utilicen bienes virtuales basados en criptomonedas (es decir, tokens no fungibles, o NFT). Aunque esto se pre-

115. Rooney, Kate, «Apple: Don't Use Your iPhone to Mine Cryptocurrencies», *CNBC*, 11 de junio de 2018, <https://www.cnbc.com/2018/06/11/dont-even-think-about-trying-to-bitcoin-with-your-iphone.html>.

senta a veces como una protesta contra la energía utilizada para alimentar las blockchains, tales afirmaciones no se sostienen al examinarlas. El sello musical de Sony ha invertido en *start-ups* de NFT y ha creado sus propias NFT, mientras que Azure de Microsoft ofrece certificaciones de blockchain y su brazo corporativo de riesgo ha realizado numerosas inversiones en *start-ups*. El CEO de Apple, Tim Cook, ha admitido que posee criptomonedas y que considera las NFT «interesantes». Es más probable que estas plataformas rechacen los juegos de blockchain porque simplemente no funcionan con sus modelos de ingresos. Permitir que Call of Duty: Mobile se conecte a una cartera de criptodivisas sería como si un usuario conectara el juego directamente a su cuenta bancaria, en lugar de pagar a través de la App Store. Aceptar NFT, por su parte, sería como si un cine permitiera a los clientes llevar sus bolsas de la compra a la película: algunas personas podrían seguir comprando una caja de M&Ms, pero la mayoría no lo haría. Es más, es imposible imaginar cómo una plataforma podría justificar el cobro de una comisión del 30 por ciento por la compra o venta de una NFT de varios miles o millones de dólares, y si se aplicaran tales comisiones, la totalidad del valor de la NFT se consumiría si cambiara de manos suficientes veces.

Los intentos de Apple de apoyar a las criptomonedas incluso mientras protegen los ingresos por juegos de su tienda de aplicaciones han producido más confusión. Apple permite a los usuarios comprar y vender criptodivisas utilizando aplicaciones de comercio como Robinhood o Interactive Brokers, por ejemplo, pero no pueden comprar NFT a través de estas mismas aplicaciones. Lo que hace que esta distinción sea extraña es el hecho de que no hay ninguna distinción técnica entre estas dos compras: la única diferencia es que el bitcoin es un token basado en criptomonedas «fungibles», en el sentido de que cada bitcoin es sustituible por otro, mientras que la compra de una obra de arte NFT es un token no fungible, en el sentido de que no es sustituible por ningún otro token. Las cosas se vuelven más confusas si el derecho a este token no fungible se fracciona en tokens fungibles (piensa en la venta de acciones de una obra de arte). Estas «acciones» pueden comprarse y venderse a través de la aplicación del iPhone. En cualquier caso, las turbias políticas de Apple producen una experiencia que no beneficia ni a los desarrolladores ni a los clientes, y que se asemeja a la que tienen las aplicaciones de *streaming* de juegos en la nube. Las aplicaciones de iOS para mercados de NFT como OpenSea sólo pueden servir de catálogo; los usuarios pueden ver lo que poseen y lo que otros venden, pero para comprar o comerciar ellos mismos deben pasar al navegador web. Además, los únicos juegos basados en blockchain que pueden funcionar en el iPhone son los que utilizan el navegador web. Por eso, casi todos los juegos de blockchain de éxito en 2020 y 2021 se centraban en la colecta (tarjetas deportivas virtuales, obras de arte digitales, etcétera) o se limitaban a simples gráficos 2D y a un juego por turnos (Axie Infinity, por ejemplo, que es una especie de reimaginación del exitoso juego de GameBoy de la década de 1990, Pokémon). No es posible hacer mucho más.

Lo digital primero requiere lo físico

En el centro del problema de los medios de pago virtuales hay un conflicto. La propia idea del metaverso supone que la «próxima plataforma» no se basa en el hardware, ni siquiera en un sistema operativo. En su lugar, se trata de una red persistente de simulaciones virtuales que existen con independencia de un determinado dispositivo o sistema y que, de hecho, son indiferentes respecto a él. La diferencia es la que existe entre una aplicación de *The New York Times* que se ejecuta en el iPhone de un solo usuario y un iPhone utilizado para acceder a un universo vivo de *The New York Times*. Hoy en día hay pruebas de esta transición. Los mundos virtuales más populares, como los de Fortnite, Roblox y Minecraft, están diseñados para funcionar en tantos dispositivos y sistemas operativos como sea posible, y sólo están ligeramente optimizados para alguno en concreto.

Por supuesto, no se puede acceder al metaverso sin hardware. Y todos los fabricantes de hardware forcejean para ser un —si no *el*— portal de pago de esta oportunidad multimillonaria. Para ganar esta lucha, agrupan forzosamente su hardware con varias API y kits de desarrollo de software, tiendas de aplicaciones, soluciones de pago, identidades y gestión de derechos, un proceso que aumenta las tarifas de las tiendas, evita la competencia y perjudica los derechos de los usuarios y desarrolladores individuales. Podemos verlo a través del bloqueo de WebGL, las notificaciones vía navegador, los juegos en la nube, la NFC y las blockchains. Siempre hay justificaciones para una política individual, pero es imposible que el mercado las valide cuando sólo hay dos plataformas de smartphones y sus respectivas pilas están tan ampliamente agrupadas. Incluso los esfuerzos legisladores para introducir más competencia en las ofertas de servicios individuales han acabado por bloquearse. En agosto de 2021 se aprobó en Corea del Sur un proyecto de ley que prohibía a los operadores de tiendas de aplicaciones exigir sus propios sistemas de pago, con el argumento de que tal requisito era monopolizador y perjudicaba tanto a los consumidores como a los desarrolladores. Tres meses después, y antes de que los cambios en la ley entraran en vigor, Google anunció que las aplicaciones que optaran por utilizar un servicio de pago alternativo tendrían que pagar una nueva tasa por utilizar su tienda de aplicaciones. ¿Su precio? Un 4 por ciento menos que la antigua tasa, es decir, casi exactamente el coste de su antigua tasa, menos de las que cobran Visa, Master-Card o PayPal. De este modo, cualquier desarrollador que optara por utilizar otro sistema de pago acabaría ahorrando menos del 1 por ciento. El margen era tan pequeño que cambiar de sistema no tendría sentido y no sería posible reducir el precio para los consumidores. En diciembre de 2021, los legisladores holandeses ordenaron a Apple que permitiera a las aplicaciones de citas utilizar servicios de pago de terceros (los requisitos específicos de la categoría se debían a que el líder de la categoría, Match Group, había presentado una queja ante la Autoridad Holandesa de Consumidores y Mercados). A modo de respuesta, Apple actualizó las políticas de su tienda en los Países Bajos, permitiendo a los desarrolladores publicar (y por tanto mantener) una versión de su aplicación exclusiva para los Países Bajos que admitía pagos alternativos. Sin embargo, esta nueva versión no podría utilizar la propia solución de pagos de Apple, y ésta aplicaría una nueva tasa de transacción del 27 por ciento (es decir, el antiguo 30 por ciento menos el 3 por ciento). Además, la aplicación tendría que mostrar una cláusula de exención de responsabilidad en la que se indicara que no era «compatible con los sistemas de pago privados y seguros de la App Store».[116] Varios legisladores, ejecutivos y analistas argumentaron que la redacción elegida por Apple estaba diseñada para «asustar» a los usuarios[117] y que los desarrolladores tendrían que enviar a Apple un informe mensual en el que se detallaran todas las transacciones realizadas con este sistema, tras lo cual recibirían una factura por las comisiones adeudadas (pagable en un plazo de 45 días).

La centralidad e influencia del hardware ayuda a explicar por qué Facebook, en particular, está tan comprometida con la construcción de sus propios dispositivos de RA y RV, y con la inversión en proyectos dispendiosos como las interfaces cerebro-máquina y los smartwatches con sus propios chips y cámaras inalámbricas. Al ser el único miembro de los grandes gigantes tecnológicos que no tiene un dispositivo y/o un sistema operativo líder, Facebook sabe muy bien que operar únicamente en las plataformas de sus mayores competidores es un impedimento. Su servicio de videojuegos en la nube está bloqueado en todas las grandes plataformas de móviles y consolas. Y cada vez que Facebook vende algo a uno de sus usuarios, recoge tantos ingresos netos como envía a sus propios rivales. Por su parte, la plataforma integrada de mundos virtuales de la compañía, Horizon Worlds, está fundamentalmente limitada por el hecho de que nunca puede ofrecer a un desarrollador una mayor parte de los ingresos que en iOS o Android. El ejemplo más doloroso puede ser el de los cambios en la «Transparencia en el Seguimiento de Aplicaciones» (ATT) de Apple, que se aplicaron en 2021, ca-

116. Sweeney, Tim (@TimSweeneyEpic), Twitter, 4 de febrero, 2022, <https://twitter.com/TimSweeneyEpic/status/1489690359194173450>.

117. Arment, Marco (@MarcoArment), Twitter, 4 de febrero, 2022, <https://twitter.com/marcoarment/status/1489599440667168768>.

torce años después del primer iPhone. En sentido simplificado, la ATT exigía a los desarrolladores de apps que recibieran un permiso explícito de participación por parte de los usuarios para poder acceder a sus datos clave y a los de los dispositivos, al mismo tiempo que se explicaba exactamente qué datos se estaban recopilando y por qué (gran parte de este texto fue escrito por Apple, y el equipo de la App Store de la compañía tendría derechos de ratificación sobre todas las alteraciones). Apple argumentó que los cambios eran en interés de los usuarios, de los que se creía que entre el 75 y el 80 por ciento habían rechazado la solicitud en diciembre de 2021.[118] Otros consideraron que la medida era un esfuerzo deliberado para desviar la atención de los competidores de la empresa centrados en la publicidad, aumentar el propio negocio publicitario de Apple y, al reducir la eficacia de la publicidad, incitar a más desarrolladores a centrar su modelo de negocio en los pagos dentro de la aplicación, en los que Apple cobraba una comisión de entre el 15 y el 30 por ciento. En febrero de 2022, Mark Zuckerberg dijo que el cambio de política de Apple reduciría los ingresos de ese año en 10.000 millones de dólares (más o menos lo que Facebook gastaba en sus inversiones en el metaverso). Algunos informes muestran que el negocio publicitario de Apple era responsable del 17 por ciento de todas las instalaciones de aplicaciones de iOS antes de la implantación de ATT. Seis meses después, tenía casi un 60 por ciento de cuota de mercado.

Para resolver este problema, Facebook necesita hacer algo más que construir sus propios dispositivos de bajo coste, alto rendimiento y ligeros. Necesita que estos dispositivos funcionen independientemente de un iPhone o un Android, es decir, sin aprovechar sus chips de computación o de red, como probablemente hagan Apple y Google. El resultado es que los dispositivos de Facebook serán probablemente más caros, técnicamente limitados y más pesados que los producidos por los gigantes ac-

118. Balasubramanian, Manoj, «App Tracking Transparency Opt-In Rate- Monthly Updates», *Flurry*, diciembre 15 de 2021, <https://www.flurry.com/blog/att-opt-in-rate-monthly-updates/>.

tuales de los smartphones. Quizá por eso Mark Zuckerberg ha dicho que «... el reto tecnológico más difícil de nuestro tiempo puede ser meter un superordenador en la montura de unas gafas de aspecto normal»; sus competidores ya meten la mayor parte de este superordenador en el bolsillo de una persona.

Por razones similares, el modelo más común de disrupción en la era digital —nuevos dispositivos informáticos— puede ser una falsa esperanza. La hegemonía de Windows de Microsoft se rompió con un dispositivo independiente, el teléfono móvil. Pero si nuestras gafas de realidad aumentada y realidad virtual, las lentes inteligentes e incluso las interfaces cerebro-máquina se rigen por estos mismos teléfonos móviles, entonces no puede haber un nuevo rey.

Nuevos medios de pago

En este capítulo he abordado el papel de los medios de pago a la hora de determinar el «coste de los negocios» en la era digital, y cómo están influyendo en el desarrollo técnico, comercial y competitivo del metaverso. Lo que no he abordado directamente es cómo pueden transformar activamente una economía. China ofrece un caso de estudio útil.

Cuando se lanzó WeChat de Tencent en 2011, China era principalmente una sociedad de dinero en efectivo. Pero en pocos años, la aplicación de mensajería lanzó al país a la era de los pagos y servicios digitales. Esto fue consecuencia de muchas de las oportunidades y opciones únicas —y en Occidente, efectivamente imposibles— de WeChat. Por ejemplo, WeChat permitía a los usuarios conectarse directamente a su cuenta bancaria en lugar de requerir una tarjeta de crédito intermediaria o una red de pagos digitales, lo que está prohibido por las principales consolas de juegos y tiendas de aplicaciones para smartphones. Sin intermediarios, y debido a que Tencent quería potenciar su red social de mensajería, WeChat ofrecía minúsculas comisiones por transacción: entre el 0 y el 0,1 por ciento para las transferencias entre pares y menos del 1 por ciento para los pagos a comercios, sin tasas por entrega en tiempo real o confirmaciones de pago. Y como esta capacidad de pago se basaba en estándares comunes (códigos QR) y estaba integrada en una aplicación de mensajería, era fácil de adoptar y utilizar para todos los que tuvieran un smartphone. El éxito de WeChat también ayudó a Tencent a desarrollar la industria nacional de los videojuegos, que de otro modo se habría visto limitada por la falta de tarjetas de crédito en todo el país.

En Occidente, estos sistemas estarían normalmente a merced de los guardianes del hardware. Sin embargo, Tencent creció con tanta fuerza y rapidez en China que incluso Apple se vio obligada a permitir que WeChat operara con su propia tienda de aplicaciones y procesara directamente los pagos dentro de la aplicación, y el iPhone se lanzó en China dos años antes que el servicio de mensajería. En 2021, WeChat procesó unos 500.000 millones de dólares en pagos, con un valor medio de unos pocos dólares cada uno.

Para que surja el metaverso, es probable que los desarrolladores y creadores de Occidente tengan que encontrar formas de sortear a los guardianes. Aquí, por fin, llegamos al motivo de tanto entusiasmo por las blockchains.

Capítulo 11

Blockchains

Algunos expertos creen hoy que la blockchain es estructuralmente necesaria para que el metaverso sea una realidad, mientras que otros consideran que esa afirmación es absurda.

Sigue habiendo mucha confusión sobre la propia tecnología de las blockchains, incluso antes de llegar a su relevancia para el metaverso, así que empecemos con una definición. En pocas palabras, las blockchains son bases de datos gestionadas por una red descentralizada de «validadores». La mayoría de las bases de datos actuales están centralizadas. Un único registro se guarda en un almacén digital, gestionado por una única empresa que rastrea la información. Por ejemplo, JPMorgan Chase gestiona una base de datos que rastrea la cantidad de dinero que tienes en tu cuenta corriente, así como registros detallados de transiciones anteriores que validan cómo se acumuló ese saldo. Por supuesto, JPMorgan tiene muchas copias de seguridad de este registro (y es posible que tú también), y en realidad maneja una red de diferentes bases de datos, pero lo que importa es que estos registros digitales son gestionados y son propiedad de una sola parte: JPMorgan. Este modelo se utiliza para casi toda la información digital y virtual, no sólo para los registros bancarios.

A diferencia de una base de datos centralizada, los registros de blockchain no se encuentran en una única ubicación, ni son gestionados por una sola parte o, en muchos casos, por un grupo identificable de personas o empresas. En su lugar, el «libro de contabilidad» de blockchain se mantiene por consenso en una red de ordenadores autónomos situados en todo el mundo. Cada uno de estos ordenadores, a su vez, compite para validar este libro de contabilidad resolviendo lo que son esencialmente ecuaciones criptográficas que surgen de una transacción individual, y se le paga para ello. Una de las ventajas de este modelo es su relativa incorruptibilidad. Cuanto más grande (es decir, más descentralizada) sea la red, más difícil será sobrescribir o impugnar cualquier dato, ya que la mayoría de la red descentralizada tendría que estar de acuerdo, en lugar de, por ejemplo, una persona de JPMorgan o el propio banco.

La descentralización tiene sus inconvenientes. Por ejemplo, es intrínsecamente más cara y consume más energía que el uso de una base de datos estándar porque muchos ordenadores diferentes están realizando el mismo «trabajo». Por razones similares, muchas transacciones de blockchain tardan decenas de segundos, incluso más, en completarse, ya que la red debe establecer primero el consenso, que puede traducirse en envío de información a través de gran parte del mundo sólo para confirmar una transacción a medio metro de distancia. Y, por supuesto, cuanto más descentralizada esté la red, más difícil será el problema del consenso.

Debido a los problemas anteriores, la mayoría de las experiencias basadas en blockchain almacenan tantos «datos» como pueden en las bases de datos tradicionales, en lugar de «en la cadena». Esto sería como si JPMorgan almacenara el saldo de tu cuenta en un servidor descentralizado, pero tu información de acceso a la cuenta y tu cuenta bancaria las guardara en una base de datos central. Los críticos sostienen que todo lo que no está totalmente descentralizado está, de hecho, totalmente centralizado; en el caso anterior, tus fondos siguen siendo controlados y validados por JPMorgan.

Esto lleva a algunas personas a afirmar que las bases de datos descentralizadas representan un retroceso técnico: son menos eficientes, más lentas y todavía dependientes de sus pares centralizados. Incluso si los datos están totalmente descentralizados, la ventaja parece insignificante; después de todo, pocos se preocupan por que JPMorgan y su base de datos centralizada puedan extraviar los saldos de las cuentas de sus clientes o robarles. Podría decirse que da más miedo pensar que una colección de validadores desconocidos sea lo único que protege nuestra riqueza. Si Nike dijera que eres dueño de una zapatilla virtual, o que la has gestionado, y luego rastreara un registro indicando que la has vendido a otro coleccionista en línea, ¿quién lo discutiría o descontaría su valor porque Nike fue quien registró la transacción? Entonces, ¿por qué una base de datos descentralizada o una arquitectura de servidores se considera el futuro? Ayuda a dejar a un lado la idea de las NFT, las criptodivisas, el miedo al robo de registros y demás. Lo que importa es que las blockchains son medios de pago *programables*. Por ello, muchos las sitúan como el primer medio de pago nativo digital, mientras sostienen que PayPal, Venmo, WeChat y otras no son más que facsímiles de las anteriores.

Blockchains, Bitcoin y Ethereum

La primera blockchain de uso general, Bitcoin, se lanzó en 2009. El único objetivo de esta blockchain es operar su propia criptomoneda, bitcoin (la primera suele ir en mayúsculas y la segunda no, para distinguirlas). Para ello, la blockchain de Bitcoin está programada para compensar a los procesadores que gestionan las transacciones de bitcoin mediante la emisión de bitcoin (esto se denomina tasa de «gas» y suele ser pagada por el usuario para enviar una transacción).

Por supuesto, no es ninguna novedad pagar a alguien —o a muchas personas— para que procese una transacción. En este caso, sin embargo, el trabajo y el pago ocurren automáticamente y están unidos; una transacción no puede ocurrir sin que el procesador sea compensado. Esto es parte de la razón por la que se dice que en blockchain «no se necesita confianza». Ningún validador tiene que preguntarse si se le pagará, cómo y cuándo, o si las condiciones de su pago pueden alterarse. Las respuestas a estas preguntas están integradas de forma transparente en el sistema de pago: no hay tarifas ocultas ni riesgos de cambios repentinos en la política. Además, ningún usuario tiene que preocuparse por si un operador de red comparte o almacena datos innecesarios, o si éstos pueden ser utilizados de forma indebida. Esto contrasta con el uso de una tarjeta de crédito almacenada en una base de datos centralizada que más tarde podría ser pirateada por una parte externa o a la que un empleado podría acceder indebidamente. Las blockchains también carecen de permisos: en el caso de Bitcoin, cualquiera puede convertirse en validador de la red sin necesidad de ser invitado o aprobado, y cualquiera puede aceptar, comprar o utilizar bitcoins.

Estos atributos crean un sistema autosuficiente a través del cual una cadena de bloques puede aumentar su capacidad al tiempo que disminuye el coste y mejora la seguridad. A medida que las tarifas de las transacciones aumentan en valor o volumen, más validadores se unen a la red, lo que reduce los precios mediante competencia. Esto, a su vez, aumenta la descentralización de una blockchain, lo que hace más difícil que alguien intente manipular un libro de contabilidad para establecer un consenso (imagina un candidato electoral intentando manipular 300 urnas de votación en lugar de tres).

A los defensores también les gusta destacar que el modelo de blockchain sin necesidad de confianza y sin permisos significa que los «ingresos» y los «beneficios» del funcionamiento de su red de pagos los establece el mercado. Esto difiere de la industria tradicional de servicios financieros, que está controlada por un grupo de gigantes con décadas de antigüedad, con pocos competidores y sin incentivos para reducir las tarifas. La única fuerza competitiva sobre las tarifas de PayPal, por ejemplo, son las que cobran Venmo o la Cash App de Square. En el caso de Bitcoin, las tarifas son presionadas a la baja por cualquiera que decida competir por una tarifa de transacción. Poco después de la aparición de Bitcoin (su creador permanece en el anonimato), dos de los primeros usuarios, Vitalik Buterin y Gavin Wood, empezaron a desarrollar una nueva blockchain, Ethereum, que describieron como una «red de minería descentralizada y una plataforma de desarrollo de software todo en uno».[119] Al igual que Bitcoin, Ethereum paga a quienes operan su red a través de su propia criptodivisa, Ether. Sin embargo, Buterin y Wood también establecieron un lenguaje de programación (Solidity) que permitía a los desarrolladores crear sus propias aplicaciones sin permisos ni necesidad de confianza (llamadas «dapps», por las siglas en inglés de «aplicaciones descentralizadas»), que también podían emitir sus propias criptomonedas a los contribuyentes.

Ethereum, por tanto, es una red descentralizada que está programada para compensar automáticamente a sus operadores. Estos operadores no necesitan firmar un contrato para recibir esta compensación, ni preocuparse por que les paguen, y mientras compiten entre sí por la compensación, esta competencia mejora el rendimiento de la red, que a su vez atrae más uso, produciendo así más transacciones que gestionar. Además, con Ethereum, cualquiera puede programar sus propias aplicaciones sobre esta red, y al mismo tiempo programar esta aplicación para compensar a sus contribuyentes y, si tiene éxito, también proporcionar valor a los que operan la red subyacente. Todo esto ocurre sin que haya un único responsable o institución gestora. De hecho, no existe ni puede existir tal organismo.

El enfoque de gobierno descentralizado no impide que su programación subyacente sea revisada o mejorada. Sin embargo, la comunidad gobierna estos cambios y, por lo tanto, debe estar convencida de que las revisiones son para su beneficio colectivo.[120] Los desarrolladores y usuarios no deben preocuparse de que, por ejemplo, «Ethereum Corp» pueda aumentar repentina-

---

119. Telegraph Reporters, «What Is Ethereum and How Does It Differ from Bitcoin?», *The Telegraph*, 17 de agosto de 2018.

120. Esto no es automáticamente así, ya que las blockchains pueden programarse para otorgar (o negar) una amplia gama de derechos de gobierno a los titulares de los tokens, mientras que los creadores de dicha blockchain controlan la distribución inicial de estos tokens. Sin embargo, la mayoría de las principales «blockchains públicas», a diferencia de las «blockchains privadas», que suelen ser propiedad de una empresa, están descentralizadas y dirigidas por la comunidad.

mente las tarifas de las transacciones de Ethereum o imponer otras nuevas, negar una tecnología o estándar emergente, lanzar un servicio de primera parte que compita con las dapps más exitosas, etcétera. La programación de Ethereum, que carece de confianza y de permisos, en realidad anima a los desarrolladores a «competir» con su funcionalidad principal.

Ethereum tiene sus detractores, que lanzan tres críticas principales: sus tarifas de procesamiento son demasiado altas, sus tiempos de procesamiento son demasiado largos y su lenguaje de programación es demasiado difícil. Algunos empresarios han optado por abordar uno o todos estos problemas construyendo blockchains rivales, como Solana y Avalanche. Otros empresarios, en cambio, han construido lo que se denomina blockchains de «capa 2» sobre Ethereum (la capa 1). Estas blockchains de capa 2 funcionan como «minicadenas» y utilizan su propia lógica de programación y red para gestionar las transacciones. Algunas «soluciones de escalado de capa 2» agrupan las transacciones, en lugar de procesarlas individualmente. Esto retrasa, naturalmente, un pago o una transferencia, pero no siempre es necesario el procesamiento en tiempo real (al igual que no es necesario que tu proveedor de servicios telefónicos inalámbricos cobre a una hora concreta del día). Otras «soluciones de escalado» tratan de simplificar el proceso de validación de las transacciones sondeando sólo una parte de la red, en lugar de toda ella. Otra técnica consiste en dejar que los validadores propongan transacciones sin demostrar que han resuelto la ecuación criptográfica subyacente, pero se los controla ofreciendo recompensas a otros validadores si estos últimos prueban que estas propuestas son falsas, siendo la recompensa pagada, en gran parte, por el validador deshonesto. Estas dos estrategias reducen la seguridad de la red, pero muchos consideran que la compensación es adecuada para las compras de poco valor. Piensa en ello como la diferencia entre comprar un café y comprar un coche; hay una razón por la que Starbucks no requiere la dirección de facturación de tu tarjeta de crédito, mientras que un concesionario de Honda sí lo hace, junto con una comprobación de crédito y un documento de identidad oficial. Las sidechains o cadenas laterales, por su parte, permiten que los tokens se muevan dentro y fuera de Ethereum según sea necesario, sirviendo un poco como un cajón de sastre frente a una caja fuerte cerrada.

Algunos argumentan que las capas 2 son un parche y que a los desarrolladores y usuarios les iría mejor trabajando en capas 1 de mayor rendimiento. Puede que tengan razón. Sin embargo, es significativo que un desarrollador pueda utilizar una capa 1 para poner en marcha su propia blockchain, y luego eliminar ese intermediario a sus usuarios, desarrolladores y operadores de red utilizando, o incluso construyendo, una blockchain de capa 2. Es más, la programación de la capa 1, que no necesita confianza ni permisos, significa que las capas 1 de la competencia pueden «tender un puente» hacia ella, lo que permite a los desarrolladores y usuarios trasladar sus tokens a otra blockchain para siempre.

El desarrollo de Android

Un contraste obvio con las blockchains que no necesitan confianza ni permisos son las políticas de Apple y su plataforma iOS. Sin embargo, iOS nunca se presentó como una «plataforma abierta» ni como una plataforma centrada en la comunidad. En este sentido, es una comparación injusta. Mejor sería hacerla con Android. El sistema operativo Android fue comprado por Google por «al menos 50 millones de dólares» en 2005, y el gigante de las búsquedas siempre iba a tener un papel destacado en su desarrollo. Para disipar las preocupaciones, Google creó la Open Handset Alliance en 2007, que dirigiría colectivamente el «sistema operativo móvil de código abierto» basado en el sistema operativo Linux Kernel de código abierto, y daría prioridad a las «tecnologías y estándares de código abierto». En su lanzamiento, la OHA contaba con 34 miembros, entre ellos los gigantes de las telecomunicaciones China Mobile y T-Mobile, los desarrolladores de software Nuance Communications y eBay, los fabricantes de componentes Broadcom y NVIDIA y los fabricantes de dispositivos LG, HTC, Sony, Motorola y Samsung. Para unirse a la OHA, los miembros tenían que acordar no «bifurcar» Android (tomar una copia del software de «código abierto» y comenzar a desarrollarlo de forma independiente) ni apoyar a quienes lo hicieran (el sistema operativo Fire de Amazon, que impulsa su Fire TV y sus tabletas, es una bifurcación de Android).

El primer Android se lanzó en 2008 y en 2012 el sistema operativo se había convertido en el más popular del mundo, pero la OHA y la filosofía «abierta» de Android tuvieron menos éxito. En 2010, Google comenzó a construir su propia línea de dispositivos Android «Nexus», que la empresa posicionó como «dispositivos de referencia» que «servirían como modelo para mostrar a la industria lo que es posible».[121] Sólo un año después, Google compró uno de los mayores fabricantes independientes de dispositivos Android: Motorola. En 2012, Google empezó a trasladar sus servicios clave (mapas, pagos, notificaciones, Google Play Store, etcétera) fuera del propio sistema operativo y a una capa de software, «Google Play Services». Para acceder a este paquete, los licenciatarios de Android tendrían que cumplir con las propias «certificaciones» de Google. Además, Google no permitiría que los dispositivos no certificados utilizaran la marca Android.

Muchos analistas consideraron el cierre progresivo de Android una respuesta al creciente éxito de Samsung con el sistema operativo. En 2012, el gigante surcoreano vendió casi el 40 por ciento de los smartphones con Android (y la mayoría de los de gama alta), más de siete veces lo que el segundo mayor fabricante, Huawei. Además, Samsung se había vuelto cada vez más agresivo con sus alteraciones de la versión «estándar» de Android, produciendo y comercializando su propia interfaz (TouchWiz), al tiempo que precargaba sus dispositivos con su propio conjunto de aplicaciones, muchas de las cuales competían con las ofrecidas por Google. Samsung añadió incluso su propia tienda de aplicaciones móviles. El éxito de Samsung como fabricante de Android está indiscutiblemente relacionado con estas inversiones, pero su

121. Gilbert, Ben, «Almost No One Knows about the Best Android Phones on the Planet», *Insider*, 25 de octubre, 2015 <https://www.businessinsider.com/why-google-makes-nexus-phones-2015-10>.

estrategia es parecida a la «bifurcación». En cualquier caso, el sistema operativo TouchWiz de Samsung amenazaba con eliminar a Google como intermediario entre sus desarrolladores y sus usuarios, al mismo tiempo que servía de verdadero «dispositivo de referencia».

El desarrollo de Android es importante para entender el futuro del metaverso. El metaverso ofrece la oportunidad de alterar a los guardianes actuales, como Apple o Google, pero muchos temen que acabemos teniendo otros nuevos, tal vez Roblox Corporation o Epic Games. Pese a que WeChat, de Tencent, tiene tarifas bajas para las transacciones en el mundo real, la empresa ha utilizado su control sobre los pagos digitales y los videojuegos para cobrar entre un 40 y un 55 por ciento por todas las descargas dentro de la aplicación y los artículos virtuales, una suma que supera con creces la de Apple, cuyo poder Tencent fue capaz de superar. Al igual que una entrada en un libro de contabilidad de blockchain se considera incorruptible, muchos creen que la propia blockchain también lo es.

Dapps

A diferencia de las principales blockchains, muchas dapps sólo están parcialmente descentralizadas. El equipo fundador de la aplicación tiende a poseer una gran parte de los tokens de la aplicación (porque creen intrínsecamente que la aplicación tendrá éxito, tienen incentivos para seguir manteniendo estos tokens también) y por lo tanto tienen la capacidad de alterar la aplicación a voluntad. Sin embargo, el éxito de una dapp depende de su capacidad para atraer a desarrolladores, colaboradores de la red, usuarios y, a menudo, también a proveedores de capital. Esto requiere la venta y la concesión de al menos algunos tokens a grupos externos y a los primeros adoptantes. Para mantener el apoyo de la comunidad, muchas dapps se comprometen a lo que se denomina «descentralización progresiva», que a veces se programa explícitamente para ser coherente con la naturaleza de confianza de las blockchains.

Esto puede parecerse al método convencional de una *start-up*. La mayoría de las aplicaciones y plataformas necesitan mantener contentos a sus desarrolladores y usuarios, sobre todo al principio. Y, con el tiempo, sus creadores (los fundadores y empleados) ven diluirse sus participaciones. Tal vez incluso se hagan públicas, lo que hace que la gobernanza de la aplicación esté «descentralizada» y permita que cualquiera se convierta en accionista sin permiso. Pero aquí es donde los matices de blockchain salen a relucir.

A medida que una aplicación tiene más éxito, tiende a ser más controladora. El Android de Google y el iOS de Apple han seguido este camino. Muchos tecnólogos ven el fenómeno como el desarrollo natural de un negocio tecnológico con ánimo de lucro, a medida que acumula usuarios, desarrolladores y datos, y así sucesivamente, utiliza su creciente poderío para bloquear activamente a los desarrolladores y usuarios. Por eso es difícil exportar tu cuenta de Instagram y volver a crearla en otro sitio. También es la razón por la que muchas aplicaciones cierran sus API cuando escalan o se enfrentan a la competencia.

Facebook, por ejemplo, permitió durante mucho tiempo que los usuarios de Tinder utilizaran su cuenta de Facebook como perfil de Tinder. Tinder, por supuesto, preferiría que sus usuarios tuvieran su propia cuenta de Tinder, pero no pretendía ser un servicio para toda la vida y lo más importante, sobre todo al principio, era que resultara fácil de usar. La aplicación también se benefició de permitir a los usuarios colocar rápidamente sus «mejores» fotos de Facebook en la aplicación, en lugar de verse obligados a rebuscar en años de almacenamiento en la nube. Facebook también permitía a los usuarios conectar su gráfico social a Tinder, lo que les permitía ver si tenían amigos en común con una posible pareja y, en caso afirmativo, con quién. Algunos usuarios preferían emparejarse con alguien que pudiera dar referencias, por razones de seguridad. A otros les gustaba poder tener una cita para causar una verdadera «primera impresión», por lo que «deslizaban a la derecha» sólo con personas con las que no tenían amigos en común. Aunque muchos usuarios de Tinder (y Bumble) disfrutaron de esta función de gráfico social,

Facebook la cerró en 2018, no mucho antes de anunciar su propio servicio de citas, que se basaba naturalmente en su gráfico y red social únicos.[122]

La mayoría de las blockchains están estructuralmente diseñadas para evitar esta historia. ¿Cómo? Mantienen efectivamente lo que es valioso para un desarrollador de dapp —sus tokens—, mientras que el usuario tiene la custodia de sus datos, identidad, cartera y activos (por ejemplo, sus imágenes), a través de registros que están, de nuevo, en blockchain. En un sentido simplificado, un Instagram totalmente basado en blockchain nunca almacenaría las fotos de un usuario, ni operaría su cuenta, ni gestionaría sus gustos o conexiones de amigos.[123] El servicio no puede dictar, y mucho menos controlar, cómo se utilizan estos datos. De hecho, un servicio de la competencia puede lanzarse y aprovechar inmediatamente estos mismos datos, presionando así al líder del mercado. Este modelo de blockchain no significa que las aplicaciones estén mercantilizadas —el verdadero Instagram superó a sus competidores, en parte debido a su rendimiento y construcción técnica superiores—, pero en general reconocemos que la propiedad de la cuenta, el gráfico social y los datos del usuario son el principal almacén de valor.[124] Al mantener la mayor parte

122. Facebook sigue permitiendo a los usuarios de Tinder utilizar su cuenta de Facebook para registrarse e iniciar sesión, y rellenar su perfil de Tinder con fotos de su archivo de Facebook. Mantener esta funcionalidad, pero cerrar el acceso al gráfico social del usuario, tiene sentido. Facebook no puede impedir que los usuarios reutilicen las fotos subidas a Facebook, ya que son fáciles de guardar («clic derecho, guardar como») y, a través del «número de me gusta», también ayuda al usuario a identificar sus mejores fotos. Además, si los usuarios de Facebook van a utilizar Tinder, a Facebook le conviene saberlo. Como mínimo, permite a Facebook recomendar a este usuario su servicio de citas, que sigue utilizando su gráfico social.

123. En otras palabras, estos datos sólo se «exponen» al servicio en función de las necesidades.

124. Algunos capitalistas de riesgo y tecnólogos dicen que las blockchains son «protocolos gordos» que soportan «aplicaciones finas», en contraste con el modelo de «protocolo fino» y «aplicación gorda» del internet actual. Aunque el conjunto de protocolos de internet es enormemente valioso —y, afortunadamente, no es un producto creado con ánimo de lucro—, no gestiona la identi-

de esto fuera de las manos de una aplicación (o, en este caso, de una dapp), los entusiastas de blockchain creen que pueden interrumpir la historia típica de los desarrolladores. Hemos llegado a una comprensión simplificada de las operaciones, capacidades y filosofías de blockchain. Pero la tecnología sigue estando muy por debajo de las expectativas modernas de rendimiento (hoy, un Instagram basado en blockchain probablemente almacenaría casi todo fuera de la cadena y cada foto tardaría uno o dos segundos en cargarse). Y lo que es más importante, la historia está plagada de tecnologías que podrían haber alterado las convenciones existentes, pero que se quedaron cortas en su promesa o potencial. ¿Podría irles mejor a las blockchains?

NFT

El mayor indicador de lo que las blockchains podrían lograr es lo que ya han conseguido. En 2021, el valor total de las transacciones superó los 16 billones de dólares, cinco veces más que los gigantes de los pagos digitales PayPal, Venmo, Shopify y Stripe juntos. En el cuarto trimestre, Ethereum procesó más que Visa, la mayor red de pagos del mundo y la duodécima empresa por capitalización bursátil.

El hecho de que esto haya sido posible sin una autoridad central, un gestor o incluso una sede, que todo se haya realizado a través de colaboradores independientes (y a veces anónimos), es una maravilla. Además, estos pagos se realizaban a través de docenas de carteras diferentes (en lugar de limitarse a una red estrechamente controlada, como es el caso de los medios entre pares como Venmo o PayPal), podían realizarse en cualquier momento (a diferencia de ACH y las transferencias) y se completaban en segundos o minutos (a diferencia de ACH). Tanto el remitente como el destinatario podían confirmar el éxito o el fra-

---

dad de un usuario, ni almacena sus datos, ni administra sus conexiones sociales. En su lugar, toda esta información es captada por quienes construyen sobre TCP/IP.

caso de una transacción (sin una tarifa adicional). Además, ninguna de estas transacciones requería que el usuario tuviera una cuenta bancaria, ni las empresas tenían que firmar, y mucho menos negociar, un acuerdo a largo plazo con ninguna blockchain específica, procesadores de blockchain o proveedores de carteras. Y, como veremos, las carteras de blockchain también pueden programarse para realizar débitos, créditos y anulaciones automáticas, entre otras cosas.

Aunque la mayor parte de este volumen de transacciones reflejaba inversiones y operaciones en criptodivisas, en lugar de pagos realizados, también estaba respaldado por una fuente de desarrollo basada en las criptodivisas. Las creaciones más sencillas son las colecciones de NFT. Los desarrolladores y los usuarios individuales colocan la propiedad de un elemento (por ejemplo, una imagen) en una blockchain, en un proceso denominado «acuñación», tras el cual el derecho a la imagen se gestiona de forma similar a cualquier transacción de criptodivisas. La diferencia es que el derecho es un «token no fungible», o un token que es único, a diferencia de un bitcoin o un dólar estadounidense, que son totalmente sustituibles por cualquier otro.

Los defensores de blockchain creen que esta estructura aumenta el valor de estos bienes virtuales porque proporcionan al comprador un sentido más verdadero de «propiedad». Recuerda la expresión «la posesión es nueve décimas partes de la ley».[125] Bajo los modelos de servidores centralizados, un usuario nunca puede tomar realmente la propiedad de un bien virtual. En su lugar, simplemente se le proporciona acceso a un bien que se mantiene, a través de un registro digital, en la propiedad de otra persona (es decir, un servidor). E incluso si el usuario sacara los datos de ese servidor y los metiera en su propio disco duro, tampoco serviría. ¿Por qué? Porque el resto del mundo necesita reconocer esos datos y acordar su uso. Las blockchains pueden hacer esto por defecto.

125. Wikipedia, «Possession is Nine-Tenths of the Law», última edición el 6 de diciembre de 2021, <https://en.wikipedia.org/wiki/Possession_is_nine-tenths_of_the_law>.

La sensación de posesión se ve aumentada por otro derecho de propiedad clave: el derecho de reventa sin restricciones. Cuando un usuario compra un NFT de un determinado juego, la naturaleza de blockchain (que no necesita confianza, ni permisos) significa que el creador del juego no puede bloquear la venta de ese NFT en ningún momento. Ni siquiera se les informa activamente de ello (aunque la transacción quede registrada en un libro de contabilidad público). Por motivos relacionados, es imposible que un desarrollador «bloquee» los activos basados en blockchain en su mundo virtual. Si el juego A vende un NFT, los juegos B, C, D, etcétera, pueden incorporarlo si el propietario así lo decide: los datos de propiedad de blockchain no tienen permiso y el propietario tiene el control del token. Por último, las estructuras de los tokens significan que incluso si se acuña una versión duplicada de este bien virtual, el original sigue siendo distinto y «original», como un cuadro firmado y fechado que figura como único.

A lo largo de 2021, se gastaron aproximadamente 45.000 millones de dólares en NFT y en una amplia variedad de categorías.[126] Entre ellas se encuentra NBA Top Shots, de Dapper Labs, que convirtió momentos individuales de las temporadas de la NBA 2020-2021 y 2021-2022 en NFT coleccionables, similares a las tarjetas de intercambio; Cryptopunks, de Larva Labs, una serie de 10.000 avatares 2D de 24 × 24 píxeles generados algorítmicamente que suelen utilizarse como fotos de perfil; Axies, que son una especie de Pokémon basados en blockchain que pueden coleccionarse, criarse, intercambiarse y combatirse; y caballos 3D utilizados en los hipódromos virtuales de Zed Run. Bored Apes [Los simios aburridos], otra serie de imágenes de perfil de NFT, también se utilizan como una forma de tarjeta de socio del Bored Apes Yatch Club [Club Náutico de los Simios Aburridos].

126. Murphy, Hannah y Joshua Oliver, «How NFTs Became a $40bn Market in 2021», *Financial Times*, 31 de diciembre de 2021. Hay que tener en cuenta que esta suma, 40.900 millones de dólares, se limita a la blockchain de Ethereum, que se estima que tiene una cuota del 90 por ciento de las transacciones de NFT.

Cuarenta y cinco mil millones de dólares son suficientes para que incluso nuestros ojos virtuales se salgan de las órbitas, pero no está claro exactamente cómo se podría comparar esta suma con los casi 100.000 millones de dólares gastados en 2021 en contenidos de videojuegos gestionados por una base de datos tradicional. Si alguien compra un cryptopunk por 100 dólares y luego lo vende por 200, se han «gastado» un total de 300 dólares, pero en términos netos sólo se han gastado 100 dólares. Por el contrario, casi todas las compras de bienes virtuales tradicionales son unidireccionales, es decir, los bienes no pueden revenderse o intercambiarse. Cada dólar que sale es «neto». Esto significa que en 2022 podrían gastarse otros 100.000 millones de dólares en activos de videojuegos tradicionales, pero incluso si el gasto en NFT se duplica, sólo se gastarían unos 10.000 millones de dólares. De repente, el argumento de que los NFT generan la mitad de los ingresos de la industria del videojuego parece haber sido exagerado por diez. Quizá un contraste más preciso sería entre el gasto anual en activos virtuales tradicionales y el valor de mercado de los NFT. La capitalización mínima de mercado de las 100 mayores colecciones de NFT se estimó en unos 20.000 millones de dólares a finales de 2021, aproximadamente la mitad del volumen de operaciones, pero aun así una cuarta parte del mercado de videojuegos tradicionales. Sin embargo, las «capitalizaciones mínimas de mercado» suponen que cada NFT de una determinada colección se vendería al precio del NFT de menor precio de esa colección. Este tipo de análisis es una forma útil de comparar el crecimiento de las distintas colecciones, pero no su valor de mercado.

Algunos críticos sostienen que la mayor parte del valor de los NFT es especulativo, es decir, se basa en el potencial de beneficio y no en la utilidad, como ocurre con las *skins* de Fortnite. Esto haría imposible cualquier tipo de comparación. Al mismo tiempo, el mercado mundial del arte reconoció un gasto de 50.100 millones de dólares (procedentes de la compra y el comercio) en 2021, y pocos debatirían sobre si esas compras carecen de utilidad, aunque también tengan valor especulativo. La cercanía entre estas dos categorías también es instructiva en cuanto a la escala del mercado de NFT. Además, los entusiastas de la blockchain creen que los usuarios valoran tanto los NFT porque pueden revenderse. Los NFT pueden incluso prestarse a otros jugadores o juegos, y el propietario recibe un «alquiler» programático cuando estos NFT se utilizan o un «interés» cuando generan ingresos.

Independientemente de si se debe, o cómo se puede, comparar el gasto en NFT con el de los artículos y contenidos de los videojuegos, sus tasas de crecimiento son muy diferentes, al igual que su potencial de crecimiento previsible. El gasto global en NFT en 2021 fue más de 90 veces el gasto de 2020, que fue de 350 a 500 millones de dólares, que a su vez fue más de cinco veces superior al de 2019. En cambio, las ventas de artículos virtuales tradicionales crecieron a un interés medio compuesto de aproximadamente el 15 por ciento. Además, la utilidad de los NFT está muy limitada hoy en día por el hecho de que la mayoría de los videojuegos aún no los soportan. Y como ninguna de las principales plataformas de consolas o tiendas de aplicaciones para móviles admite la compra de juegos basados en blockchains, la mayoría de los juegos que utilizan títulos de NFT se limitan al navegador web y, como resultado, tienen gráficos y jugabilidad rudimentarios. Ésta es una de las razones por las que muchas de las mayores experiencias de NFT se basan en el coleccionismo, más que en el «juego» activo. También es la razón por la que la mayoría de los juegos, franquicias de juegos, franquicias de medios de comunicación, marcas o empresas más populares ni siquiera han emitido NFT, y por la que se cree que sólo unos pocos millones de personas han comprado un NFT, mientras que miles de millones de personas realizan compras dentro de los juegos cada año. A medida que mejore la funcionalidad de los NFT y aumente el número de marcas y usuarios participantes, el valor de los NFT crecerá, por supuesto. Ciertamente, hay mucho margen de maniobra para cada uno.

La ventaja más importante puede venir de la realización de la interoperabilidad en los NFT. Aunque los miembros de la comunidad de blockchain suelen decir que los NFT de blockchain son intrínsecamente interoperables, esto no es del todo cierto. He mencionado que el uso de un bien virtual requiere tanto el acceso a sus datos como el código para entenderlo. La mayoría de las experiencias y juegos de blockchain no tienen ese código. De hecho, la mayoría de los NFT actuales colocan los derechos del bien virtual en blockchain, pero no los datos del bien virtual, que permanecen almacenados en un servidor centralizado. Así, el propietario del NFT no puede exportar los datos del bien a otra experiencia a menos que reciba el permiso del servidor centralizado que los almacena. Por razones similares, casi ninguna experiencia basada en blockchain está realmente descentralizada, ni siquiera las que emiten NFT. Los desarrolladores no pueden, por ejemplo, revocar los derechos de estos NFT, pero sí podrían alterar el código que las utiliza o eliminar la cuenta de un usuario en el juego.

El hecho de que los activos «descentralizados» tengan dependencias «centralizadas» lleva a dos conclusiones principales. En primer lugar, los NFT no sirven para nada por culpa del fraude, la especulación y los malentendidos. Esto fue algo común en 2021 y es probable que siga ocurriendo en los próximos años. En segundo lugar, el potencial no explotado de esta tecnología es extraordinario y se hará realidad a medida que se amplíe la utilidad y el acceso a los juegos y productos basados en blockchains.

Esta segunda conclusión señala la importancia de las blockchains para el metaverso. Por ejemplo, las blockchains no sólo establecen un registro común e independiente para los bienes virtuales, sino que también proporcionan una posible solución técnica para el mayor obstáculo a la interoperabilidad de los bienes virtuales: la fuga de ingresos.

A muchos jugadores les gustaría llevar sus bienes y derechos de un juego a otro. Sin embargo, varios desarrolladores de juegos generan la mayor parte de sus ingresos vendiendo a los jugadores bienes que se utilizan exclusivamente dentro de sus juegos. La posibilidad de que un jugador pueda «comprar en otro sitio, usar aquí» pone en peligro el modelo de negocio de un desarrollador de juegos. Los jugadores podrían acumular tantos bienes virtuales que ya no vean la necesidad de comprar más. Otra posibilidad es que los jugadores empiecen a comprar todas sus *skins* en el juego A, pero que las utilicen exclusivamente en el juego B, lo que provocaría una distorsión del lugar en que se producen la mayoría de los costes e ingresos. De hecho, es probable que surjan vendedores de bienes virtuales que podrían vender por menos dinero los productos del juego, ya que no necesitan recuperar los costes iniciales de desarrollo ni de funcionamiento.

Muchos desarrolladores se ven frenados por la preocupación de que una economía de artículos abiertos pueda crear mucho más valor del que ellos mismos captan. El desarrollador A podría producir la *skin* A para el juego A, pero el juego A lo rechaza y la *skin* A se convierte en un artículo popular (y valioso) en el título de mayor éxito del desarrollador B. En este caso, el desarrollador A ha creado contenido para un competidor que lo ha vencido. O tal vez resulte que las creaciones del desarrollador A se han convertido en icónicas y valiosas, lo que permite a un jugador obtener muchos más beneficios de las creaciones del desarrollador A de los que éste podría obtener. (Para empeorar las cosas, es posible que el desarrollador A nunca vea un dólar más después de la venta inicial.) El comercio es, por supuesto, un proceso desordenado que implica algunos perdedores, incluso si el impacto económico agregado es muy positivo. Sin embargo, la interoperabilidad puede facilitarse en parte con una mezcla de impuestos y derechos (como ocurre en el mundo real). Por ejemplo, la mayoría de los NFT están programados para pagar automáticamente a su creador original una comisión al comerciar o revender. Pueden establecerse sistemas similares para pagar al importar o utilizar un bien «extranjero». Otros observadores proponen la degradación programada de los bienes virtuales, lo que supone un «coste» implícito en el «uso», que poco a poco va restando valor a un bien e impulsa la recompra. La programación de blockchains no puede detener por sí sola las fugas, ya que la prevención requiere que estos sistemas e incentivos sean «perfectos»; las lecciones de la globalización nos dicen que esto es imposible. Sin embargo, gracias a sus modelos de compensación automáticos, sin permisos y sin necesidad de confianza, muchos creen que las blockchains pueden producir un mundo virtual más interoperable.

Videojuegos en blockchain

Independientemente de la creencia a largo plazo en los NFT, hay más aspectos interesantes de los mundos y comunidades virtuales basados en blockchains. Anteriormente, señalé que las dapps podrían emitir sus propios tokens parecidos a las criptomonedas para su red y sus usuarios. No es necesario que se emitan a cambio de recursos informáticos, como ocurre con el procesamiento de transacciones de Bitcoin y Ethereum. También pueden otorgarse por contribuir con tiempo, entregar nuevos usuarios (adquisición de clientes), entrada de datos, derechos de propiedad intelectual, capital (dinero), ancho de banda, buen comportamiento (como las puntuaciones de la comunidad), ayudar a moderar, etcétera. Estos tokens pueden estar dotados de derechos de gobernanza y, por supuesto, pueden revalorizarse junto con el proyecto subyacente. Todos los usuarios (es decir, los jugadores) también pueden comprar estos tokens, lo que les permite participar en el éxito financiero de los juegos que les gustan.

Los desarrolladores creen que este modelo puede utilizarse para reducir la necesidad de financiación de los inversores, profundizar su relación con la comunidad y aumentar significativamente el compromiso. Si nos gusta jugar a Fortnite o usar Instagram, es lógico que invirtamos en ellos y los usemos más si podemos obtener beneficios y/o ayudar a gestionarlos. Al fin y al cabo, miles de millones de personas pasaron miles de horas labrando campos y sembrando cosechas en Farmville para no obtener ingresos ni ser propietarios de Farmville, ni siquiera de sus propias granjas. Como siempre ocurre, las blockchains no son un requisito técnico para este tipo de experiencias, pero muchos creen que sus estructuras, que no requieren confianza ni permisos ni presentan fricciones, hacen más probable que estas experiencias despeguen, prosperen y, lo que es más importante, resulten sostenibles. La sostenibilidad no sólo se debe a la mayor participación de los usuarios en una aplicación y a su apropiación, sino a la forma en que blockchain impide que la aplicación traicione la confianza de los usuarios y obliga a la aplicación a ganársela.

Un buen ejemplo de la dinámica de blockchain entre aplicaciones y usuarios es la competencia entre Uniswap y Sushiswap. Uniswap fue una de las primeras dapps de Ethereum en obtener una adopción masiva, habiendo sido pionera en el modelo de creador de mercado automatizado, que permitía a los usuarios cambiar un token por otro a través de un intercambio centralizado. El código predominantemente abierto de Uniswap fue copiado y bifurcado por un competidor, Sushiswap. Para conseguir la apropiación, Sushiswap emitió tokens a sus usuarios. Los usuarios tenían exactamente la misma funcionalidad que tenían en Uniswap, pero recibían una participación en Sushiswap por hacerlo. Esto obligó a Uniswap a contraatacar ofreciendo su propio token, mientras recompensaba retroactivamente a todos los usuarios anteriores. Una «carrera armamentística» en beneficio de los usuarios como ésta es típica. Las dapps tienen pocas barreras que impidan la aparición de mejores versiones de su funcionalidad, específicamente porque las blockchains, no las dapps, mantienen gran parte de los datos que solemos valorar en la era digital: la identidad, los datos, las posesiones digitales de los clientes, etcétera.

Además de operar dapps y servicios de cuentas, las blockchains también pueden utilizarse para apoyar la provisión de infraestructura de juego relacionada con la computación. En el capítulo 6 destaqué la insaciable necesidad de más recursos informáticos y la creencia, largamente sostenida, de que la realización del metaverso requeriría aprovechar los miles de millones de CPU y GPU que se encuentran en su mayoría sin utilizar en un momento dado. Varias empresas emergentes basadas en blockchain lo están intentando y consiguiendo. Una de ellas, Otoy, creó la red y el token RNDR, basado en Ethereum, para que quienes necesitaran potencia extra de GPU pudieran enviar sus tareas a ordenadores inactivos conectados a la red RNDR, en lugar de a proveedores de la nube caros como Amazon o Google. Toda la negociación y contratación entre las partes se gestiona en cuestión de segundos mediante el protocolo de RNDR, ninguna de las partes conoce la identidad ni los detalles de la tarea que se está realizando, y todas las transacciones se realizan con tokens de criptomoneda RNDR.

Otro ejemplo es Helium, que *The New York Times* ha descrito como «una red inalámbrica descentralizada para los dispositivos de la "internet de las cosas", impulsada por la criptomoneda».[127] Helium funciona mediante el uso de dispositivos *hotspot* de 500 dólares que permiten a su propietario retransmitir de forma segura su conexión a internet en casa, y hasta 200 veces más rápido que un dispositivo wifi doméstico tradicional. Este servicio de internet puede ser utilizado por cualquiera, desde los consumidores (por ejemplo, para consultar Facebook) hasta en infraestructuras (por ejemplo, un parquímetro que procesa una transacción con tarjeta de crédito). La empresa de transportes Lime es uno de sus principales clientes y utiliza Helium para hacer un seguimiento de su flota de más de 100.000 bicicletas, patinetes, ciclomotores y coches, muchos de los cuales se encuentran regularmente con «zonas muertas» de la red móvil.[128] Quienes operan un *hotspot* de Helium son compensados con el token HNT de Helium, y en proporción al uso. El 5 de marzo de 2022 la red de Helium abarcaba más de 625.000 puntos de acceso, frente a los menos de 25.000 del año anterior, distribuidos en casi 50.000 ciudades de 165 países.[129] El valor total de los tokens de Helium supera los 5.000 millones de dólares.[130] Cabe destacar que la empresa se fundó en 2013, pero tuvo dificultades para ganar adeptos hasta que pasó de un modelo tradicional (es decir, no remunerado) a uno que ofrecía a los contribuyentes una compensación directa a través de la criptomoneda. La viabilidad y el potencial a largo plazo de Helium siguen siendo inciertos; la mayoría de los proveedores de servicios de internet (ISP) prohíben a sus clientes la retransmisión de su conexión a internet, y aunque los ISP suelen pasar por alto esas violaciones del servicio siempre que la conexión no se revenda y el uso total

---

127. Roose, Kevin, «Maybe There's a Use for Crypto After All»», *The New York Times*, 6 de febrero de 2022, <https://www.nytimes.com/2022/02/06/technology/helium-cryptocurrency-uses.html>.

128. Ibídem.

129. Helium, <https://explorer.helium.com/hotspots>.

130. CoinMarketCap, «Helium», <https://coinmarketcap.com/currencies/helium/>.

de datos sea bajo, no hay garantía de que sigan permitiéndoselo a los usuarios de Helium o de cualquier sistema análogo. En cualquier caso, la compañía sirve como otro recordatorio del potencial de los modelos de pago descentralizados, y ahora hace tratos directamente con los ISP.

La escala y la diversidad del auge del criptojuego en 2021 —a las que se añade que aún está en sus primeras fases y genera enormes ingresos por jugador—, han provocado un aumento del desarrollo informático. Uno de los principales inversores en juegos del mundo me dijo que casi todos los desarrolladores de juegos con talento que conocía, a excepción de los que ya dirigían estudios de fama mundial, estaban centrados en la creación de juegos en blockchain. En total, las plataformas de juegos basadas en blockchain han recibido más de 4.000 millones de dólares[131] en inversiones de capital riesgo (la financiación total de capital riesgo para las empresas y proyectos de blockchain fue de aproximadamente 30.000 millones de dólares; algunos especulan que otros 100.000 o 200.000 millones de dólares más ya han sido recaudados o asignados por los fondos de capital riesgo).[132]

La afluencia de talento, inversión y experimentación puede producir rápidamente un círculo virtuoso en el que más usuarios creen una cartera de criptomonedas, jueguen a juegos blockchain y compren NFT, aumentando el valor y la utilidad de todos los demás productos de blockchain, lo que también atrae a más desarrolladores, y a su vez a más usuarios, y así sucesivamente. Finalmente, esto nos lleva a un futuro en el que un puñado de criptodivisas intercambiables se utilizan para impulsar las economías de innumerables juegos diferentes, sustituyendo a uno en el que el gasto sigue fragmentado entre Minecoins, V-Bucks, Robux e innumerables denominaciones propias. Y en este futuro

---

131. Takahashi, Dean, «The DeanBeat: Predictions for gaming in 2022», *Venture Beat*, 31 de diciembre de 2021, <https://venturebeat.com/2021/12/31/the-deanbeat-predictions-for-gaming-2022/>.

132. Livni, Ephrat, «Venture Capital Funding for Crypto Companies Is Surging», *The New York Times*, 1 de diciembre de 2021, <https://www.nytimes.com/2021/12/01/business/dealbook/crypto-venture-capital.html>.

todos los bienes virtuales están destinados, al menos en parte, a la interoperabilidad. A una escala suficiente, incluso a los desarrolladores de juegos más exitosos de la era preblockchain, como Activision Blizzard, Ubisoft y Electronic Arts, las tecnologías les parecerán irresistibles desde el punto de vista financiero y esenciales desde el punto de vista comercial. La transición se verá facilitada por el hecho de que abrirán sus economías y sistemas de cuentas a un sistema que no es propiedad de sus competidores de plataforma, como Valve y Epic Games, sino de la comunidad de jugadores.

Organizaciones autónomas descentralizadas (DAO)

Sin embargo, el aspecto más perturbador de los medios de pago nativos digitales «programables» es la forma en que permiten una mayor colaboración independiente y una financiación más fácil de nuevos proyectos. Éste no es un punto estructuralmente separado de todo lo que he discutido hasta ahora, pero es importante entenderlo en un contexto más amplio.

Para ello quiero hablar de una máquina expendedora. Los primeros aparatos de este tipo surgieron hace milenios (hacia el año 50 d. C.) y permitían al consumidor introducir una moneda y recibir agua bendita a cambio. A finales del siglo XIX, estas máquinas permitían realizar una gran variedad de compras, no sólo de un artículo, como el agua, sino también chicles, cigarrillos y sellos de correos. Ningún comerciante o abogado gestionaba la distribución de los productos, ni aceptaba y validaba el pago, sino que el sistema funcionaba mediante reglas fijas: «si esto, entonces esto». Todo el mundo confiaba en el sistema.

Las blockchains pueden considerarse como una máquina expendedora virtual. Sólo que mucho mucho más inteligente. Por ejemplo, pueden rastrear múltiples contribuyentes y valorarlos de forma diferente. Imagina que alguien quiere comprar una chocolatina en una máquina expendedora del mundo real. Tal vez sólo tuviera 0,75 dólares y quería comprar una chocolatina de 1 dólar, así que pidió a un transeúnte 25 centavos para completar la transacción. Tal vez éste accedió, pero sólo si recibía la mitad de la chocolatina, en lugar de su parte prorrateada de un cuarto. Una «máquina expendedora de blockchain» permitiría a los dos colaboradores escribir lo que se llama un «contrato inteligente» para este acuerdo, y después de aceptar cada pago individual, el dispositivo entregaría automáticamente (y de forma incorruptible) las cantidades apropiadas (mitad y mitad) al propietario correspondiente. Al mismo tiempo, la máquina expendedora de blockchain podría haber pagado automáticamente a todos los responsables de esa chocolatina: 5 céntimos a la persona que abasteció la máquina, 7 céntimos al propietario de la máquina y 2 céntimos al fabricante.

Los contratos inteligentes pueden escribirse en minutos y servir para casi cualquier propósito; pueden ser pequeños y temporales, o masivos y persistentes. Varios autores y periodistas independientes utilizan los contratos inteligentes para recaudar fondos para sus investigaciones y escritos, sirviendo como una especie de anticipo de futuras ganancias, pero que proviene de la comunidad y no de una corporación. Una vez terminadas, sus obras se acuñan en blockchain y se venden, o tal vez se colocan detrás de un muro de pago basado en criptografía, y las ganancias se reparten entre sus patrocinadores. En otros casos, un colectivo de autores ha emitido tokens para recaudar fondos para una nueva revista en curso que está disponible exclusivamente para los titulares de los tokens. Algunos escritores usan contratos inteligentes para compartir automáticamente consejos con aquellos que los han ayudado o inspirado. Nada de esto requiere números de tarjetas de crédito, introducir detalles ACH, facturas ni mucho tiempo: sólo una criptocartera con criptomonedas.

Algunos ven los contratos inteligentes como la versión de la era del metaverso de las sociedades de responsabilidad limitada o las organizaciones sin ánimo de lucro. Un contrato inteligente puede escribirse y financiarse instantáneamente, sin necesidad de que los participantes firmen documentos, realicen comprobaciones de crédito, confirmen pagos o asignen accesos a cuentas bancarias, contraten abogados o incluso conozcan la identidad de los demás participantes. Es más, el contrato inteligente gestiona «sin necesidad de confianza» gran parte del trabajo administrativo de la organización de forma continua, incluida la asignación de derechos de propiedad, el cálculo de los votos sobre los estatutos, la distribución de los pagos, etcétera. Estas organizaciones suelen llamarse «Organizaciones Autónomas Descentralizadas» o «DAO».

De hecho, muchos de los NFT más caros no han sido comprados por individuos, sino por DAO que comprenden docenas (y en algunos casos, muchos miles) de criptousuarios bajo seudónimos que nunca podrían haber hecho la compra por su cuenta. Utilizando los tokens de la DAO, el colectivo puede determinar cuándo se venden estos NFT y a qué precio mínimo, al mismo tiempo que gestiona los desembolsos. El ejemplo más notable de este tipo de DAO es la ConstitutionDAO, que se formó el 11 de noviembre de 2021 para comprar una de las trece primeras ediciones de la Constitución de Estados Unidos que se conservan y que iba a ser subastada por Sotheby's el 18 de noviembre. A pesar de su limitada planificación y de no tener una cuenta bancaria «tradicional», la DAO fue capaz de recaudar más de 47 millones de dólares, mucho más que los 15 o 20 millones de dólares que Sotheby's estimó que necesitaría para ganar la subasta. ConstitutionDAO perdió finalmente ante un postor privado, el multimillonario gestor de fondos de cobertura Ken Griffin, pero Bloomberg, al informar sobre el intento, escribió que «demostró el poder de las DAO [...]. [Las DAO] tienen el potencial de cambiar la forma en que la gente compra cosas, construye empresas, comparte recursos y gestiona organizaciones sin ánimo de lucro».[133]

Al mismo tiempo, ConstitutionDAO también puso de manifiesto muchos de los problemas de la blockchain de Ethereum. Por ejemplo, se calcula que se gastaron 1-1,2 millones de dólares en procesar transacciones para financiar la DAO. Aunque esto representó el 2,1 por ciento de las contribuciones —dentro del rango

133. Kharif, Olga, «Crypto Crowdfunding Goes Mainstream with ConstitutionDAO Bid», *Bloomberg*, 20 de noviembre de 2021, <https://www.bloom berg.com/news/articles/2021-11-20/crypto-crowdfund-ing-goes-mains tream-with-constitutiondao-bid?sref=sWz3GEG0>.

medio de los medios de pago tradicionales—, la contribución media se estimó en 217 dólares, con casi 50 dólares gastados en «gasolina». Además, la blockchain de Ethereum no puede «renunciar» a las comisiones por anular o reembolsar una transacción. Como resultado, estas tasas se duplicaron una vez finalizada la subasta, ya que la mayoría de los contribuyentes reclamaron sus donaciones. Muchas donaciones permanecen en el DAO porque el coste de recuperar una contribución supera su valor. (Muchos de estos problemas se atribuyen a una codificación descuidada de los contratos inteligentes y podrían haberse evitado, especialmente si se hubiera utilizado otra blockchain o una solución de capa 2.)

Aunque un miembro de las «finanzas tradicionales» fue capaz de superar a la comunidad de las «finanzas descentralizadas» por la Constitución de Estados Unidos, el mundo de las altas finanzas también está usando DAO en sus inversiones. Un ejemplo es el Colectivo Komorebi, que efectúa inversiones de riesgo en «fundadores de criptomonedas excepcionales, mujeres y no binarios», e incluye entre sus miembros a un número de capitalistas de riesgo de alto perfil, ejecutivos de tecnología, periodistas y trabajadores de derechos humanos. A finales de 2021, unos 5.000 entusiastas de las actividades al aire libre utilizaron una DAO para comprar una parcela de 40 acres cerca del Parque Nacional de Yellowstone en Wyoming, que había aprobado una legislación que reconocía la legitimidad de las DAO a principios de año. «CityDAO» se organiza principalmente a través de Discord y no tiene un líder oficial (el cofundador de Ethereum, Vitalik Buterin, es miembro), todas las decisiones importantes se toman por votación y los miembros pueden vender sus tokens de membresía en cualquier momento. Uno de los miembros, el jefe de facto de CityDAO, declaró al *Financial Times* que esperaba que la adopción de la estructura DAO por parte de Wyoming «se convirtiera en este vínculo fundamental entre los activos digitales, las criptomonedas y el mundo físico».[134] Como punto de referencia, Wyoming fue también el primer estado

134. Kruppa, Miles, «Crypto Assets Inspire New Brand of Collectivism Beyond Finance», *Financial Times*, 27 de diciembre, 2021, <https://www.ft.com/content/c4b6d38d-e6c8-491f-b70c-7b5cf8f0cea6>.

en autorizar la creación de sociedades de responsabilidad limitada, habiendo aprobado la legislación correspondiente en 1977, unos diecinueve años antes de que estuviera disponible en todo el país.

Friends with Benefits (FWB) es un club de miembros basado en DAO, en el que los tokens se utilizan para obtener acceso a canales privados de Discord, eventos e información. Algunos han argumentado que al requerir que los usuarios compren tokens para entrar, FWB simplemente está replicando el tradicional modelo de «cuotas de membresía» de todos los clubes exclusivos de la historia, sólo que ahora se beneficia del bombo de las «criptomonedas». Sin embargo, este punto de vista ignora la potencia del diseño del token de FWB. Los miembros no pagan «cuotas» anuales. En su lugar, tienen que comprar un cierto número de tokens FWB para entrar y luego mantenerlos para seguir siendo miembros. De este modo, cada miembro es copropietario de FWB y puede abandonarlo en cualquier momento vendiendo estos tokens. Como estos tokens se revalorizan a medida que el club tiene más éxito o es más atractivo, todos los miembros se ven incentivados a invertir su tiempo, ideas y recursos en el club. La revalorización también hace cada vez más inviable que los *spammers*, que envían masivamente mensajes, se unan a FWB, mientras que en circunstancias normales la popularidad de una plataforma social en línea sólo anima a unirse a los troles. La valoración significa que el club debe trabajar más duro para ganarse su papel continuo en la vida de un miembro. Si te unes a un club comprando 1.000 dólares en tokens, pero éstos cuadruplican su valor, el club debe hacer más para mantenerte como socio. Después de todo, si te vas, tu venta deprime el valor de mercado de los tokens restantes. Por último, muchas DAO sociales utilizan contratos inteligentes para emitir tokens a miembros individuales por sus contribuciones, o a aquellos que no pueden permitirse unirse al colectivo, pero que son considerados dignos por sus miembros.

Nouns DAO es un remix de FWB con Cryptopunks. Cada día, se subasta un nuevo Noun —un NFT de un simpático avatar pixelado— y el cien por cien de los ingresos netos van a parar a la tesorería de Nouns DAO, que existe exclusivamente para aumentar el valor de los NFT de Nouns. ¿Cómo lo hace esta tesorería? Financiando las propuestas elaboradas y votadas por los propietarios de las NFT. En efecto, es un fondo de inversión en constante crecimiento gobernado por un consejo de administración también en constante crecimiento.

Algunos ven a las DAO y tokens sociales como una forma de abordar el acoso y la toxicidad en las redes sociales en línea a gran escala. Imaginemos, por ejemplo, un modelo en el que los usuarios de Twitter recibieran valiosos tokens de Twitter por denunciar un mal comportamiento, pudieran ganar más por revisar los tuits previamente denunciados y los perdieran si infringieran las normas. Al mismo tiempo, en lugar de depender de las propinas o de la publicación de tuits promocionales en nombre de los anunciantes para generar ingresos, los superusuarios y las personas influyentes podrían recibir tokens por organizar eventos. A finales de 2021, Kickstarter, Reddit y Discord habían hecho públicos sus planes de cambiar a modelos de tokens basados en blockchain.

Obstáculos de blockchain

Todavía hay numerosos obstáculos a los que se enfrenta una posible revolución de blockchain. En particular, blockchain sigue siendo demasiado cara y lenta. Por esta razón, la mayoría de los «juegos blockchain» y de las «experiencias blockchain» siguen funcionando principalmente en bases de datos que no son blockchain. Como resultado, no están verdaderamente descentralizados.

Dados los requisitos computacionales de los mundos virtuales 3D en tiempo real a gran escala, así como su necesidad de una latencia ultrabaja, algunos expertos debaten si alguna vez podremos descentralizar completamente una experiencia de este tipo, por no hablar del «metaverso». Dicho de otro modo, si la computación es escasa y la velocidad de la luz ya es un reto, ¿cómo podría tener sentido realizar el mismo «trabajo» innumerables veces y esperar a que una red global se ponga de acuerdo en la respuesta correcta?

Y, aunque pudiéramos conseguirlo, ¿el consumo de energía no fundiría el planeta?

Esto puede sonar demasiado simplista, pero las opiniones varían. Muchos creen que los principales problemas técnicos se resolverán con el tiempo. Ethereum, por ejemplo, sigue revisando su proceso de validación para que los participantes de la red puedan realizar menos trabajo (y, sobre todo, menos trabajo duplicado), y ya utiliza menos de una décima parte de la energía por transacción que la blockchain de Bitcoin. También están proliferando las capas 2 y las cadenas laterales, que solucionan muchas de las carencias de Ethereum, mientras que las capas 1 más recientes, como Solana, están igualando su flexibilidad de programación, pero con un rendimiento mucho mayor. La Fundación Solana afirma que una sola transacción consume tanta energía como dos búsquedas en Google.

En la mayoría de los países y de los estados de Estados Unidos, los DAO y los contratos inteligentes no están reconocidos legalmente. Esto está empezando a cambiar, pero el reconocimiento legal no es una solución completa. Hay un pensamiento común: «blockchain no miente» o «blockchain no puede mentir». Eso puede ser verdad, pero los usuarios pueden mentir a blockchain. Un músico podría «tokenizar» los derechos de autor de su canción, asegurando así que los contratos inteligentes ejecuten todos los pagos. Sin embargo, esos derechos pueden no recibirse «en cadena». En su lugar, un sello musical podría enviar una transferencia a la base de datos centralizada de ese músico y luego el músico debe poner las sumas correspondientes en la cartera apropiada, y así sucesivamente. Y muchos NFT son acuñados por quienes no poseen los derechos de las obras subyacentes. En otras palabras, las blockchains no hacen que todo sea fiable, al igual que los contratos no solucionan todos los malos comportamientos.

Luego está el problema de las tiendas de aplicaciones: si Apple y Google no permiten juegos o transacciones con blockchain, ¿qué sentido tiene? Bueno, los maximalistas de blockchain creen que la totalidad de sus fuerzas económicas obligarán a cambiar incluso a las corporaciones más poderosas del mundo, y no sólo a los fabricantes y convenciones de juegos.

Cómo pensar en las blockchains y el metaverso

En mi opinión, hay cinco maneras de pensar en el significado de blockchain, tanto en el contexto del metaverso como en la sociedad en general. En primer lugar, se trata de una tecnología inútil, apoyada por estafas y modas, y que recibe atención no por sus méritos, sino por la especulación a corto plazo.

En segundo lugar, las blockchains son inferiores a la mayoría, si no a todas, las bases de datos, los contratos y las estructuras informáticas alternativos, pero pueden llevar a un cambio cultural en torno a los derechos de los usuarios y los desarrolladores, la interoperabilidad en los mundos virtuales y la compensación para quienes apoyan el software de código abierto. Tal vez estos resultados ya eran inevitables, pero las blockchains pueden introducirlos más rápidamente y de forma democrática.

En tercer lugar, y con mayor esperanza, las blockchains no se convertirán en el medio dominante para almacenar datos, computación, pagos, sociedades de responsabilidad limitada y organizaciones sin ánimo de lucro, etcétera, pero se convertirán en la clave de muchas experiencias, aplicaciones y modelos de negocio. Jensen Huang, de NVIDIA, ha afirmado que «las blockchains van a estar aquí durante mucho tiempo y serán una nueva forma fundamental de informática»,[135] mientras que el gigante mundial de los pagos, Visa, ha lanzado una división de pagos con criptomonedas, declarando en su página de inicio que «las criptomonedas están alcanzando niveles extraordinarios de adopción e inversión, abriendo un mundo de posibilidades para las empresas, los Gobiernos y los consumidores».[136] Recordemos del capítulo 8 los muchos problemas que surgen cuando un mundo virtual quiere «compartir» un activo único con otro, como sería

---

135. Gurdus, Lizzy, «Nvidia CEO Jensen Huang: Cryptocurrency Is Here to Stay, Will Be an "Important Driver" For Our Business», CNBC, 29 de marzo de 2018, <https://www.cnbc.com/2018/03/29/nvidia-ceo-jensen-huang-cryptocurrency-blockchain-are-here-to-stay.html>.

136. Visa, «Crypto: Money Is Evolving», <https://usa.visa.com/solutions/crypto.html>.

el caso de utilizar un avatar comprado en Fortnite de Epic Games pero dentro de Call of Duty de Activision. ¿Dónde se almacena el activo cuando no está en uso? ¿En el servidor de Epic, en el de Activision, en ambos o en otro lugar? ¿Cómo se compensa al que lo almacena? Si el artículo se altera o se vende, ¿quién gestiona el derecho a realizar dicho cambio y registrarlo? ¿Cómo se amplían estas soluciones a cientos, si no miles de millones, de mundos virtuales diferentes? Aunque todo lo que hagan las blockchains sea ofrecer un sistema independiente que resuelva parcialmente algunos de estos problemas, muchos creen todavía que producirá una revolución en la cultura, el comercio y los derechos virtuales.

Un cuarto punto de vista sostiene que las blockchains no sólo son tecnologías críticas para el futuro, sino también la clave para alterar los paradigmas de las plataformas actuales. Recordemos por qué las plataformas cerradas tienden a ganar. Las tecnologías libres, de código abierto y gestionadas por la comunidad han estado disponibles durante décadas, y a menudo prometen a los desarrolladores y usuarios un futuro más justo y próspero, para después perder frente a las alternativas de pago, cerradas y privadas. Esto se debe a que las empresas que operan estas alternativas pueden permitirse enormes inversiones en servicios y herramientas de la competencia, talento en ingeniería, adquisición de clientes (por ejemplo, hardware por debajo del coste) y contenidos exclusivos. Estas inversiones, a su vez, atraen a los usuarios, produciendo un mercado lucrativo para los desarrolladores; y/o atraen a los desarrolladores, atrayendo así a los usuarios que a su vez atraen a más desarrolladores. Con el tiempo, la empresa que gestiona a estos desarrolladores y usuarios aprovecha ese control, junto con su creciente fondo de beneficios, para bloquear a esos mismos grupos y obstaculizar a los competidores.

¿Cómo pueden las blockchains alterar esta dinámica? Proporcionan un mecanismo a través del cual recursos importantes y diversos —desde la riqueza hasta la infraestructura y el tiempo— pueden agregarse fácilmente y a una escala que compite con la más poderosa de las empresas privadas. En otras palabras, la única manera de luchar contra los gigantes corporativos de un billón de dólares que persiguen oportunidades de un billón de dólares es que miles de millones de personas contribuyan con un billón más.

Las blockchains también cuentan con un modelo económico para compensar a quienes contribuyen a su éxito o a su funcionamiento, en lugar de depender del altruismo y la empatía, como ocurre con la mayoría de los proyectos de código abierto. Además, las experiencias basadas en blockchain parecen, al menos hasta ahora, prometer a los desarrolladores unos beneficios mucho mayores que las plataformas de juego cerradas. Igual de importante es el hecho de que los líderes de las plataformas y empresas de blockchain tienen mucho menos control sobre sus usuarios y desarrolladores que los que construyen sobre bases de datos y sistemas tradicionales, ya que no pueden agrupar a la fuerza la identidad de un usuario, sus datos, pagos, contenidos, servicios, etcétera. Chris Dixon, un inversor de riesgo centrado en las criptomonedas de Andreessen Horowitz, sostiene que si el *ethos* dominante de la web 2.0 era «Don't be evil» [no seas malvado], la frase (tristemente) célebre que sirvió como lema no oficial de Google, entonces una web3 (basada en blockchain) sería «Can't be evil» [no puedes ser malvado].

Sin embargo, es poco probable que todos los datos estén «en cadena», lo que significa que pocas experiencias estarán totalmente «descentralizadas» y, por tanto, seguirán estando *de facto* centralizadas o, al menos, fuertemente controladas por una parte determinada. Además, el control no sólo proviene de la propiedad de los datos, sino del código y la propiedad intelectual. Es relativamente fácil copiar el código de Uniswap, que en su mayor parte es de código abierto, pero la capacidad de copiar el código que hace funcionar un Call of Duty basado en blockchain no significa que un desarrollador tenga derecho a hacerlo. Un juego de Disney basado en blockchain puede proporcionar a los usuarios derechos indefinidos sobre los NFT basados en Disney, pero eso no significa que otros desarrolladores puedan crear juegos de Disney con los IP de Disney. Dicho de otro modo, un niño puede contar sus propias historias en la bañera utilizando una figura de acción de Darth Vader y una figura de Mickey Mouse, pero Hasbro no puede comprar estas figuras y utilizarlas para vender un juego de mesa de Disneylandia. Otra forma de «bloqueo» es el hábito: los resultados de búsqueda que ofrece Bing pueden ser más precisos (y menos cargados de publicidad) que los de Google, pero pocos de nosotros solemos utilizarlo. E incluso si son mejores, ¿cuánto tienen que mejorar para convencer a un usuario de que cambie de comportamiento o supere las sinergias de utilizar el motor de búsqueda y el navegador de Google? Si bien lo que dice Dixon es exagerado, notarás que los ejemplos anteriores hablan de cómo los desarrolladores y creadores independientes establecen el poder, en lugar de las formas en que la plataforma subyacente (por ejemplo, Ethereum) construye o protege el suyo.

En general, la sociedad cree que los derechos del primer grupo son más importantes para la salud económica que los del segundo.

La quinta perspectiva sobre las blockchains sugiere que son esencialmente un requisito para el metaverso, al menos uno que satisfaga nuestra elevada imaginación y en el que realmente queramos vivir. En 2017, Tim Sweeney dijo que «llegaremos a la conclusión de que blockchain es realmente un mecanismo general para ejecutar programas, almacenar datos y realizar transacciones de forma verificable. Es un superconjunto de todo lo que existe en la informática. Con el tiempo, llegaremos a verlo como un ordenador distribuido que funciona mil millones de veces más rápido que el ordenador que tenemos en nuestros escritorios, porque es la combinación de los ordenadores de todo el mundo».[137] Si alguna vez esperamos producir simulaciones del mundo sofisticadas, renderizadas en tiempo real y persistentes, será necesario averiguar cómo aprovechar toda la oferta mundial de infraestructuras de informática, almacenamiento y redes (aunque esto no requiere la tecnología blockchain). En enero de

---

137. Takahashi, Dean, «Game Boss Interview: Epic's Tim Sweeney on Blockchain, Digital Humans, and Fortnite», *Venture Beat*, 30 de agosto de 2017, <https://venturebeat.com/2017/08/30/game-boss-interview-epics-tim-sweeney-on-blockchain-digital-humans-and-fortnite/>.

2021, no mucho antes de que comenzara la locura pública por el metaverso y los NFT, Sweeney tuiteó: «[...] fundamentos basados en blockchain para un metaverso abierto. Éste es el camino más plausible hacia un marco abierto definitivo a largo plazo en el que todo el mundo tenga el control de su propia presencia, libres de barreras». En un tuit posterior, Sweeney añadió dos advertencias: «1) El estado del arte está muy lejos del medio transaccional de 60 Hz necesario para 100 millones de usuarios simultáneos en una simulación 3D en tiempo real», y «2) No te tomes esto como un respaldo a la inversión en criptodivisas; eso es un lío salvaje y especulativo..., pero la tecnología va a llegar lejos».[138]

En septiembre de 2021, Sweeney seguía siendo optimista sobre el potencial de blockchain, pero también parecía desanimado por su mal uso, declarando que «[Epic Games no está] tocando las NFT, ya que todo el campo está actualmente enredado con una mezcla intratable de estafas, interesantes fundaciones tecnológicas descentralizadas y timos».[139] Al mes siguiente, Steam prohibió los juegos que utilizaban la tecnología blockchain, lo que llevó a Sweeney a anunciar que «Epic Games Store dará la bienvenida a los juegos que hagan uso de la tecnología blockchain siempre que cumplan las leyes pertinentes, revelen sus condiciones y tengan una calificación por edades adecuada. Aunque Epic no utiliza criptomonedas en sus juegos, tenemos los brazos abiertos a la innovación en las áreas de tecnología y finanzas».[140] Las críticas de Sweeney ponen de manifiesto un problema que a menudo pasan por alto los entusiastas de blockchain, un grupo que suele ver la descentralización como una forma de proteger la riqueza, en lugar de una forma de perderla. Sin intermediarios, supervisión reguladora o verificación de la iden-

---

138. Sweeney, Tim (@TimSweeneyEpic), Twitter, 30 de enero de 2021, <https://twitter.com/TimSweeneyEpic/status/1355573241964802050>.

139. Sweeney, Tim (@TimSweeneyEpic), Twitter, 27 de septiembre de 2021, <https://twitter.com/TimSweeneyEpic/status/1442519522875949061>.

140. Sweeney, Tim (@TimSweeneyEpic), Twitter, 15 de octubre de 2021, <https://twitter.com/TimSweeneyEpic/status/1449146317129895938>.

tidad, el espacio de las criptomonedas se ha convertido en un lugar donde abundan las violaciones de los derechos de autor, el blanqueo de dinero, los robos y las mentiras. Muchos NFT y juegos basados en blockchain se ven apuntalados por la confusión de los usuarios en torno a lo que se está comprando exactamente, cómo se puede utilizar y cómo podría ser en el futuro (a muchos no les importa mientras los precios suban).

No se sabe qué parte de blockchain sigue siendo una exageración y qué parte es una realidad (potencial), al igual que el estado actual del metaverso. Sin embargo, una de las principales lecciones de la era de la informática es que las plataformas que mejor sirvan a los desarrolladores y a los usuarios ganarán la partida. Las blockchains tienen un largo camino por recorrer, pero muchos consideran que su inmutabilidad y transparencia son la mejor manera de garantizar que los intereses de estos dos grupos sigan siendo prioritarios a medida que crece la economía del metaverso.

Parte 3

Cómo el metaverso lo revolucionará todo

Capítulo 12

¿Cuándo llegará el metaverso?

En la parte 2, he descrito lo que se requiere para hacer realidad la visión completa del metaverso, tal y como lo he definido. Este primer capítulo de la parte 3 aborda la inevitable pregunta que sigue: ¿cuándo llegará el metaverso?, y predice cómo será su llegada en toda una serie de sectores.

Incluso quienes invierten decenas de miles de millones al año en el «cuasiestado sucesor» de internet tienden a discrepar sobre el momento de la aparición del metaverso. Satya Nadella, CEO de Microsoft, ha dicho que el metaverso «ya está aquí», y el fundador de Microsoft, Bill Gates, pronostica que en «los próximos dos o tres años, predigo que la mayoría de las reuniones virtuales pasarán de las redes de imágenes de cámaras 2D al metaverso».[141] El CEO de Facebook, Mark Zuckerberg, ha dicho que «gran parte [de esto] se convertirá en la corriente principal en los próximos cinco o diez años»,[142] mientras que el antiguo director de

141. Huddleston Jr. Tom, «Bill Gates Says the Metaverse Will Host Most of Your Office Meetings Within 'Two or Three Years'—Here's What It Will Look Like», CNBC, 9 de diciembre de 2021, <https://www.cnbc.com/2021/12/09/bill-gates-metaverse-will-host-most-virtual-meetings-in-a-few-years.html>.

142. «The Metaverse and How We'll Build It Together—Connect 2021», publicado por Meta, 28 de octubre de 2021, <https://www.youtube.com/watch?v=Uvufun6xer8>.

tecnología de Oculus y ahora consultor, John Carmack, predice una aparición aún más tardía. El CEO de Epic, Tim Sweeney, y el CEO de NVIDIA, Jensen Huang, tienden a evitar una línea de tiempo específica, y afirman que el metaverso surgirá en las próximas décadas. El CEO de Google, Sundar Pichai, se limita a decir que la computación inmersiva es «el futuro». Steven Ma, el vicepresidente senior de Tencent que dirige la mayor parte del negocio de juegos de la compañía y que presentó públicamente la visión de la «hiperrealidad digital» de la empresa en mayo de 2021, advierte que aunque «el metaverso llegará [,] ese día no es hoy [...]. Lo que vemos hoy es desde luego un salto con respecto a lo que teníamos hace unos años. Pero también sigue siendo primitivo [y] experimental».[143]

Para predecir el futuro de internet y de la informática es útil revisar su historia entreverada. Pregúntate cuándo comenzó la era del internet móvil. Algunos podrían situar este inicio en los primeros teléfonos móviles. Otros podrían señalar el despliegue comercial de la 2G, la primera red inalámbrica digital. Tal vez empezó realmente con la introducción del estándar del Protocolo de Aplicaciones Inalámbricas en 1999, que nos proporcionó navegadores WAP y la posibilidad de acceder a una versión (bastante primitiva) de la mayoría de los sitios web desde casi cualquier «teléfono móvil». ¿O tal vez la era de internet móvil comenzó con las series BlackBerry 6000, 7000 u 8000? Al menos uno de ellos fue el primer dispositivo móvil de uso generalizado diseñado para la transmisión inalámbrica de datos sobre la marcha. Sin embargo, la mayoría de la gente diría que la respuesta está ligada al iPhone, que llegó casi una década después de WAP y la primera Black-Berry, casi dos décadas después del 2G y treinta y cuatro años después de la primera llamada de teléfono móvil, y que, desde entonces, ha definido muchos de los principios de diseño visual, la economía y las prácticas comerciales de la era del internet móvil.

---

143. Ma, Steven, «Video Games' Future Is More Than the Metaverse: Let's Talk "Hyper Digital Reality"», *GamesIndustry*, 8 de febrero de 2022, <https://www.gamesindustry.biz/articles/2022-02-07-the-future-of-games-is-far-more-than-the-metaverse-lets-talk-hyper-digital-reality>.

No obstante, la verdad es que nunca hay un momento en el que un interruptor se active. Podemos identificar cuándo se creó, probó o desplegó una tecnología concreta, pero no cuándo empezó o terminó una era. La transformación es un proceso que se repite y en el que convergen muchos cambios diferentes.

Consideremos como caso de estudio el proceso de electrificación, que comenzó a finales del siglo XIX y se extendió hasta mediados del siglo XX, centrado en la adopción y el uso de la electricidad, saltándose el esfuerzo de siglos por comprenderla, captarla y transmitirla. La electrificación no fue un período único de crecimiento constante, ni un proceso de adopción de un solo producto. Más bien se trata de dos olas separadas de transformación tecnológica, industrial y relacionada con el proceso. La primera oleada comenzó en torno a 1881, cuando Thomas Edison puso en marcha centrales eléctricas en Manhattan y Londres. Sin embargo, aunque Edison se apresuró a comercializar la electricidad —dos años antes había creado la primera bombilla incandescente funcional—, la demanda de este recurso era escasa. Un cuarto de siglo después de sus primeras estaciones, entre el 5 y el 10 por ciento de la energía mecánica de Estados Unidos procedía de la electricidad (dos tercios de la cual se generaban localmente, en lugar de provenir de la red). Pero entonces, de forma repentina, comenzó la segunda ola. Entre 1910 y 1920, la cuota de la electricidad en la transmisión mecánica se quintuplicó hasta superar el 50 por ciento (casi dos tercios de la cual procedían de empresas eléctricas independientes). En 1929, la cuota era del 78 por ciento.[144]

La diferencia entre la primera y la segunda olas no estriba en la parte de la industria estadounidense que utiliza la electricidad, sino en la medida en que esa parte lo hace y se diseña en torno a ella.[145]

144. Smiley, George, «The U.S. Economy in the 1920s», Economic History Association, 5 de enero de 2022, <https://eh.net/encyclopedia/ the-u-s-eco nomy-in-the-1920s/>.

145. Hartford, Tim, «Why Didn't Electricity Immediately Change Manufacturing?», 21 de agosto de 2017, <https://www.bbc.com/news/business-4067 3694>.

Cuando las fábricas adoptaron por primera vez la energía eléctrica, ésta se solía utilizar para la iluminación y para sustituir la fuente de energía de las instalaciones (normalmente el vapor). Los propietarios no replantearon ni sustituyeron la infraestructura heredada que llevaría esta energía a toda la fábrica y la pondría en funcionamiento. En su lugar, siguieron utilizando una pesada red de engranajes que resultaba desordenada, ruidosa y peligrosa, difícil de actualizar o cambiar, que estaba «encendida» o «apagada» en su totalidad (y que, por tanto, requería la misma cantidad de energía para sostener una sola estación operativa o toda la planta, y que sufría innumerables «puntos únicos de fallo»), y que tenía dificultades para soportar el trabajo especializado.

Pero, con el tiempo, las nuevas tecnologías y los nuevos conocimientos dieron a los propietarios la razón y la capacidad de rediseñar las fábricas de principio a fin para que fueran eléctricas, desde la sustitución de los engranajes por cables eléctricos hasta la instalación de estaciones individuales con motores eléctricos específicos para funciones como la costura, el corte, el prensado y la soldadura.

Los beneficios fueron amplios. La misma fábrica disponía ahora de mucho más espacio, más luz, mejor aire y menos equipos con riesgo de muerte. Además, las estaciones individuales podían ser alimentadas individualmente (lo que aumentaba la seguridad, a la vez que reducía los costes y el tiempo de inactividad) y podían utilizar equipos más especializados, como llaves de tubo eléctricas.

Los propietarios de las fábricas podían configurar las áreas de producción en torno a la lógica del proceso de producción, en lugar de los enormes equipos, e incluso reconfigurar estas áreas de forma regular. Estos dos cambios hicieron que muchas más industrias pudieran desplegar líneas de montaje (que habían surgido por primera vez a finales del siglo XVIII), mientras que las que ya disponían de estas líneas podían ampliarlas más y con mayor eficacia. En 1913, Henry Ford creó la primera cadena de montaje móvil, que utilizaba electricidad y cintas transportadoras para reducir el tiempo de producción de cada coche de 12,5 horas a 93 minutos, además de utilizar menos energía. Según el historiador David Nye, la famosa planta de Ford en Highland Park «se construyó partiendo de la base de que la luz y la energía eléctrica debían estar disponibles en todas partes».[146]

Una vez que unas pocas fábricas iniciaron esta transformación, todo el mercado se vio obligado a ponerse al día, lo que estimuló más inversiones e innovación en infraestructuras, equipos y procesos basados en la electricidad. Un año después de su primera línea de montaje móvil, Ford producía más coches que el resto de la industria. Cuando llegó a su coche número 10.000.000, había fabricado más de la mitad de todos los coches en circulación.

La «segunda ola» de adopción de la electricidad industrial no dependió de un único visionario que diera un salto evolutivo desde la labor fundamental de Thomas Edison. Tampoco fue simplemente impulsada por un número creciente de centrales eléctricas industriales. Por el contrario, reflejó una masa crítica de innovaciones interconectadas, que abarcaron la gestión de la energía, la fabricación de maquinaria, la teoría de la producción, etcétera. Algunas de estas innovaciones caben en la palma de la mano de un director de planta, otras necesitan una sala, algunas requieren una ciudad y todas dependen de las personas y los procesos. En conjunto, estas innovaciones permitieron lo que se conoce como «los locos años veinte», en los que se produjeron los mayores aumentos medios anuales de la productividad del trabajo y del capital en cien años, e impulsaron la segunda Revolución Industrial.

¿Un iPhone 12 en 2008?

La electrificación puede ayudarnos a entender mejor el auge del móvil. El iPhone *parece* el punto de partida de la era móvil porque unió o destiló todo lo que hoy consideramos «internet móvil» —pantallas táctiles, tiendas de aplicaciones, datos de alta

---

146. Nye, David E., *America's Assembly Line*, MIT Press, Cambridge, MA, 2015, p. 19.

velocidad, mensajería instantánea— en un único producto que podíamos tocar, sostener en la palma de la mano y utilizar a lo largo de todos los días. Pero el internet móvil se creó —y se impulsó— por mucho más.

No fue hasta el segundo iPhone, lanzado en 2008, cuando la plataforma empezó a despegar de verdad, con un aumento de las ventas de casi el 300 por ciento por generación, un récord que se mantiene 11 generaciones después. El segundo iPhone fue el primero en incluir la tecnología 3G, que hizo posible el uso de la web móvil, y la App Store, que hizo útiles las redes inalámbricas y los smartphones.

Ni el 3G ni la App Store fueron innovaciones exclusivas de Apple. El iPhone accedía a las redes 3G mediante chips fabricados por Infineon que se conectaban a través de estándares liderados por grupos como la Unión Internacional de Telecomunicaciones de las Naciones Unidas y la Asociación GSM de la industria inalámbrica. Los proveedores de servicios inalámbricos, como AT&T, desplegaron estos estándares sobre las torres de telefonía móvil construidas por empresas como Crown Castle y American Tower.

El iPhone tenía «una aplicación para eso» porque millones de desarrolladores las crearon. Estas aplicaciones, a su vez, se basaban en una amplia variedad de estándares —desde KDE hasta Java, HTML y Unity— que fueron establecidos y/o mantenidos por partes externas (algunas de las cuales competían con Apple en aspectos clave). Los pagos de la App Store funcionaban gracias a los sistemas de pagos digitales y a los medios establecidos por los principales bancos. El iPhone también dependía de otras innumerables tecnologías, desde una CPU de Samsung (licenciada a su vez por ARM), hasta un acelerómetro de STMicroelectronics, el vidrio reforzado químicamente Gorilla Glass de Corning y otros componentes de empresas como Broadcom, Wolfson y National Semiconductor. Todas estas creaciones y contribuciones, en conjunto, hicieron posible el iPhone. También han dado forma a su trayectoria de mejora.

Lo podemos ver en el iPhone 12, que se lanzó en 2020 y fue el primer dispositivo 5G de la compañía. Independientemente de la brillantez de Steve Jobs, no había ninguna cantidad de dinero que Apple pudiera haber gastado para lanzar el iPhone 12 en 2008. Incluso si Apple hubiera podido idear un chip de red 5G por aquel entonces, no había redes 5G que pudiera utilizar, ni estándares 5G por cable a través de los cuales comunicarse con estas redes, ni aplicaciones que aprovecharan su baja latencia o su ancho de banda. Si Apple hubiera sido capaz de fabricar su propia GPU tipo ARM en 2008 (más de una década antes que la propia ARM), los desarrolladores de videojuegos (que generan el 70 por ciento de ingresos de la App Store) habrían carecido de las tecnologías de motor de juego necesarias para aprovechar sus capacidades superpotentes.

Alcanzar el iPhone 12 requería innovaciones e inversiones en todo el ecosistema, la mayoría de las cuales quedaban fuera del ámbito de Apple, a pesar de que la lucrativa plataforma iOS de Apple era el principal motor de estos avances. El argumento comercial para las redes 4G de Verizon y la construcción de torres inalámbricas de American Tower Corporation dependía de la demanda de los consumidores y las empresas de una conexión inalámbrica más rápida y mejor para aplicaciones como Spotify, Netflix y Snapchat. Sin ellas, la «aplicación estrella» del 4G habría sido... un correo electrónico ligeramente más rápido. Las mejores GPU, por su parte, fueron utilizadas por mejores juegos, y las mejores cámaras se hicieron relevantes por los servicios para compartir fotos como Instagram. Un mejor hardware impulsó un mayor compromiso, lo que impulsó un mayor crecimiento y beneficios para estas empresas, impulsando así mejores productos, aplicaciones y servicios.

En el capítulo 9 me referí a las formas en que los cambios en los hábitos de los consumidores, más que la simple evolución de la capacidad tecnológica, permiten mejorar tanto el hardware como el software. Una década después del lanzamiento del iPhone, Apple se sintió cómoda eliminando el botón físico de inicio y, en su lugar, pidiendo a los propietarios del dispositivo que volvieran a la pantalla de inicio y gestionaran la multitarea mediante deslizamientos táctiles desde la parte inferior de la pantalla. Este nuevo diseño abrió espacio adicional en el interior del iPhone para sensores y componentes informáticos más sofisticados, y ayudó a Apple (y a sus desarrolladores) a introducir modelos de interacción más complejos y basados en software. Muchas aplicaciones de vídeo empezaron a introducir gestos (por ejemplo, arrastrar dos dedos hacia arriba o hacia abajo en la pantalla) para subir o bajar el volumen, en lugar de exigir a los usuarios que hicieran una pausa o llenaran la pantalla de botones innecesarios.

Una masa crítica de piezas funcionales

Si recordamos lo que ocurrió con la electrificación y con el móvil, lo único que podemos decir con seguridad es que el metaverso no llegará de repente. No habrá un claro «antes y después del metaverso», sólo la capacidad de mirar hacia atrás en un momento de la historia en el que la vida era diferente. Algunos ejecutivos sostienen que ya hemos superado este umbral con el metaverso. Su argumento parece prematuro. Hoy en día, menos de una de cada catorce personas se relaciona habitualmente con el mundo virtual, y estos mundos virtuales son casi exclusivamente juegos, no tienen ninguna interconexión significativa (si es que la tienen) y su influencia sobre la sociedad en general es marginal.

Pero *algo* está ocurriendo. Hay una razón por la que incluso los ejecutivos que piensan que el metaverso sigue estando lejos en el futuro, como Zuckerberg, Sweeney y Huang, creen que ahora es el momento de comprometerse públicamente a hacerlo realidad (virtualmente). Como ha dicho Sweeney, Epic Games «tiene aspiraciones de metaverso desde hace mucho, mucho tiempo. Éste empezó con un chat de texto en tiempo real [sic] en 3D entre 300 extraños con forma de polígonos. Pero ha sido en los últimos años cuando ha empezado a unirse rápidamente una masa crítica de piezas funcionales».

Entre estas piezas se encuentra la proliferación de ordenadores móviles asequibles con pantallas táctiles de alta resolución que están a sólo unos centímetros de dos tercios de todos los habitantes del planeta mayores de 12 años. Además, estos dispositivos están equipados con CPU y GPU capaces de alimentar y renderizar complejos entornos en tiempo real con docenas de usuarios simultáneos, cada uno de los cuales dirige su propio avatar y es capaz de realizar una amplia gama de acciones. Esta funcionalidad se ve favorecida por los *chipsets* 4G y las redes inalámbricas que permiten a los usuarios acceder a estos entornos desde cualquier lugar. La llegada de las blockchains programables, por su parte, ha ofrecido tanto la esperanza como los mecanismos para aprovechar la fuerza y los recursos combinados de cada persona y ordenador del planeta para construir no sólo el metaverso, sino uno descentralizado y saludable.

Otra pieza es el «juego multiplataforma», que ha permitido a los usuarios jugar entre sí aunque utilicen sistemas operativos diferentes (lo que se conoce como «juego cruzado»), comprar bienes y monedas virtuales a través de cualquier plataforma y utilizarlos después en otra (compra cruzada), y llevar sus datos de guardado y su historial de juego a través de las plataformas (progresión cruzada).

Este tipo de experiencias han sido técnicamente posibles durante casi dos décadas, pero las principales plataformas de videojuegos (sobre todo, PlayStation) sólo las habilitaron en 2018.

La multiplicidad de plataformas era esencial en tres sentidos. En primer lugar, la propia noción de una simulación virtual persistente que existe en la nube está en desacuerdo con las limitaciones específicas de los dispositivos. Si el sistema operativo que utilizas altera lo que puedes ver o hacer en el «metaverso» y quizá te impide visitarlo por completo, no puede haber un «metaverso» ni un plano de existencia paralelo, sino sólo un software que se ejecuta en tu dispositivo y que te permite asomarte a una de varias realidades virtuales. En segundo lugar, la posibilidad de utilizar cualquier dispositivo e interactuar con cualquier otro usuario ha dado lugar a un aumento del compromiso: imagina cuánto menos utilizarías Facebook si tuvieras una cuenta diferente con distintos amigos y distintas fotos en tu PC y en tu iPhone, y si sólo pudieras enviar mensajes a quienes utilizaran el mismo dispositivo que tú. Si la era digital se ha definido por los efectos de la red y la ley de Metcalfe, la posibilidad de jugar en varias plataformas ha hecho que estos mundos virtuales sean más valiosos al unir sus redes bifurcadas. En tercer lugar, este aumento de la participación tuvo un impacto desproporcionado en los constructores de mundos virtuales. Casi todos los costes de crear un juego, un avatar o un objeto en Roblox, por ejemplo, son iniciales y fijos. Por ello, cualquier aumento del gasto de los jugadores incrementa drásticamente los beneficios de los desarrolladores independientes y, por tanto, su capacidad para reinvertir en mejores o más juegos, avatares y objetos.

También podemos observar cambios culturales. Desde su lanzamiento en 2017 hasta finales de 2021, Fortnite generó unos ingresos estimados de 20.000 millones de dólares, la mayoría de los cuales procedían de las ventas de avatares digitales, mochilas y bailes (también conocidos como emotes). Fortnite convirtió a Epic Games en uno de los mayores vendedores de moda del mundo, superando por mucho a gigantes como Dolce & Gabbana, Prada y Balenciaga, al mismo tiempo que revelaba que incluso los juegos de disparos ya no eran sólo «juegos». El auge de los NFT a lo largo de 2021, por su parte, empezó a normalizar la idea de que los objetos puramente virtuales podían valer millones de dólares o más.

En relación con esto, debemos considerar la actual desestigmatización del tiempo que se pasa en los mundos virtuales, así como las formas en que la pandemia de la COVID-19 aceleró este proceso. Durante décadas, los «jugadores» se han hecho avatares «falsos» y han pasado su tiempo libre en mundos digitales mientras perseguían objetivos no relacionados con el juego, como diseñar una habitación en Second Life, en lugar de matar a un terrorista en Counter-Strike. Una gran parte de la sociedad consideraba esto extraño, una pérdida de tiempo o antisocial (si no algo peor). Algunos veían los mundos virtuales como la versión moderna de un hombre adulto construyendo un juego de trenes a solas en su sótano. Las bodas y los funerales virtuales, que son habituales desde la década de 1990, eran considerados por la mayoría de la gente como algo totalmente absurdo, más como un chiste que como algo conmovedor.

Es difícil imaginar qué podría haber cambiado más rápidamente nuestra percepción de los mundos virtuales que el tiempo que pasamos en casa durante los diversos confinamientos por la COVID-19 de 2020 y 2021. Millones de escépticos han participado (y disfrutado) de mundos virtuales y actividades como Animal Crossing, Fortnite y Roblox mientras buscaban cosas que hacer, asistían a eventos que antes ocurrían en el mundo real o intentaban pasar tiempo con sus hijos dentro de casa. Estas experiencias no sólo han contribuido a desestigmatizar la vida virtual para la sociedad en general, sino que incluso pueden llevar a otra generación (mayor) a participar en el metaverso.[147]

El impacto de dos años encerrados fue profundo. En su forma más básica, los desarrolladores de mundos virtuales se beneficiaron de más ingresos, lo que a su vez llevó a más inversión y mejores productos, atrayendo así más usuarios y uso, y por lo tanto, más ingresos, y así sucesivamente. Pero a medida que los mundos virtuales se desestigmatizaban y quedaba claro que todo el mundo era un jugador, y no sólo los hombres solteros de 13 a 34 años, las marcas más grandes del mundo comenzaron a acudir a este espacio y, al hacerlo, lo legitimaron y diversificaron aún más. A finales de 2021, gigantes de la automoción (Ford), marcas de *fitness* (Nike), organizaciones sin ánimo de lucro (Reporteros sin Fronteras), músicos (Justin Bieber), estrellas del deporte (Neymar Jr.), casas de subastas (Christie's), casas de moda (Louis Vuitton) y franquicias (Marvel) habían hecho del metaverso una parte clave de su negocio, si no el centro de su estrategia de crecimiento.

147. Veo una serie de similitudes aquí con los supermercados en línea. Millones de consumidores conocen desde hace años la existencia de los servicios de compra de alimentación online, pero se niegan a probarlos, aunque compren habitualmente ropa o papel higiénico por internet. Estos reacios simplemente creían que si alguien realizaba la compra por ellos, llegaría estropeada, dañada o, de alguna manera indescriptible, estaría equivocada. Y no existía marketing o reseñas suficientes que cambiasen esta indecisión. Pero la pandemia de la COVID-19 hizo que muchas personas utilizaran por primera vez el servicio a domicilio de supermercados, lo que llevó a que se dieran cuenta de que la compra de alimentación en línea está bien y el proceso no sólo es fácil, sino también agradable. Algunos volverán a comprar en persona, pero no todos ni siempre.

Los próximos motores de crecimiento

¿Cuáles son las próximas «piezas críticas» que podrían hacer que aumenten los «ingresos del metaverso» o la «adopción del metaverso»? Una respuesta podría ser la adopción de medidas reglamentarias contra empresas como Apple y Google que las obliguen a desagregar sus sistemas operativos, tiendas de software, soluciones de pago y servicios relacionados, y al hacerlo, competir individualmente en cada área. Otra respuesta popular es que estamos a la espera de unas gafas de realidad aumentada o de realidad virtual que, como el iPhone, abran la categoría de dispositivos a cientos de millones de consumidores y a muchos miles de desarrolladores. Otras respuestas incluyen la informática descentralizada basada en blockchain, la informática de baja latencia en la nube y el establecimiento de un estándar común y ampliamente adoptado para los objetos 3D. El tiempo acabará por revelar la verdad, pero en un futuro próximo podemos apostar por tres factores principales.

En primer lugar, cada una de las tecnologías subyacentes necesarias para el metaverso mejora cada año. El servicio de internet está cada vez más disponible, es más rápido y menos latente. La potencia informática también está más extendida, es más capaz y menos costosa. Los motores de juego y las plataformas integradas del mundo virtual son cada vez más fáciles de usar, más baratos y capaces. El largo proceso de estandarización e interoperabilidad está en marcha, impulsado en parte por el éxito de las plataformas integradas del mundo virtual y el movimiento criptográfico, pero también por los incentivos económicos. Los pagos también se están abriendo poco a poco gracias a una mezcla de la acción reguladora, las demandas y las blockchains. Recuerda que la «masa crítica de piezas funcionales» de Sweeney no es estática, sino que se «une» constantemente.

El segundo motor es la marcha continua del cambio generacional. Al principio de este libro hablé de la relevancia de la generación «nativa del iPad» en el auge de Roblox. Este grupo creció esperando que el mundo fuera interactivo —que se viera afectado por su tacto y sus elecciones—, y ahora que pueden consumir, las generaciones anteriores pueden ver lo diferentes que son sus comportamientos y preferencias de los de los mayores. Esto no es nuevo, por supuesto. Dependiendo de tu propia identidad generacional, es posible que hayas crecido enviando postales, pasando horas después del colegio hablando por teléfono cada día, utilizando aplicaciones de mensajería instantánea o publicando fotografías en una red social en línea. La trayectoria es clara. Sabemos que la generación Y juega más que la X, la Z más que la Y, y la Alfa más que la Y. Más del 75 por ciento de los niños estadounidenses juegan en una sola plataforma, Roblox. En otras palabras, casi todos los nacidos hoy son jugadores. Lo que significa que cada año nacen 140 millones de nuevos jugadores en el mundo.

El tercer motor es el resultado de la unión del primero y el segundo. En última instancia, el metaverso se introducirá a través de las experiencias. Los smartphones, las GPU y el 4G no produjeron por arte de magia mundos virtuales dinámicos y renderizados en tiempo real, sino que necesitaron a los desarrolladores y sus imaginaciones. Hay que tener también en cuenta que, a medida que la generación de «nativos del iPad» se hace mayor, más personas dentro de ella pasarán de ser consumidores o aficionados a los mundos virtuales a desarrolladores profesionales y líderes empresariales por derecho propio.

Capítulo 13

Metanegocios

Entonces, ¿qué podrían producir pronto los desarrolladores? A lo largo de este libro he evitado describir «el metaverso en 2030» u ofrecer cualquier afirmación sobre cómo será la sociedad, en general, tras la llegada del metaverso. El reto que plantean estos pronósticos tan amplios son los bucles de retroalimentación que se producen entre el momento actual y esa fecha. En 2023 o 2024 se creará una tecnología inédita que, a su vez, inspirará nuevas creaciones, o dará lugar a nuevos comportamientos de los usuarios, o manifestará un nuevo caso de uso para esa tecnología, que dará lugar a otras innovaciones, cambios y aplicaciones, y así sucesivamente. Sin embargo, hay algunas áreas que probablemente serán transformadas por el metaverso de manera que, al menos a corto plazo, puede decirse que son predecibles. Los millones, si no miles de millones, de usuarios y dólares se verán atraídos por las nuevas experiencias resultantes. Teniendo en cuenta todas las advertencias necesarias, vale la pena examinar cómo podrían ser estas transformaciones.

Educación

El mejor ejemplo de transformación inminente podría ser la educación. Se trata de un sector de vital importancia tanto para la sociedad como para la economía, y los recursos educativos son escasos y muy desiguales en su distribución. También es el principal ejemplo de lo que se conoce como «la enfermedad de los costes de Baumol», que se refiere al «aumento de los salarios en trabajos que no han experimentado un aumento de la productividad laboral, o han experimentado un aumento bajo, en respuesta al aumento de los salarios en otros trabajos que han experimentado un mayor crecimiento de la productividad laboral».[148]

Esto no es una crítica a los profesores, más bien refleja el hecho de que la mayoría de los trabajos se han vuelto mucho más «productivos», en términos económicos, como resultado de las muchas nuevas tecnologías y desarrollos digitales de las últimas décadas. Por ejemplo, un contable se ha vuelto mucho más eficiente gracias a las bases de datos informatizadas y a programas como Microsoft Office. Hoy en día, un contable puede hacer más «trabajo» por unidad de tiempo, o gestionar más clientes en el mismo tiempo, de lo que podía un contable en la década de 1950. Lo mismo ocurre con los servicios de limpieza y seguridad, que ahora aprovechan herramientas de limpieza motorizadas más potentes o pueden vigilar las instalaciones mediante una red de cámaras digitales, sensores y dispositivos de comunicación. La sanidad sigue siendo un sector impulsado por la mano de obra, pero los avances en diagnósticos y tecnologías terapéuticas y de soporte vital han ayudado a compensar muchos de los costes asociados al envejecimiento de la población.

La enseñanza ha experimentado un menor aumento de la productividad en comparación con casi todas las demás categorías. Un profesor en 2022 no puede, en la mayoría de los casos, enseñar a más alumnos que hace décadas sin que la calidad de su educación se vea afectada. Además, tampoco hemos encontrado

148. Wikipedia, «Efecto salarial de Baumol», última edición el 16 de enero de 2022, <https://es.wikipedia.org/wiki/Efecto_salarial_de_Baumol>.

formas de enseñar durante menos tiempo (es decir, de enseñar más rápido). Sin embargo, los sueldos de los profesores deben competir con los sueldos que se ofrecen a alguien que podría ser contable (o ingeniero de software, o diseñador de juegos), y deben aumentar con el aumento del coste de la vida como resultado de una economía en crecimiento. Y más allá del tiempo de los profesores, la educación sigue siendo increíblemente intensiva en recursos físicos, desde el tamaño de la escuela, la calidad de sus instalaciones y la calidad de los suministros. De hecho, los costes asociados a estos recursos han aumentado en parte debido a las nuevas tecnologías más caras (por ejemplo, cámaras y proyectores de alta definición, iPads, etcétera).

La relativa falta de crecimiento de la productividad en la educación queda demostrada por el aumento relativo de sus costes. La Oficina de Estadísticas Laborales de Estados Unidos estima que el coste del bien medio en enero de 1980 ha aumentado más del 260 por ciento hasta enero de 2020, mientras que el coste de las matrículas y las tasas universitarias ha crecido un 1.200 por ciento.[149] El segundo sector más cercano, el de la atención médica y los servicios, ha aumentado un 600 por ciento.

Aunque la educación lleva mucho tiempo a la zaga del crecimiento de la productividad en Occidente, los tecnólogos esperaban que superara la mayoría de los objetivos de la industria. Se partía de la base de que los institutos, las universidades y, especialmente, las escuelas de oficios reconfigurarían sus principios y serían desplazadas por el aprendizaje a distancia. Muchos, si no la mayoría, de los estudiantes aprenderían a distancia, no en el aula, sino a través de vídeos a la carta, clases en directo y opciones múltiples potenciadas por la IA. Pero una de las principales lecciones de la COVID-19 fue que las clases por videoconferencia son terribles. Hay muchos retos cuando se trata de aprender a través de una pantalla, pero en su mayor parte, asumimos que perdemos más de lo que podemos ganar (o ahorrar económicamente).

La pérdida más evidente con el aprendizaje a distancia es la de la «presencia». Cuando están dentro del aula, los alumnos se

---

149. Oficina de Estadísticas Laborales de Estados Unidos.

encuentran en un entorno educativo; tienen una capacidad de acción y una inmersión totalmente distintas a las que ofrece una cámara a través de la cual pueden asomarse a un plató escolar intocable. La razón por la que la presencia es importante no viene al caso, pero la investigación pedagógica muestra los claros beneficios de enviar a los estudiantes a excursiones en lugar de limitarlos a los vídeos, de pedirles que vayan a la escuela en lugar de escuchar las grabaciones en casa y de animarlos a aprender «con las manos» siempre que sea posible. La pérdida de la presencia conlleva la pérdida de todo, desde el contacto visual con el profesor (y el escrutinio por parte de éste), la capacidad de coaprender junto a los amigos y el tacto, hasta la capacidad de construir un robot hidráulico con jeringuillas, utilizar un mechero bunsen y diseccionar una rana, un feto de cerdo o un gato salvaje.

Es difícil imaginar que la educación en casa o a distancia llegue a sustituir totalmente a la educación presencial. Pero poco a poco estamos cerrando la brecha a través de nuevas tecnologías centradas predominantemente en el metaverso, como la visualización volumétrica, las gafas de RV y RA, la háptica y las cámaras de seguimiento ocular.

Las tecnologías de renderización 3D en tiempo real no sólo ayudan a los educadores a llevar el aula (y los compañeros de clase) a cualquier lugar, sino que las ricas simulaciones virtuales que están en el horizonte pueden aumentar en gran medida el proceso de aprendizaje. Al principio, la RV en las aulas se concebía como poco más que la posibilidad de «visitar» la antigua Roma (por cierto, «visitar» Roma se consideró durante mucho tiempo la «aplicación estrella» de las gafas de RV, pero resultó ser bastante aburrida). En cambio, los estudiantes «construirán Roma en un semestre» y aprenderán cómo funcionan los acueductos construyéndolos. Muchos estudiantes de hoy y de décadas pasadas aprendieron sobre la gravedad viendo cómo su profesor dejaba caer una pluma y un martillo, y luego viendo una cinta del comandante del *Apollo 15* David Scott haciendo lo mismo en la Luna (*spoiler*: caen a la misma velocidad). Estas demostraciones no tienen por qué desaparecer, pero pueden complementarse con la creación de elaboradas máquinas de Rube Goldberg virtuales, que los alumnos pueden probar bajo una gravedad similar a la de la Tierra en Marte e incluso bajo las lluvias de ácido sulfúrico de la atmósfera venusiana. En lugar de crear una erupción volcánica con vinagre y bicarbonato de sodio, los alumnos se sumergirán en un volcán y luego agitarán sus piscinas de magma antes de ser arrojados al cielo.

En otras palabras, todo lo que antes se imaginaba en *Aventuras sobre ruedas* será virtualmente posible, y además a mayor escala. A diferencia de las clases presenciales, estas lecciones estarán disponibles bajo demanda, desde cualquier lugar del mundo, y serán totalmente accesibles (y más fácilmente personalizables) para aquellos alumnos con discapacidades físicas o sociales. Algunas clases incluirán presentaciones de instructores profesionales cuyas clases en directo fueron captadas en movimiento y grabadas con audio. Y como estas experiencias no tienen costes marginales —es decir, no requieren tiempo extra de un profesor ni agotan los suministros sin importar el número de veces que se realicen— pueden tener un precio muy inferior a los costes asociados al aprendizaje que se produce en el aula. Todos los estudiantes podrán realizar una disección, independientemente de la riqueza de sus padres o de la financiación del consejo escolar local. De hecho, estos estudiantes ni siquiera necesitarán asistir a una escuela (y si quieren, podrán recorrer los distintos sistemas orgánicos de la criatura, en lugar de limitarse a abrirla).

Y lo que es más importante, estas clases virtuales podrán ser complementadas por un profesor de carne y hueso. Imagínate a la «verdadera» Jane Goodall reproducida en un entorno virtual y guiando a los alumnos a través del Parque Nacional Gombe Stream, en Tanzania, junto al profesor del «aula» de estos alumnos, que personaliza aún más la experiencia. El coste de esta experiencia será muy inferior al de una excursión real, sobre todo a Tanzania, y puede que incluso ofrezca más de lo que podría ofrecer un viaje de este tipo.

Nada de esto quiere decir que la educación con RV y mundos virtuales vaya a ser fácil. La pedagogía es un arte, y el aprendizaje es difícil de medir. Pero no es difícil imaginar cómo las experiencias virtuales pueden mejorar el aprendizaje al tiempo que amplían el acceso y reducen sus costes. Se reducirá la brecha entre la educación presencial y la educación a distancia, habrá mercados competitivos para las lecciones prefabricadas y los tutores en vivo, y un alcance exponencialmente mayor para los grandes profesores y su trabajo.

Los lectores atentos observarán que estas experiencias no hacen por sí solas el metaverso, ni lo requieren. Es posible que existan mundos 3D atractivos en tiempo real centrados en la educación sin el metaverso. Sin embargo, la interoperabilidad entre estas experiencias y todas las demás, así como el mundo real, tiene un valor evidente. Si los usuarios pueden llevar sus avatares a estos mundos, es probable que los utilicen más a menudo. Si el historial de su cuenta educativa puede escribirse «en la escuela» y luego leerse y ampliarse en otros lugares, es más probable que los alumnos sigan aprendiendo y que sus experiencias sean más ricas y personalizadas.

Estilo de vida

La educación es sólo una de las muchas experiencias centradas en la sociedad que serán transformadas por el metaverso. En la actualidad, millones de personas hacen ejercicio cada día utilizando servicios digitales como Peloton, que ofrece clases de ciclismo en directo y a la carta, con tablas de clasificación y seguimiento de las puntuaciones, y Mirror, una filial de Lululemon que ofrece una amplia gama de rutinas de ejercicio impartidas por un instructor parcialmente transparente que se proyecta a través de un espejo reflectante. Desde entonces, Peloton se ha expandido a los juegos virtuales en tiempo real, como Lanebreak, en el que el ciclista controla una rueda que avanza por una pista fantástica para ganar puntos y esquivar obstáculos. Esto es una señal de lo que está por venir; quizá dentro de poco, nuestra rutina matutina consistirá en que nuestro avatar de Roblox recorra el nevado planeta Hoth de *Star Wars* a través de una aplicación de Peloton en nuestras gafas de RV de Facebook, todo ello mientras charlamos con nuestros amigos.

Es probable que la atención plena, la meditación, la fisioterapia y la psicoterapia se vean alteradas de forma similar, gracias a una mezcla de sensores electromiográficos, pantallas holográficas volumétricas, gafas de inmersión y cámaras de proyección y seguimiento que, en conjunto, proporcionan un apoyo, una estimulación y una simulación nunca antes posibles.

Las citas son otra categoría fascinante a la hora de considerar el impacto del metaverso. Antes del lanzamiento de Tinder, algunos creían que las citas en línea estaban «resueltas»: todo lo que había que hacer era rellenar docenas o cientos de cuestionarios de opción múltiple que se convertirían en una misteriosa puntuación de compatibilidad a través de la cual se emparejaría a dos posibles tortolitos. Pero esta creencia y las empresas que se basaban en ella se vieron desbaratadas por un modelo basado en fotos en el que los usuarios «deslizan el dedo hacia la derecha» o «deslizan el dedo hacia la izquierda» para ver si hay un interés compartido en chatear, y en el que el usuario medio dedica entre tres y siete segundos a tomar esa decisión.[150] En los últimos años, las aplicaciones de citas han añadido nuevas funciones para las parejas emparejadas, como juegos y concursos fáciles, notas de voz y la posibilidad de compartir sus listas de reproducción favoritas en Spotify y Apple Music. En el futuro, las aplicaciones de citas probablemente ofrecerán una variedad de mundos virtuales inmersivos que ayudarán a la pareja a conocerse. Podrían abarcar la realidad simulada («cena en París») o la fantasía («cena en París... en la Luna»), incluir actuaciones en directo de avatares captados en movimiento[151] (imagínate mariachis o asistir a un gemelo digital del Royal Ballet de Londres, pero desde

150. Pankida, Melissa, «The Psychology Behind Why We Speed Swipe on Dating Apps», *Mic*, 27 de septiembre de 2019, <https://www.mic.com/life/we-speed-swipe-on-tinder-for-different-reasons-depending-on-our-gender-18808262>.

151. Neal Stephenson describió ampliamente este tipo de tecnología y experiencia en *La era del diamante*, publicado en 1995, tres años después de *Snow Crash*. Llamó a estos productos libros interactivos, o «ractivos» para abreviar, con intérpretes conocidos como «ractores», que viene de actores interactivos.

Atlanta), y podrían dar lugar a reinvenciones de formatos clásicos de concursos de televisión como «The Dating Game». También es probable que estas aplicaciones se integren en mundos virtuales de terceros (al fin y al cabo, esto es el metaverso), lo que permitiría, por ejemplo, que una pareja emparejada entrara fácilmente en una experiencia virtual basada en Peloton o Headspace.

Entretenimiento

Cada vez es más frecuente escuchar que el futuro de los «medios lineales», como las películas y los programas de televisión, es la RV y la RA. En lugar de ver *Juego de tronos* o el partido de los Golden State Warriors contra los Cleveland Cavaliers en nuestro sofá, sentados frente a nuestra pantalla plana de 65 pulgadas, nos pondremos unas gafas de RV y veremos los programas en pantallas simuladas del tamaño de IMAX, o nos sentaremos a pie de pista junto con nuestros amigos. También podemos verlos a través de unas gafas de realidad aumentada que hacen que parezca que seguimos teniendo un televisor en el salón. Las películas y los programas de televisión, por supuesto, se filmarán para lograr una inmersión de 360°. Cuando Travis Bickle diga «¿Me hablas a mí?», podrías estar virtualmente delante o incluso detrás de él.

Estas predicciones me recuerdan a la forma en que muchos preveían que periódicos como *The New York Times* se verían alterados por internet.[152] En los años noventa, algunos creían que «en el futuro» el *Times* enviaría un PDF de la edición de cada día a la impresora de cada suscriptor, que lo imprimiría antes de que su propietario se despertara, evitando así la necesidad de costosas imprentas y elaborados sistemas de entrega a domicilio. Los teóricos más atrevidos imaginaron que este PDF

152. Evans, Benedict, «Cars, Newspapers and Permissionless Innovation», 6 de septiembren de 2015, <https://www.ben-evans.com/benedictevans/2015/9/1/permissionless-innovation>.

podría incluso excluir las secciones que el lector individual no quisiera, ahorrando así papel y tinta. Décadas después, el *Times* ofrece esta opción, pero casi nadie la utiliza. En su lugar, los suscriptores acceden a una copia online del periódico que cambia constantemente y nunca se imprime, que no tiene divisiones claras entre las secciones y que esencialmente no puede leerse «de adelante hacia atrás». La mayoría de los lectores de noticias ni siquiera leen periódicos. En su lugar, consumen las noticias a través de recopilaciones de noticias como Apple News, y de los flujos de noticias de las redes sociales que entremezclan innumerables historias de distintos editores junto con fotos de sus amigos y familiares.

El futuro del entretenimiento probablemente implique una remezcla similar. El «cine» y la «televisión» no desaparecerán —al igual que los relatos orales, las series, las novelas y los programas de radio siguen existiendo siglos después de su creación—, pero podemos esperar una rica interconexión entre el cine y las experiencias interactivas (consideradas en sentido amplio como «juegos»). Esta transformación se ve facilitada por el creciente uso de motores de renderizado en tiempo real, como Unreal y Unity, en la realización de películas.

Históricamente, películas como *Harry Potter* o *Star Wars* han utilizado software de renderización en tiempo no real. No era necesario producir un fotograma en milisegundos durante el proceso de producción, por lo que tenía sentido dedicar más tiempo (desde un milisegundo adicional hasta varios días) para que la imagen pareciera más realista o detallada. Además, el objetivo del departamento de gráficos por ordenador era producir virtualmente una imagen ya conocida (es decir, basada en el *storyboard* o guion gráfico). Por ello, los cineastas no necesitaban «construir Manhattan», ni siquiera una sola calle de West Village, para respaldar una escena de *Los vengadores*, y mucho menos una calle que pudiera simular la «Nueva York real» y todo lo que podría ocurrirle cuando los extraterrestres invaden y las Gemas del Infinito están involucradas.

Pero en los últimos cinco años, Hollywood ha ido integrando progresivamente motores de renderizado en tiempo real, sobre todo Unity y Unreal, en su proceso de rodaje. Para *El rey león* de 2019, una película puramente basada en CGI pero que fue diseñada para parecer de «acción real», el director Jon Favreau se sumergió en cada escena a través de una recreación basada en Unity, a menudo mientras llevaba unas gafas de RV. Esto le permitió entender un escenario puramente virtual como si se tratara de un rodaje típico del «mundo real», un proceso que, según él, ayudó a todo, desde dónde colocar y angular una toma, hasta cómo la cámara seguiría a sus protagonistas ficticios, así como la iluminación y el color del entorno. Aun así, el renderizado final se produjo en Maya, un software de animación en tiempo no real publicado por Autodesk.

A partir de su trabajo en *El rey león*, Favreau ayudó a la creación de los primeros escenarios de «producción virtual», en los que se construye una enorme sala circular con paredes y techos de LED de alta densidad (las salas se llaman «volúmenes»). A continuación, los LED se iluminaron con renderizado en tiempo real basado en Unreal. Esta innovación aportó una serie de ventajas. La más sencilla era que permitía a todos los que estaban dentro del volumen experimentar lo que Favreau hacía en la RV, pero sin necesidad de llevar gafas. También significaba que se podía ver a «personas reales» dentro del entorno, en lugar de que todo el mundo se limitara a ver animaciones preestablecidas de Timón y Pumba. Además, el reparto podía verse afectado por los LED del volumen; la luz que brillaba desde un sol virtual recoloreaba a un actor directamente y le proporcionaba una sombra precisa; no era necesario aplicarla o corregirla en «posproducción». Un plató podría tener la puesta de sol perfecta durante todo el año y, años después, ese mismo escenario podría reproducirse en segundos.

Uno de los líderes de la producción virtual es Industrial Light & Magic, la empresa de efectos visuales fundada por el creador de *Star Wars*, George Lucas, y que ahora es propiedad de Disney. ILM calcula que cuando una película o serie se diseña para volúmenes LED, es posible filmar entre un 30 y un 50 por ciento más rápido que cuando se rueda con una mezcla de decorados del «mundo real» y «pantalla verde», y que los costes de posproducción también son menores. ILM señala la exitosa serie de televisión de *Star Wars*, *The Mandalorian*, que fue creada y dirigida por Favreau y costó aproximadamente una cuarta parte por minuto que la típica película de *Star Wars* (y también fue mejor recibida por los críticos y los espectadores). Casi toda la primera temporada de la serie —que abarcaba un mundo de hielo sin nombre, el planeta desértico Nevarro, el fortificado Sorgan, el espacio profundo y docenas de subconjuntos en cada uno de ellos— se rodó en un único escenario virtual en Manhattan Beach, California.

¿Qué tiene que ver la producción virtual con el metaverso más allá del uso de motores y mundos virtuales similares? Las conexiones comienzan con los «decorados virtuales». Si se visita el decorado físico de los estudios de Disney, encontrarás escenarios y taquillas llenas de viejos trajes del *Capitán América*, maquetas en miniatura de la *Estrella de la Muerte* y las salas de estar de *Modern Family*, *New Girl* y *Cómo conocí a vuestra madre*. Ahora, los servidores de Disney se están llenando de versiones virtuales de cada objeto 3D, textura, traje, entorno, edificio, escáner facial y cualquier otra cosa que haya hecho. Esto no sólo facilita el rodaje de una secuela, sino que facilita la realización de todas las obras derivadas. Si Peloton quiere vender un curso ambientado en la *Estrella de la Muerte* o el Campus de los Vengadores, puede reutilizar (es decir, licenciar) mucho de lo que ha hecho Disney. Si Tinder quiere ofrecer citas virtuales en Mustafar, también. En lugar de jugar al *blackjack* a través del iCasino basado en vídeo, ¿por qué no jugar en Canto Bight? En lugar de lanzar una integración de *Star Wars* en Fortnite, Disney se limitará a poblar sus propios minimundos en Fortnite Creative utilizando lo que ya han construido.

Tampoco serán sólo oportunidades para experimentar personalmente el mundo filmado de *Star Wars*. Se convertirán en una parte fundamental de la experiencia narrativa. Entre los episodios semanales de *The Mandalorian* o *Batman*, los fans podrán unirse a sus héroes en eventos canónicos (o no canónicos) y misiones secundarias. A las 9 de la noche de un miércoles, por ejemplo, Marvel puede tuitear que los Vengadores «ne-

332 · El metaverso

cesitan nuestra ayuda», con Tony Stark, interpretado en directo por Robert Downey Jr. Por otra parte, los fans tendrán la oportunidad de vivir lo que han visto en la película o en la serie. El final de *Los Vengadores: la era de Ultrón* de 2015 implicaba a los héroes principales luchando contra una legión de robots malvados en un trozo de tierra que flota sobre la Tierra. En 2030, los jugadores tendrán la oportunidad de hacer lo mismo.

Oportunidades similares se presentarán para los aficionados al deporte. Puede que utilicemos la RV para sentarnos virtualmente a pie de pista, pero es más probable que los partidos que vemos sean captados casi instantáneamente y reproducidos en un «videojuego». Si tienes el NBA 2K27, podrás saltar a un momento concreto de un partido que ha terminado sólo unos minutos antes y ver si podrías haber ganado el partido, o al menos haber hecho el tiro que un jugador estrella no hizo. En la actualidad, la afición al deporte está aislada entre ver un partido, jugar a un videojuego deportivo, participar en deportes de fantasía, hacer apuestas en línea y comprar NFT, pero probablemente descubriremos que cada una de estas experiencias se fusiona y, al hacerlo, crea otras nuevas.

Las apuestas y los juegos de azar también se transformarán. Ya hay decenas de millones de personas que hacen apuestas en línea, utilizan casinos basados en Zoom o disfrutan de casinos basados en juegos como el Be Lucky: Los Santos de Grand Theft Auto. En el futuro, muchos de nosotros iremos a los casinos del metaverso, donde nos atenderán crupieres en vivo y con captación de movimiento, mientras disfrutamos de actuaciones musicales en vivo y con captura de movimiento. O recordemos Zed Run del capítulo 11. Cada semana se apuestan cientos de miles de dólares en sus carreras de caballos virtuales, y muchos de estos caballos valen millones. La economía de Zed Run se mantiene gracias a su programación basada en blockchain, que proporciona a los apostantes la confianza de que las carreras no están amañadas y a los propietarios de caballos la fe de que los «genes» de sus caballos virtuales se transmitirán por defecto cuando se críen.

Otros están reimaginando el entretenimiento a un nivel más abstracto. De diciembre de 2020 a marzo de 2021, Genvid Technologies organizó un «evento masivo interactivo en vivo» (MILE) en Facebook Watch, llamado «Rival Peak». El título era una especie de *mash-up* virtual de «American Idol», «Gran Hermano» y «Perdidos». Trece concursantes de IA estaban atrapados en una zona remota del noroeste del Pacífico, y el público podía verlos interactuar, luchar por sobrevivir y descubrir varios misterios a través de docenas de cámaras que funcionaban las 24 horas del día durante las 13 semanas. Aunque el público no podía controlar directamente a un personaje determinado, sí podía influir en la simulación en tiempo real, resolviendo rompecabezas para ayudar a un héroe determinado o crear un obstáculo para un villano, opinando sobre las decisiones de los personajes de la IA y votando sobre quién sería expulsado de la isla. Aunque visual y creativamente primitivo, «Rival Peak» es un indicio de lo que podría ser el futuro del entretenimiento interactivo en vivo, es decir, no apoyar historias lineales, sino producir colectivamente una interactiva. En 2022, Genvid lanzó *The Walking Dead: The Last M.I.L.E.* con la franquicia de cómics, Robert Kirkman, y su empresa, Skybound Entertainment. La experiencia permite a los espectadores, por primera vez, decidir quién vive y quién muere en *The Walking Dead*, a la vez que dirigen a las facciones de humanos que compiten entre sí hacia el conflicto o se alejan de él. El público también puede diseñar sus propios personajes, que serán liberados en el mundo y se incorporarán a la historia. ¿Qué puede venir después? Bueno, la mayoría de nosotros no queremos unos verdaderos «*Juegos del hambre*», pero podría ser divertido ver una versión de alta fidelidad en tiempo real interpretada por nuestros actores favoritos, estrellas del deporte e incluso políticos, cada uno de los cuales participa a través de un avatar.

Sexo y trabajo sexual

Es probable que los cambios en la industria del trabajo sexual sean aún más profundos que los experimentados por Hollywood y, de paso, difuminen aún más la línea entre la pornografía y la prostitución. En 2022, uno podrá contratar a un trabajador sexual para un espectáculo privado en línea e incluso tomar el control de sus juguetes sexuales inteligentes (o proporcionarle el control de los suyos). ¿Qué aspecto tendría esto con un número cada vez mayor de dispositivos táctiles conectados a internet, mejoras en el renderizado en tiempo real, gafas de RA y RV inmersivas y GPU de alta simultaneidad? Algunos de los resultados son relativamente fáciles de imaginar («¡Sexo, pero en RV!»), otros no tanto. Recordemos que en el capítulo 9 los brazaletes de los laboratorios CTRL podían utilizar la electromiografía para reproducir movimientos precisos de los dedos, o para asignar los movimientos musculares utilizados para mover un dedo a un movimiento totalmente diferente, como el control de las patas de una araña. Teniendo esto en cuenta, ¿qué se experimenta con el sexo a través de un campo de fuerza ultrasónico? ¿O cuando cinco, cien o diez mil «usuarios simultáneos» se combinan para construir alguna forma de orgía de realidad mixta en tiempo real, en lugar de un concierto o un *battle royale*?

Por supuesto, este tipo de experiencias plantean el potencial de abuso considerable (más sobre esto en breve), pero también cuestiones de poder de la plataforma. Ninguna de las principales plataformas informáticas para móviles o consolas permite aplicaciones basadas en el sexo o la pornografía. PornHub.com, que suele estar entre los 70 y 80 sitios web más visitados del mundo; Chaturbate, que está entre los 50 primeros; y OnlyFans, que está entre los 500 primeros, pero cuyos ingresos superan los de The Match Group (propietarios de Tinder, Match.com, Hinge, PlentyofFish, OkCupid y otros), no están permitidas en las tiendas de aplicaciones de iOS o Android. La justificación de la prohibición varía. Steve Jobs dijo una vez a un usuario que Apple «cree que tenemos la responsabilidad moral de mantener el porno fuera del iPhone», aunque algunos conjeturan que estas políticas pretenden evitar la responsabilidad y la percepción de obtener una comisión del trabajo sexual. El resultado perjudica, sin duda, a las trabajadoras del sexo —como he mencionado a menudo a lo largo de este libro, las aplicaciones superan con creces a las experiencias basadas en el navegador en términos de uso y monetización—, aunque la pornografía, como categoría, sigue prosperando. Los vídeos y las fotos funcionan lo suficientemente bien desde un navegador web móvil y, en general, los consumidores no se dejan disuadir por la necesidad de utilizarlos.

Pero, como hemos visto, las experiencias de realidad virtual y realidad aumentada son esencialmente imposibles a través de los navegadores web móviles. En consecuencia, las políticas de Apple, Amazon, Google, PlayStation y otros bloquean efectivamente el avance de toda la categoría. Algunos podrían ver esto como algo bueno; otros podrían argumentar que priva a los trabajadores del sexo de mayores ingresos y mayor seguridad.

Moda y publicidad

Durante los últimos sesenta años, los mundos virtuales han sido ampliamente ignorados por los anunciantes y las casas de moda. En la actualidad, menos del 5 por ciento de los ingresos de los videojuegos procede de la publicidad. Por el contrario, la mayoría de las principales categorías de medios de comunicación, como la televisión, el audio (incluida la música, tertulias de radio, los pódcast, etcétera) y las noticias, generan el 50 por ciento o más de sus ingresos de los anunciantes, y no de la audiencia. Y aunque cientos de millones de personas se entretienen en los mundos virtuales cada año, 2021 fue la primera vez que marcas como Adidas, Moncler, Balenciaga, Gucci y Prada vieron estos espacios como merecedores de una atención real. Esto tendrá que cambiar.

La publicidad en los espacios virtuales es difícil por varias razones. En primer lugar, la industria del videojuego estuvo «desconectada» durante las primeras décadas y cada título tardaba años en producirse. Por ello, no había forma de actualizar la publicidad dentro del juego, lo que significaba que los anuncios colocados podían quedar rápidamente desfasados. Por eso, los libros no suelen tener anuncios, salvo los que promocionen otras obras del autor, aunque los periódicos y las revistas se basan históricamente en ellos. Ford no pagará mucho por un anuncio que, para la mayoría de los lectores, promocione las «especificaciones» de un coche antiguo (probablemente Ford consideraría perjudiciales estas impresiones). Las limitaciones técnicas de este tipo ya no existen para los videojuegos, pues ahora pueden actualizarse a través de internet, pero las consecuencias culturales perduran. A excepción de los juegos fáciles para móviles, como Candy Crush, la comunidad de jugadores no está familiarizada con la publicidad en los juegos y es muy resistente a ella. Aunque pocos consumidores de la televisión, la radio y las revistas y periódicos impresos disfrutan de ellos, los anuncios que suelen llenar estos medios siempre han formado parte de la experiencia.

El mayor problema podría ser determinar lo que es o debería ser un anuncio en un mundo virtual 3D renderizado en tiempo real, y cómo ponerle precio y venderlo. Durante gran parte del siglo xx, la mayoría de los anuncios se negociaban y colocaban individualmente. Es decir, alguien de una empresa como Procter & Gamble trabajaba con alguien de la CBS para que un anuncio del jabón Ivory se emitiera como primer anuncio del segundo bloque publicitario en la emisión de las 21 horas de *I Love Lucy* y a un precio determinado. La mayor parte de la publicidad digital se hace hoy de forma programática. Por ejemplo, los anunciantes dirán a quién quieren dirigirse, con qué anuncios (una imagen de *banner*, una publicación patrocinada en las redes sociales, un resultado de búsqueda patrocinado, etcétera), hasta que se haya gastado una determinada cantidad de dinero a un determinado coste por clic o haya transcurrido un tiempo determinado.

Encontrar el núcleo de la «unidad publicitaria» para los mundos virtuales renderizados en 3D es un desafío. Muchos juegos tienen vallas publicitarias dentro del juego, como el juego Marvel's Spider-Man de PlayStation 4, que se desarrolla en Manhattan, y el éxito multiplataforma Fortnite. Sin embargo, sus implementaciones son muy diferentes. El tamaño de estos carteles podría variar en múltiplos, lo que significa que probablemente se necesitaría una imagen diferente para uno y otro (mientras que Google Ads funciona independientemente del tamaño de la pantalla). Además, los jugadores pueden pasar por delante de estos carteles a distintas velocidades, desde distintas distancias y en distintas situaciones (en un paseo tranquilo o en un intenso tiroteo). Todo esto hace que sea difícil valorar los carteles de cualquiera de los juegos, y mucho menos comprarlos de forma programática. Hay muchas otras unidades publicitarias potenciales dentro de un mundo virtual: los anuncios en las radios de los coches del juego, refrescos virtuales con la misma marca que los del mundo real..., pero son aún más difíciles de diseñar y medir. Luego están las complejidades técnicas de insertar anuncios personalizados en experiencias sincrónicas, determinar cuándo un anuncio debe compartirse con tus amigos o no (tiene sentido que todo el equipo vea un *banner* de la próxima película de *Los Vengadores*, pero no necesariamente de una crema medicinal), etcétera.

La publicidad de realidad aumentada es conceptualmente más fácil, ya que el lienzo para dichos anuncios es el mundo real en lugar de una miríada de virtuales, pero la ejecución es quizá aún más difícil. Si los usuarios se ven inundados de anuncios no solicitados o molestos superpuestos al mundo real, cambiarán de gafas. El riesgo de que estos anuncios provoquen un accidente también es alto.

En Estados Unidos, el gasto en publicidad ha representado entre el 0,9 por ciento y el 1,1 por ciento del PIB durante más de un siglo (con excepciones temporales durante las guerras mundiales). Para que el metaverso se convierta en una fuerza económica importante, los compradores de publicidad tendrán que encontrar la forma de ser relevantes en él y la industria de la tecnología publicitaria acabará por descubrir cómo ofrecer y medir adecuadamente los anuncios programáticos colocados en los innumerables espacios y objetos virtuales del metaverso.

Aun así, algunos sostienen que el metaverso requerirá un replanteamiento más fundamental acerca de cómo publicitar un determinado producto.

En 2019, Nike construyó un mundo inmersivo del Modo Creativo de Fortnite bajo la marca Air Jordan, titulado «Downtown Drop». En él, los jugadores corrían por las calles de una ciudad fantástica mientras llevaban zapatillas impulsadas por cohetes, realizando trucos y recogiendo monedas para vencer a otros jugadores. Aunque los jugadores podían comprar y desbloquear avatares y objetos exclusivos de las Air Jordan durante y a través de este «modo de tiempo limitado», el objetivo de «Downtown Drop» era expresar el espíritu de las Air Jordan de Nike: que los jugadores supieran cómo era la marca, sin importar el medio. En septiembre de 2021, Tim Sweeney declaró a *The Washington Post* que «un fabricante de coches que quiera estar presente en el metaverso no va a poner anuncios. Van a dejar su coche en el mundo [virtual] en tiempo real y podrás conducirlo. Y van a trabajar con muchos creadores de contenidos con diferentes experiencias para asegurarse de que su coche es jugable aquí y allá, y de que recibe la atención que merece».[153] No hace falta decir que dejar un nuevo modelo de coche conducible en un mundo virtual es mucho más complicado que colocar un texto publicitario en los resultados de búsqueda, contar una historia convincente de treinta segundos o dos minutos en un anuncio o producir un «anuncio nativo» con un *youtuber*. Es necesario crear experiencias y productos virtuales en los que los usuarios decidan participar y quieran usar en lugar del entretenimiento que buscaban originalmente. Y casi ninguna agencia de publicidad o departamento de marketing tiene hoy en día los conocimientos básicos necesarios para crear este tipo de experiencias. Sin embargo, los beneficios que probablemente se obtengan de la publicidad en el metaverso, la necesidad de diferenciación y las lecciones de la era de internet de los consumidores parecen inspirar una importante experimentación en los próximos años. Marcas emergentes como Casper, Quip, Ro, Warby Parker, Allbirds y Dollar Shave Club no

153. Park, Gene, «Epic Games Believes the Internet Is Broken. This Is Their Blueprint to Fix It», *The Washington Post*, 28 de septiembre de 2021, <https://www.washingtonpost.com/video-games/2021/09/28/epic-fortnite-metaverse-facebook/>.

se limitaron a aprovechar los modelos de comercio electrónico directo al consumidor, sino que también ganaron cuota de mercado a los operadores tradicionales mediante técnicas de marketing novedosas, como la optimización de motores de búsqueda, las pruebas A/B y los códigos de referencia, y el desarrollo de identidades únicas en las redes sociales. Pero en 2022 estas estrategias no son novedosas: son productos básicos, apuestas iniciales, aburridas. No permiten que ninguna marca, nueva o antigua, encuentre nuevas audiencias o destaque. Los mundos virtuales, sin embargo, siguen siendo en gran medida un territorio no conquistado.

Por las mismas razones, las marcas de moda actuales también tendrán que «entrar en el metaverso». A medida que la cultura humana se traslada a los mundos virtuales, los individuos buscarán nuevas formas de expresar sus identidades y lucirse. Esto se demuestra claramente a través de Fortnite, que lleva siete años generando más ingresos que cualquier otro videojuego de la historia, y se monetiza principalmente a través de la venta de artículos cosméticos (y como he mencionado antes, estos ingresos superan también a muchas de las principales marcas de moda). Los NFT también reiteran esto. Las colecciones de NFT más exitosas no son de bienes virtuales ni de tarjetas de intercambio, sino de «imágenes de perfil» orientadas a la identidad y la comunidad, como Cryptopunks y Bored Apes.

Si las actuales no satisfacen esta necesidad, surgirán nuevas etiquetas que las sustituirán. Además, el metaverso ejercerá presión sobre las ventas físicas de muchas empresas, como Louis Vuitton y Balenciaga. Si el trabajo y el ocio se desarrollan en espacios virtuales, necesitaremos menos bolsos y probablemente gastaremos menos en aquellos que compremos. Pero con esta finalidad, estas marcas probablemente utilizarán sus ventas físicas para facilitar y reforzar el valor de las digitales. Por ejemplo, un consumidor que compre una camiseta física de los Brooklyn Nets o un bolso de Prada podría obtener también los derechos de un simulacro virtual o NFT, o un descuento al comprarlo. O tal vez sólo los que compren puedan obtener una copia digital. En otros casos, una compra digital podría llevar a una física. Nuestras identidades, después de todo, no son puramente online u offline, físicas o metafísicas. Persisten, como el metaverso.

Industria

En el capítulo 4 destaqué cómo y por qué el metaverso comenzaría con el ocio de los consumidores y luego se adentraría en la industria y la empresa, en lugar de lo contrario, como ocurrió con las anteriores olas de informática y trabajo en red. La expansión hacia la industria será lenta. Los requisitos técnicos de fidelidad y flexibilidad de la simulación son mucho más elevados que en los juegos o el cine, y el éxito depende, en última instancia, de la reeducación de los empleados que han sido formados en torno a soluciones de software y procesos empresariales ya obsoletos. Y, para empezar, la mayoría de las inversiones en el metaverso se basarán en hipótesis, más que en las mejores prácticas, lo que significa que las inversiones serán limitadas y los beneficios a menudo decepcionantes. Pero con el tiempo, y con el internet actual, gran parte del metaverso y sus ingresos existirán y se producirán fuera de la vista del consumidor medio.

Pensemos, por ejemplo, en la remodelación multimillonaria de Water Street en Tampa (Florida), de 23 hectáreas y 20 edificios. En el marco de este proyecto, Strategic Development Partners elaboró una maqueta modular de la ciudad, impresa en 3D, de 5 metros de diámetro, que se complementó con doce cámaras láser de 5K que proyectaron 25 millones de píxeles sobre la maqueta, basándose en los datos meteorológicos, de tráfico y de densidad de población de la ciudad, entre otros. Todo ello se ejecutaba mediante una simulación renderizada en tiempo real basada en Unreal que podía verse a través de una pantalla táctil o un casco de realidad virtual.

Las ventajas de una simulación de este tipo son difíciles de describir por escrito por la misma razón por la que SDP vio el valor de construir primero un modelo físico y un gemelo digital en 3D. Sin embargo, el SDP permitió a la ciudad, a los posibles inquilinos y a los inversores, así como a los socios de la construcción, comprender y planificar el proyecto de una forma única. Fue posible ver exactamente cómo se veía afectada Tampa en la actualidad por el proceso de construcción, así como por el proyecto terminado. ¿Cómo afectaría una construcción de cinco años al tráfico local? ¿Y en comparación con los efectos de una construcción de seis años? ¿Qué pasaría si un edificio determinado fuera sustituido por un parque, o si sus plantas se redujeran de 15 a 11? ¿Cómo afectaría el proyecto a las vistas de otros edificios y parques de la zona, incluso a través de la luz refractada o el calor irradiado, y en cualquier hora o día del año? ¿Cómo influirían estos edificios en los tiempos de respuesta a las emergencias en la zona? ¿Podrían requerir un nuevo parque de bomberos, comisaría o estación de ambulancias? ¿En qué lados de los edificios debería construirse una escalera de incendios?

En la actualidad, estas simulaciones se utilizan principalmente para diseñar y comprender un edificio o proyecto. Con el tiempo, se utilizarán para hacer funcionar los edificios resultantes y los negocios que albergan. Por ejemplo, la señalización (física, digital y virtual) dentro de un Starbucks se seleccionará y modificará en función del seguimiento en tiempo real del tipo de clientes que utilizan la tienda y del momento en que lo hacen, así como del inventario restante en ese lugar. El centro comercial en el que se encuentra un Starbucks también dirigirá a los clientes a ese lugar, o los disuadirá de hacerlo, en función de sus líneas y de la proximidad de sustitutos (o de otro Starbucks). Y el centro comercial se conectará a los sistemas de infraestructura subyacentes de la ciudad, permitiendo así que las redes de semáforos impulsadas por la IA funcionen con más (es decir, mejor) información, y ayudando a los servicios de la ciudad, como los bomberos y la policía, a responder mejor a las emergencias.

Aunque estos ejemplos se centran en lo que se denomina «AEC», es decir, arquitectura, ingeniería y construcción, estas ideas se pueden adaptar fácilmente a otros casos de uso. Varios ejércitos de todo el mundo llevan años utilizando simulaciones en 3D y, como se ha comentado en el capítulo de hardware, el Ejército de Estados Unidos concedió a Microsoft un contrato por valor de más de 20.000 millones de dólares para la adquisición de gafas y software HoloLens. La utilidad de los gemelos digitales en las empresas aeroespaciales y de defensa también es obvia (quizá incluso más aterrador que el uso de la RV por parte del Ejército). Más esperanzador es el caso de la medicina y la sanidad. Al igual que los estudiantes podrían utilizar la simulación 3D para explorar el cuerpo humano, también lo harán los médicos. En 2021, los neurocirujanos del Johns Hopkins realizaron la primera cirugía de realidad aumentada del hospital en un paciente vivo. Según el Dr. Timothy Witham, que dirigió la cirugía y es el director del Laboratorio de Fusión Espinal del hospital, «es como tener un navegador GPS delante de los ojos de forma natural para no tener que mirar una pantalla aparte para ver el TAC de tu paciente».[154]

La analogía del GPS del Dr. Witham revela la diferencia crítica entre el llamado producto mínimo viable de la RA/RV comercial y el del ocio del consumidor. Para que se adopten, las gafas de RA/RV de los consumidores deben ser más convincentes o funcionales que las experiencias ofrecidas por otras alternativas, como un videojuego de consola o una aplicación de mensajería para smartphones. La inmersión que ofrecen los dispositivos de realidad mixta es un elemento diferenciador, pero, como se explica en el capítulo 9, sigue habiendo muchos inconvenientes. Por ejemplo, Fortnite puede jugarse en casi cualquier dispositivo, lo que significa que un usuario puede jugar con cualquier persona que conozca. Population: One está esencialmente limitado a aquellos que poseen gafas de RV. Además, Fortnite también puede experimentarse a una mayor resolución y con mayor fidelidad visual, mayor velocidad de fotogramas y más usuarios simultáneos, sin riesgo de náuseas. Para muchos jugadores, los juegos de RV aún no son lo suficientemente buenos para competir con los títulos de consola, PC o smartphone. Pero comparar la cirugía con RA con la cirugía sin ella es como comparar la con-

154. Woods, Bob, «The First Metaverse Experiments? Look to What's Already Happening in Medicine», CNBC, 4 de diciembre de 2021 <https://www .cnbc.com/2021/12/04/the-first-metaverse-experiments-look-to-whats -happening-in-medicine.html>.

ducción con GPS con la conducción sin él: el viaje se hará con independencia de que la tecnología exista, mientras que su uso depende de si tiene un impacto significativo en el resultado (por ejemplo, un menor tiempo de conducción). En el caso de la cirugía, esto se traduce en una mayor tasa de éxito, un tiempo de recuperación más rápido o un menor coste. Y aunque las limitaciones técnicas de los dispositivos actuales de RA/RV limitan sin duda su contribución a la cirugía, incluso un ligero impacto justificará su coste y uso.

Capítulo 14

Ganadores y perdedores
del metaverso

Si el metaverso es un «estado casi sucesor» de la era móvil y la nube de la informática y las redes, que acabará transformando la mayoría de las industrias y llegando a casi todos los habitantes del planeta, es necesario abordar algunas cuestiones muy amplias. ¿Cuál será el valor de una nueva «economía del metaverso»? ¿Quién la dirigirá? ¿Y qué significará el metaverso para la sociedad?

El valor económico del metaverso

Aunque los ejecutivos de las empresas aún no se ponen de acuerdo sobre qué es exactamente el metaverso y cuándo llegará, la mayoría cree que tendrá un valor de varios billones de dólares. Jensen Huang, de NVIDIA, predice que el valor del metaverso acabará «superando al del mundo físico».

Intentar proyectar el tamaño de la economía del metaverso es un ejercicio divertido, aunque frustrante. Es probable que ni siquiera cuando esté «aquí» haya consenso sobre su valor. Al fin y al cabo, llevamos al menos quince años en la era del internet móvil, casi cuarenta en la de internet y más de tres cuartos de siglo en la de la informática digital, y aún no tenemos una respuesta consensuada sobre cuánto puede valer la «economía móvil», la «economía de internet» o la «economía digital». De hecho, es raro que alguien intente siquiera valorarlas.[155] En su lugar, la mayoría de los analistas y periodistas se limitan a sumar las valoraciones o los ingresos de las empresas que apoyan principalmente estas categorías vagamente definidas. El reto de intentar medir cualquiera de estas economías es que no son realmente una «economía». Son conjuntos de tecnologías que están profundamente entrelazadas con la «economía tradicional» y dependen de ella y, como tal, intentar valorar su supuesta economía es más un arte de asignación que una ciencia de medición u observación.

Piensa en el libro que estás leyendo ahora. Lo más probable es que lo hayas comprado por internet. ¿El dinero que pagaste por él cuenta como «ingresos digitales», aunque se haya producido, distribuido y se esté consumiendo físicamente? ¿Debe una parte de tu compra ser digital, y si es así, cuánto y por qué? ¿Cómo cambia la proporción si estás leyendo un libro electrónico? ¿Y si te subes a un avión, te das cuenta de que no vas a tener nada que hacer durante el vuelo y utilizas tu iPhone para descargar una copia digital sólo de audio? ¿Y si sólo conocieras el libro gracias a una publicación en Facebook? ¿Importa que haya escrito el libro utilizando un procesador de textos en la nube en lugar de uno sin conexión (o, me atrevería a decir, a mano)?

Las cosas se ponen aún más difíciles cuando pensamos en subconjuntos de ingresos digitales, como los ingresos de internet o los ingresos del sector móvil, que probablemente sean la comparación metodológica más cercana a la «economía del metaverso». ¿Tiene Netflix, un servicio de vídeo basado en internet, ingresos por móvil? La empresa tiene algunos suscriptores que sólo utilizan el móvil, pero aislar los ingresos de estos clientes como «ingresos por móvil» no tiene en cuenta los ingresos provenientes de los suscriptores que utilizan otros dispositivos móviles para ver Netflix a veces, no siempre, y pagan para acceder al

---

155. En caso de que estos intentos te resulten familiares, probablemente sea porque he mencionado varias estimaciones a lo largo de este libro.

servicio a través de todo tipo de dispositivos. ¿Debería asignarse a los «móviles» una parte de la cuota mensual de suscripción basada en su cuota de tiempo del usuario? ¿No significa eso que un usuario valora de la misma forma ver una película en la pantalla de un televisor de 65 pulgadas que en un smartphone de 5 × 5 pulgadas utilizado en el metro? ¿Es un iPad con wifi que nunca sale de casa un dispositivo «móvil»? Probablemente, pero ¿por qué un televisor inteligente que se conecta al wifi no se considera un dispositivo móvil? ¿Y se puede decir que hay ingresos de banda ancha «móvil» cuando los bits que transmiten viajan principalmente a través de cables de línea fija? Por otra parte, ¿no es cierto que la mayoría de los «dispositivos digitales» que se compran hoy en día no se habrían comprado si no fuera por internet? Cuando Tesla actualiza el software de un coche a través de internet para mejorar la duración de la batería y/o la eficiencia de la carga, ¿cómo debe contarse o medirse exactamente este valor?

Ya podemos ver algunos presagios de estas cuestiones. Si se actualiza un iPad de hace tres años a un iPad Pro más nuevo únicamente por su GPU con el objetivo de participar en mundos virtuales 3D renderizados en tiempo real con gran simultaneidad de usuarios, ¿cuál es la asignación del metaverso? Si Nike vende zapatillas con una edición de NFT o Fortnite incluida, ¿hay ingresos del metaverso?, y si es así, ¿cuánto? ¿Existe un umbral de interoperabilidad para que los bienes virtuales se consideren compras del metaverso, en lugar de sólo artículos de videojuegos? Si se apuesta en dólares a un caballo de blockchain, o en criptodivisas a uno real, ¿hay alguna diferencia? Si, como imagina Bill Gates, la mayoría de las videollamadas en Microsoft Teams pasan a ser entornos 3D renderizados en tiempo real, ¿qué parte de su cuota de suscripción entra en el «metaverso»? Si un edificio se maneja a través de un gemelo digital, ¿qué parte de sus gastos debe contabilizarse? Cuando se sustituye la infraestructura de banda ancha por una distribución en tiempo real de mayor capacidad, ¿se trata de una «inversión en el metaverso»? Casi todas las aplicaciones que usarán este salto y se beneficiarán de él tienen poco que ver con el metaverso, al menos hoy. Sin embargo, los impulsores de la inversión en redes de baja latencia son las pocas experiencias que la requieren: los mundos virtuales renderizados en tiempo real sincrónico, la realidad aumentada y el *streaming* de juegos en la nube.

Aunque las preguntas descritas anteriormente son ejercicios de reflexión útiles, no tienen una respuesta única. Resulta especialmente difícil opinar sobre las que se centran en el metaverso, que aún no existe y no tiene una fecha de inicio evidente. Teniendo esto en cuenta, el enfoque más práctico para dimensionar la «economía del metaverso» es ser más filosófico.

Durante casi ocho décadas, la cuota de la economía digital en la economía mundial ha crecido. Las pocas estimaciones que existen sugieren que aproximadamente el 20 por ciento de la economía mundial es ahora digital, lo que valoraría esta última en aproximadamente 19 billones de dólares en 2021. En la década de 1990 y a principios de la de 2000, la mayor parte del crecimiento de la economía digital, aunque no todo, fue impulsada por la proliferación de los ordenadores personales y los servicios de internet, mientras que las dos décadas siguientes fueron principalmente, aunque no exclusivamente, por los móviles y la nube. Estas dos últimas olas hicieron que las empresas, los contenidos y los servicios digitales fueran accesibles para más personas, en más lugares, con más frecuencia y más fácilmente, al mismo tiempo que permitían nuevos casos de uso. Las olas del móvil y de la nube también llegaron a eclipsar todo lo que las precedió. En la mayoría de los casos, los «ingresos digitales» no son nuevos. El sector de los servicios de citas, por ejemplo, era insignificante antes de internet, y creció en órdenes de magnitud gracias al móvil. La industria de la música grabada se duplicó gracias a los discos compactos digitales, pero se redujo en un 75 por ciento por culpa de la distribución por internet.

El desarrollo del metaverso será similar en líneas generales. En general, contribuirá al crecimiento de la economía mundial, incluso cuando reduzca partes de ella (tal vez el sector inmobiliario comercial). De este modo, la parte de la economía mundial correspondiente a lo digital aumentará, al igual que la parte del metaverso que corresponde a lo digital.

Esta suposición nos permite establecer algunos modelos. Si el metaverso es, digamos, el 10 por ciento de lo digital en 2032, y la cuota de lo digital en la economía mundial crece del 20 al 25 por ciento durante ese tiempo, y la economía mundial sigue creciendo a una media del 2,5 por ciento anual, entonces en una década la economía del metaverso tendría un valor de 3,65 billones de dólares anuales. Esta cifra también indicaría que el metaverso constituyó una cuarta parte del crecimiento de la economía digital desde 2022, y casi el 10 por ciento del crecimiento del PIB real durante ese mismo tiempo (gran parte del resto provendría del aumento de la población y de los cambios en los hábitos de consumo, como la compra de más coches, el consumo de más agua, etcétera). Con un 15 por ciento de la economía digital, el metaverso supondría 5,45 billones de dólares anuales, un tercio del crecimiento digital y el 13 por ciento del crecimiento de la economía mundial. Con un 20 por ciento, sería de 7,25 billones de dólares, la mitad y una sexta parte, respectivamente. Algunos imaginan que el metaverso podría suponer hasta el 30 por ciento de la economía digital de 2032.

Aunque sea especulativo, el ejercicio anterior describe exactamente cómo se transforma la economía. Los pioneros en el metaverso serán mayoritariamente jóvenes, crecerán más rápido que las empresas que lideran ya sea la economía «digital» o «física», y redefinirán nuestros modelos de negocio, comportamientos y cultura. A su vez, los inversores de riesgo y del mercado de acciones valorarán más estas empresas que al resto del mercado, produciendo así muchos billones de riqueza para quienes las crean o trabajan o invierten en ellas.

Unas cuantas de estas empresas se convertirán en intermediarios fundamentales entre los consumidores, las empresas y los Gobiernos, empresas multimillonarias por derecho propio. Esto es lo raro de decir que la economía digital es el 20 por ciento de la economía mundial. Por muy sólida que sea la metodología, la conclusión pasa por alto el hecho de que la mayor parte del 80 por ciento restante está digitalmente alimentada e informada. Por eso también reconocemos que los cinco grandes gigantes de la tecnología son aún más poderosos de lo que sugieren sus ingresos por sí solos. Google, Apple, Facebook, Amazon y Microsoft, en conjunto, reportaron ingresos de 1,4 billones de dólares en 2021, menos del 10 por ciento del gasto digital total y el 1,6 por ciento del total de la economía mundial. Sin embargo, estas empresas tienen un impacto desproporcionado en todos los ingresos que no reconocen en su balance, se llevan una parte de muchos de ellos (por ejemplo, a través de los centros de datos de Amazon o de los anuncios de Google) y, a veces, también establecen sus normas técnicas y modelos de negocio.

Cómo se posicionan los gigantes tecnológicos de hoy para el metaverso

¿Qué empresas liderarán la era del metaverso? La historia puede ayudarnos a responder a esta pregunta.

Hay cinco categorías a través de las cuales podemos entender las trayectorias cortas. En primer lugar, se desarrollarán innumerables empresas, productos y servicios nuevos, que acabarán afectando, alcanzando o transformando a casi todos los países, consumidores e industrias. Algunos de los nuevos participantes desplazarán a los líderes actuales, que perecerán o caerán en la irrelevancia. Algunos ejemplos son AOL, ICQ, Yahoo, Palm y Blockbuster (la segunda categoría). Algunos gigantes desplazados se expanden como resultado del crecimiento general de la economía digital. IBM y Microsoft nunca han tenido una cuota de mercado de ordenadores tan pequeña y, sin embargo, es más valiosa que en cualquier momento de su supuesto apogeo. Una quinta categoría de empresas evitará la desubicación y la interrupción, y hará crecer su negocio principal. Entonces, ¿quiénes podrían ser los casos de estudio del cambio al metaverso?

Facebook, a diferencia de MySpace, navegó con éxito la transición al móvil. Pero la empresa debe transformarse de nuevo, y en un momento en el que parece poco probable que los legisladores apoyen adquisiciones similares a las de Instagram y WhatsApp, que facilitaron el pivote de la empresa hacia el móvil, y Oculus VR y CTRL-labs, que sentaron las bases de sus planes sobre el metaverso. La empresa también se enfrenta a bloqueos estratégicos de las plataformas basadas en hardware sobre las que suelen funcionar sus servicios y, al mismo tiempo, su reputación nunca ha sido tan negativa. Aun así, sería un error descartar a Facebook. El gigante de las redes sociales tiene 3.000 millones de usuarios mensuales, 2.000 millones de usuarios diarios y el sistema de identidad más utilizado en internet. Ya gasta 12.000 millones de dólares al año en iniciativas relacionadas con el metaverso (y genera más de 50.000 millones de dólares al año en flujo de caja con cerca de 100.000 millones en ingresos), tiene una ventaja de varios años en la distribución de hardware de RV y un fundador al mando que cree en el metaverso tanto como cualquier otro ejecutivo.

Pero al igual que no se puede descartar a Facebook, la inversión y la convicción no garantizan por sí solas el éxito. La disrupción no es un proceso lineal, sino recursivo e imprevisible. Y como hemos visto, hay mucha confusión y muchas preguntas abiertas en torno al metaverso. ¿Cuándo llegarán los avances tecnológicos clave? ¿Cuál es la mejor manera de realizarlos? ¿Cuál es el modelo de monetización ideal? ¿Qué nuevos casos de uso y comportamientos se crearán como resultado de la nueva tecnología? En los años noventa, Microsoft creía en el móvil y en internet y tenía muchos de los productos, tecnologías y recursos necesarios para construir lo que Google, Apple, Facebook y Amazon hicieron en su lugar. Resultó que Microsoft se equivocó en todo, desde el papel de las tiendas de aplicaciones y los smartphones hasta la importancia de las pantallas táctiles para los consumidores diarios, y se distrajo con la necesidad de mantener su exitoso sistema operativo Windows y los paquetes integrados de Microsoft Exchange, Server y Office. La Microsoft que hoy es tan valiosa es el resultado de una decisión de desprenderse por fin de sus ataduras a sus propias pilas y paquetes y pasar a apoyar lo que el cliente prefería.

En muchas categorías, Microsoft fue superada por Google, que ahora opera el sistema operativo más popular del mundo (Android, no Windows), el navegador (Chrome, no Internet Explorer) y los servicios en línea (Gmail, no Hotmail ni Windows

Live). Pero ¿cuál será el papel de Google en el metaverso? La misión de la empresa es «organizar la información del mundo y hacerla universalmente accesible y útil», aunque apenas puede acceder a la información que existe en los mundos virtuales ni mucho menos utilizarla. Además, no tiene mundos virtuales, plataformas de mundos virtuales, motores de mundos virtuales ni servicios propios similares. De hecho, Niantic era originalmente una filial de Google, pero se escindió en 2015. Dos años después, Google vendió su negocio de imágenes por satélite a Planet Labs. En 2016, la compañía comenzó a construir un servicio de *streaming* de juegos en la nube, Stadia, que se lanzó a finales de 2019. A principios de ese año, Google también anunció la división de juegos y entretenimiento Stadia, un estudio de contenidos «nativo de la nube». A principios de 2021, este estudio se cerró. En los meses siguientes, muchos de los principales ejecutivos de Stadia, incluido su CEO, se trasladaron a otros grupos dentro de Google o abandonaron la empresa por completo.

Ya podemos ver pruebas de nuevos disruptores en empresas como Epic Games, Unity y Roblox Corporation. Aunque sus valoraciones, ingresos y escala operativa son modestos en comparación con GAFAM (Google, Amazon, Facebook, Apple y Microsoft), tienen las redes de jugadores y desarrolladores, los mundos virtuales y la «fontanería virtual» para ser verdaderos líderes del metaverso. Y no sólo eso, sino que sus historias, culturas y conjuntos de habilidades tienen refrescantemente poco en común con los actuales titanes tecnológicos del mundo, aunque todas estas empresas estén de acuerdo en que el metaverso es el futuro. Durante gran parte de la última década y media, GAFAM se ha ocupado sobre todo de otras apuestas, como la televisión en *streaming*, el vídeo social y el vídeo en directo, los procesadores de texto basados en la nube y los centros de datos. No hay nada malo en esta estrategia, pero comparativamente se ha prestado poca atención a los videojuegos, y menos aún a la idea de que lo mejor a bordo del «metaverso» eran los *battle royales*, los parques infantiles virtuales o incluso los simples motores de juego. La relativa indiferencia de los gigantes de la tecnología hacia los videojuegos es emblemática de los desafíos que supone preparar —y predecir— el cambio a una nueva era.

Poco después de que Mark Zuckerberg adquiriera Instagram por 1.000 millones de dólares en 2012, la operación se consideró una de las adquisiciones más brillantes de la era digital. En aquel momento, el servicio para compartir imágenes apenas tenía 25 millones de usuarios activos mensuales, una docena de empleados y ningún ingreso. Una década después, su valor estimado supera los 500.000 millones de dólares. WhatsApp, que Facebook compró dos años más tarde por 20.000 millones de dólares, momento en el que contaba con 700 millones de usuarios, es visto de forma similar. Ambas se consideran actualmente tanto adquisiciones brillantes como operaciones que los legisladores deberían haber bloqueado por razones antimonopolio.

A pesar de la veneración generalizada por el historial de adquisiciones de Zuckerberg, ni Facebook ni sus competidores adquirieron Epic, Unity o Roblox, a pesar de que estas empresas pasaron la mayor parte de la última década valoradas en miles de millones de un solo dígito, menos que los beneficios de una semana para la mayoría de las empresas de GAFAM.[156] ¿Por qué? El papel y el potencial de cada una de estas empresas era simplemente demasiado incierto. En el mejor de los casos, el ámbito de los videojuegos se consideraba un nicho, y en el peor, marginal. Recordemos que Neal Stephenson tampoco imaginó originalmente esta categoría como la única rampa de acceso al metaverso, pero en 2011 ya afirmaba que lo era y casi todos los ejecutivos tecnológicos de Occidente por lo menos habían oído hablar de Second Life y World of Warcraft si es que no habían jugado a estos videojuegos.

A favor de Zuckerberg, hay que destacar que los memorandos filtrados muestran que en 2015 propuso a su junta directiva la adquisición de Unity, que aún no se había convertido en un

---

156. La mayoría de las grandes compañías de Hollywood se jactaron de que «casi compraron Netflix» o «pensaron en comprar Instagram», por lo que es notable que si alguna de ellas hubiera comprado Epic, Roblox o Unity, sería probable que la adquisición valiera ahora más que su empresa matriz.

unicornio. Sin embargo, no hay informes de una oferta oficial a pesar de que podría haber sido barata: la valoración de Unity no creció por encima de los 10.000 millones de dólares hasta 2009. Aunque Facebook adquirió Oculus VR en 2014, la plataforma ha tenido menos usuarios de por vida que los que Epic, Unity y Roblox tendrán en las próximas 24 horas. Esto no significa que Oculus haya sido un error, pues todavía puede ser transformador, pero Facebook no se limitó a una sola adquisición (de hecho, ha hecho docenas desde entonces). Además, el núcleo ostensible de la estrategia del metaverso de Facebook no es Oculus, ni la RV y RA, sino la plataforma de mundo virtual integrada Horizon Worlds, basada en Unity y similar a Fortnite y Roblox. Y Roblox cuenta justo con la clase de consumidores que amenazan el futuro de Facebook, no los que están en desacuerdo con la red social, sino los que nunca llegaron a usarla.

Si Facebook es el inversor más resuelto en el metaverso, y Google el peor posicionado, Amazon se sitúa en algún lugar intermedio. Amazon Web Services tiene casi un tercio del mercado de la infraestructura en la nube y, como se ha comentado a lo largo de este libro, el metaverso exigirá una potencia de cálculo, almacenamiento de datos y unos servicios en vivo sin precedentes. En otras palabras, AWS se beneficia incluso si otros proveedores de la nube se llevan una mayor parte del crecimiento futuro. Sin embargo, los esfuerzos de Amazon por crear contenidos y servicios específicos para el metaverso han sido en gran medida infructuosos y posiblemente menos prioritarios en comparación con otros mercados más tradicionales, como la música, los pódcast, el vídeo, la moda rápida y los asistentes digitales. Según varios informes, Amazon ha gastado cientos de millones cada año en Amazon Game Studios, que se centró en el objetivo del fundador de Amazon, Jeff Bezos, de hacer «juegos computacionalmente ridículos». Sin embargo, la mayoría de estos títulos acabaron siendo cancelados antes de su lanzamiento (pero no antes de que sus presupuestos de desarrollo superaran los presupuestos totales de la mayoría de los videojuegos de éxito). New World, lanzado en septiembre de 2021, recibió buenas críticas y un gran interés inicial (increíblemente, se quedó sin servidores AWS disponibles), pero su número de jugadores mensuales se estima en unos pocos millones. Otro ejemplo útil es Lost Ark, que Amazon Game Studios lanzó con éxito en febrero de 2022. El éxito siempre es agradable, pero Lost Ark no fue hecho por AGS, tan sólo reeditado. El título fue desarrollado por Smilegate RPG y lanzado en Corea del Sur en 2019, y Amazon llegó a un acuerdo para distribuirlo en los territorios en inglés un año después. Es probable que lleguen más éxitos, pero los varios miles de millones gastados cada año en Amazon Music y Amazon Prime Video (y la adquisición de 8.500 millones de dólares del estudio de Hollywood MGM) contrastan claramente. Según algunos informes, Amazon gastará más en una sola temporada de su serie de televisión de *El Señor de los Anillos* de lo que se gasta anualmente en su estudio de videojuegos. Un ejemplo similar es el del servicio de *streaming* de juegos en la nube de Amazon, Luna, que se lanzó en octubre de 2020, pero que encontró incluso menos mercado que Google Stadia y no incluyó casi ningún contenido gratuito para los suscriptores (lo que también difiere de otras ofertas de contenido de Amazon). Cuatro meses después del lanzamiento de Luna, el ejecutivo que supervisaba la división se marchó para convertirse en CEO de Unity Engine. Los intentos por parte de Amazon de crear un competidor de Steam tampoco han tenido éxito, a pesar de la fuerza y el éxito continuos de Twitch, el líder del mercado en la transmisión de videojuegos en directo, y del programa de membresía Prime.

La iniciativa de videojuegos más destacada de Amazon comenzó en 2015, cuando gastó entre 50 y 70 millones de dólares para licenciar el CryEngine, un motor de juegos independiente de nivel medio propiedad de CryTek, el editor del juego Far Cry. En los años siguientes, Amazon invirtió cientos de millones para transformar CryEngine en Lumberyard, un competidor de Unreal y Unity, aunque optimizado para AWS. El motor nunca tuvo mucha aceptación, y la Fundación Linux se hizo cargo del desarrollo a principios de 2021, rebautizándolo como «Open 3D Engine» y haciéndolo gratuito y de código abierto. Puede que Amazon tenga más éxito en el hardware de RA o RV, pero hasta ahora casi todo su trabajo en y alrededor del renderizado en tiempo real, y en la producción y distribución de juegos, ha resultado decepcionante.

Como he comentado en los capítulos sobre hardware y pagos, Apple también se beneficia inevitablemente del metaverso. Incluso si los legisladores desagregan muchos de sus servicios, el hardware, el sistema operativo y la plataforma de aplicaciones de la compañía seguirán siendo una puerta de entrada clave al mundo virtual, que enviará miles de millones de ingresos de alto margen hacia ella, y amplificará su influencia sobre los estándares técnicos y los modelos de negocio. Además, la empresa está mejor posicionada que ninguna otra para lanzar gafas de realidad aumentada y realidad virtual ligeras, potentes y fáciles de usar, así como otros dispositivos portátiles, en parte debido a su capacidad de integración con el iPhone. Sin embargo, no se sabe que Apple esté desarrollando su propio IVWP, como Roblox, una categoría de aplicación que podría intermediar entre la empresa y muchos usuarios y desarrolladores de mundos virtuales. Dado que Apple carece de mucha experiencia en videojuegos y además se entiende que es una empresa centrada en el hardware y no en el software o la red, es poco probable que construya un IVWP líder.

La empresa GAFAM más interesante en la era del metaverso puede ser Microsoft, uno de los principales casos de estudio sobre el reemplazo en la era móvil. Desde el lanzamiento de la primera Xbox en 2001, los inversores e incluso los ejecutivos de la compañía se plantearon si su división de videojuegos era esencial o una distracción. Tres meses después de que Satya Nadella tomara el relevo de Steve Ballmer como CEO, el fundador y presidente de la compañía, Bill Gates, dijo que apoyaría «completamente» a Nadella si quería escindir Xbox, «pero vamos a tener una estrategia global de juegos, así que no está tan claro como se podría creer». La primera adquisición multimillonaria que hizo Nadella fue la de Minecraft, y en un movimiento que ahora parece obvio pero que en su momento fue poco convencional, optó por no hacer el título exclusivo para sus plataformas Xbox y Windows (e incluso mejor en ellas). Además, la base de jugadores del título ha crecido más de un 500 por ciento desde su adquisición, pasando de 25 millones de usuarios mensuales a 150 millones, lo que lo convierte en el segundo mundo virtual 3D renderizado en tiempo real más popular del mundo. Como sabemos, las experiencias de juego están ahora a la vanguardia de la industria, incluso en Microsoft. Recordemos que Microsoft Flight Simulator es una maravilla fruto de unión entre la tecnología y la colaboración. Aunque Xbox Game Studios desarrolló y publicó el título, se construyó en colaboración con Bing Maps y aprovechó los datos de OpenStreetMaps, una base geográfica en línea colaborativa y de uso gratuito, con la inteligencia artificial de Azure, que reúne estos datos en visualizaciones 3D, impulsando el clima en tiempo real y apoyando la transmisión de datos en la nube. La división Xbox también cuenta con su propia *suite* de hardware, el servicio de *streaming* de juegos en la nube más popular del mundo, una flota de estudios de juegos *first-party* (exclusivos de la plataforma) y un puñado de motores propios. Aunque HoloLens está a cargo de la división Azure AI, su proximidad a los juegos es evidente. En enero de 2022, Microsoft acordó la compra de Activision Blizzard, el mayor editor independiente de juegos fuera de China, por 75.000 millones de dólares (la mayor adquisición de la historia de GAFAM). Al anunciar el acuerdo, Microsoft dijo que «[Activision Blizzard] acelerará el crecimiento del negocio de videojuegos de Microsoft en móviles, PC, consolas y la nube, y proporcionará pilares fundamentales para el metaverso».[157]

En muchos sentidos, el enfoque de Nadella hacia Minecraft encarnaba su transformación general de Microsoft. Los productos de la empresa ya no se diseñarían para sus propios sistemas operativos, hardware, pila tecnológica o servicios (ni se optimizarían para funcionar con ellos). En su lugar, se trataría de una plataforma que no tiene en cuenta la aplicación con que se use,

---

157. Microsoft, «Microsoft to Acquire Activision Blizzard to Bring the Joy and Community of Gaming to Everyone, Across Every Device», 18 de enero de 2022, <https://news.microsoft.com/2022/01/18/microsoft-to-acquire-activision -blizzard-to-bring-the-joy-and-community-of-gaming-to-everyone-across -every-device/>.

soportando el mayor número de plataformas posible. Así es como Microsoft pudo crecer a pesar de perder su hegemonía sobre los sistemas operativos informáticos: el mundo digital creció más de lo que se contrajo la cuota de Microsoft. La misma actitud posiciona bien a la compañía de cara al metaverso.

Sony, fundada en 1946, es otro conglomerado interesante. Por ingresos, Sony Interactive Entertainment (SIE) es la mayor empresa de videojuegos del mundo, con un negocio que abarca el hardware y los juegos propios, así como la publicación y distribución de terceros. SIE también gestiona la segunda red de juegos de pago del mundo (PlayStation Network), el tercer servicio de suscripción de juegos en la nube (PSNow) así como varios motores de juego de alta fidelidad. La cartera de juegos originales de la compañía, como The Last of Us, God of War y Horizon Zero Dawn, está considerada una de las más vivas y creativas de la historia del sector. La PlayStation es también la consola más vendida de la quinta, sexta, octava y novena generación de consolas, y lanzará su plataforma PS VR2 en 2022. Sony Pictures, por su parte, es el estudio cinematográfico con mayores ingresos, así como el mayor estudio independiente de televisión y cine en general. La división de semiconductores de Sony es también el líder mundial en sensores de imagen, con casi el 50 por ciento de la cuota de mercado (Apple es uno de sus principales clientes), mientras que su división Imageworks es uno de los principales estudios de efectos visuales y animación por ordenador. El Hawk-Eye de Sony es un sistema de visión por ordenador que utilizan numerosas ligas deportivas profesionales de todo el mundo para ayudar a los árbitros mediante simulaciones en 3D y repeticiones (el club de fútbol Manchester City también utiliza esta tecnología para crear un gemelo digital en vivo de su estadio, sus jugadores y sus aficionados durante un partido). Sony Music es el segundo sello musical con más ingresos (Travis Scott es un artista de Sony Music), mientras que Crunchyroll y Funimation proporcionan a Sony el mayor servicio de *streaming* de anime del mundo. Es imposible revisar los activos y la capacidad creativa de Sony y ver otra cosa que no sea un enorme potencial a medida que surge el metaverso. Sin embargo, aún quedan muchos desafíos.

Los juegos de Sony son casi siempre exclusivos de PlayStation, y SIE ha tenido un éxito limitado en la producción de videojuegos para móviles, multiplataforma o multijugador. Aunque es fuerte en hardware y contenido de juegos, Sony suele ser vista como un rezagado en lo que respecta a los servicios en línea, y no tiene liderazgo en infraestructura informática y de redes, o en la producción virtual. Y a pesar de la fuerza de Japón en semiconductores, el país no ha producido ningún contendiente importante en esta área, lo que significa que el cambio de Sony al metaverso probablemente requerirá el uso de servicios y productos de GAFAM.[158] En 2020, Sony lanzó Dreams, un potente IVWP que la empresa distribuyó junto con muchos videojuegos producidos profesionalmente, pero no logró atraer a muchos usuarios o desarrolladores. Muchos críticos sostienen que Dreams siempre estuvo condenado y que refleja la inexperiencia de Sony con las plataformas UGC. A diferencia de la mayoría de los IVWP, Dreams no era gratuito, sino que costaba 40 dólares. Además, el título no ofrecía a los desarrolladores ninguna parte de los ingresos y se limitaba a las consolas PlayStation, mientras que los IVWP de la competencia se podían jugar en miles de millones de dispositivos en todo el mundo.[159]

En comparación con GAFAM, Sony llega a una fracción de usuarios, emplea a pocos ingenieros y su presupuesto anual de I+D

158. En mayo de 2019, Sony anunció una «asociación estratégica» con Microsoft para utilizar sus centros de datos Azure para el juego en la nube, entre otros servicios de *streaming*. En febrero de 2020, el jefe de Xbox dijo: «Cuando se habla de Nintendo y Sony, les tenemos mucho respeto, pero vemos a Amazon y Google como los principales competidores en el futuro. No tenemos intención de faltar el respeto a Nintendo y Sony, pero las compañías de videojuegos tradicionales están un poco fuera de posición. Supongo que podrían intentar recrear Azure, pero nosotros hemos invertido decenas de miles de millones de dólares en la nube durante años». (Schiesel, Seth, «Why Big Tech Is Betting Big on Gaming in 2020», *Protocol*, 5 de febrero de 2020, <https://www.protocol.com/tech-gaming-amazon-facebook-microsoft>.)

159. Limitar Dreams a los dispositivos PlayStation es en parte la razón por la que el título era tan potente desde el punto de vista técnico, ya que los dispositivos móviles son obviamente dispositivos informáticos menos capaces. Pero al diseñar originalmente el IVWP para su propio dispositivo de gama alta, Sony también ha dificultado la posibilidad de ampliar el título a otras plataformas.

se gasta en meses o incluso semanas. Durante décadas, la empresa ha sido un ejemplo de oportunidades perdidas. Aunque Sony era el líder del mercado mundial de dispositivos de música portátiles gracias al *walkman*, y poseía el segundo sello musical más grande, fue Apple quien revolucionó la música digital. A pesar de la fuerza de la empresa en la electrónica de consumo, los smartphones y los juegos, también se vio excluida del negocio de la telefonía móvil y perdió por completo la categoría de dispositivos conectados a la televisión. Mientras que Sony era el único gigante de Hollywood sin un negocio de televisión heredado que proteger, y lanzó su servicio de *streaming* Crackle el mismo año en que Netflix abandonó los DVD, no supo aprovechar la oportunidad. Para liderar el metaverso, Sony necesitará no sólo una innovación considerable, sino una colaboración sin precedentes entre divisiones, de las que desafían incluso a las empresas más consolidadas. Y al mismo tiempo, la empresa tendrá que salir de sus propios ecosistemas estrechamente integrados, como PlayStation, y conectarse también a plataformas de terceros.

También está NVIDIA, una empresa construida durante más de treinta años específicamente para la era de la computación basada en gráficos. Junto con las principales empresas de procesadores y chips, como Intel y AMD, NVIDIA se beneficiará de cualquier aumento de la demanda de computación. Las GPU y CPU de gama alta de nuestros dispositivos, así como los centros de datos de Amazon, Google y Microsoft, suelen proceder de estos proveedores. NVIDIA, sin embargo, aspira a mucho más. Por ejemplo, el servicio de *streaming* de videojuegos en la nube GeForce Now de la compañía es el segundo más popular del mundo, siete veces mayor que el de Sony, mucho más grande que Luna de Amazon o Stadia de Google, y la mitad que el líder del mercado, Microsoft. Su plataforma Omniverse, por su parte, es pionera en estándares 3D, facilita la interoperabilidad de motores, objetos y simulaciones dispares, y puede convertirse en una especie de Roblox para los «gemelos digitales» y el mundo real. Puede que nunca llevemos gafas de la marca NVIDIA ni juguemos a juegos publicados por NVIDIA, pero al menos en 2022 parece probable que vivamos en un metaverso impulsado en gran parte por NVIDIA.

El peligro de evaluar la preparación de los líderes de hoy para el futuro es que siempre parecen estar preparados. Y eso es porque lo están: tienen dinero, tecnología, usuarios, ingenieros, patentes, relaciones y mucho más. Sin embargo, sabemos que algunas de estas empresas fracasarán, a menudo debido a estas numerosas ventajas (algunas de las cuales resultarán ser obstáculos). Con el tiempo, quedará claro que muchos de los líderes del metaverso ni siquiera se mencionan en este libro, tal vez porque son demasiado pequeños para ser dignos de mención, o son desconocidos para su autor. Algunos ni siquiera habían sido creados y mucho menos pensados. Toda una generación de nativos de Roblox está ahora en el umbral de la edad adulta, y es probable que sean ellos, y no Silicon Valley, quienes creen el primer gran juego que tenga miles (o decenas de miles) de usuarios simultáneos, o un IVWP basado en blockchain. Ya sea motivados por los principios de la web3, envalentonados por los billones de dólares que ofrece el metaverso, o simplemente incapaces de venderlo a GAFAM debido a la revisión reguladora, estos fundadores acabarán desplazando al menos a un miembro de los cinco de GAFAM.

Por qué la confianza es más importante que nunca

Independientemente de las empresas que lleguen a dominar, lo más probable es que un puñado de plataformas integradas vertical y horizontalmente acaparen una parte significativa del tiempo, los contenidos, los datos y los ingresos totales del metaverso. Esto no significa una mayoría de cualquiera de estos recursos —recordemos que GAFAM representa menos del 10 por ciento del total de los ingresos digitales en 2021—, pero sí lo suficiente como para configurar colectivamente la economía del metaverso y los comportamientos de sus usuarios, así como la economía del mundo real y sus ciudadanos.

Todos los negocios, y especialmente los basados en el software, se benefician de los bucles de retroalimentación: más datos conducen a mejores recomendaciones, más usuarios se traducen en usuarios más fieles y más anunciantes, mayores ingresos permiten gastar más en licencias, mayores presupuestos de inversión atraen más talento. Este punto general no cambia en un futuro de blockchain por la misma razón por la que las audiencias seguían convergiendo en un puñado de sitios web y portales, como Yahoo o AOL en la década de 1990, aunque hubiera millones de otros sitios disponibles. Los hábitos son en sí mismos contagiosos, lo cual es parte de la razón por la que incluso las dapps de blockchain están valoradas en miles de millones por los inversores de riesgo, aunque su autoridad sobre sus usuarios o sus datos sea marginal en comparación con la era de la web 2.0.

Sin embargo, para muchos, la verdadera guerra por el metaverso no es entre las grandes empresas, ni entre éstas y las *startups* que esperan desplazarlas. En cambio, la guerra es entre la «centralización» y la «descentralización». Por supuesto, este marco es imperfecto porque ningún bando puede «ganar». Lo que importa es dónde se sitúa el metaverso entre los dos polos, por qué y cómo cambia su posición con el tiempo. Cuando Apple lanzó su ecosistema móvil cerrado en 2007, apostó contra la sabiduría convencional. El éxito de esta apuesta ha conducido sin duda a una economía digital, y especialmente móvil, más grande y madura, al tiempo que ha creado la empresa y el producto más valiosos y rentables de la historia. Pero quince años después, con la cuota de Apple en los ordenadores personales de Estados Unidos, que ha pasado de menos del 2 por ciento a más de dos tercios (y su cuota de ventas de software se acerca a los tres cuartos), el dominio de Apple frena ahora a toda la industria al privar a los desarrolladores y a los consumidores de muchas opciones. Mientras testificaba como parte de la demanda de Epic Games contra la compañía, el CEO de Apple, Tim Cook, dijo al juez que incluso permitir a los desarrolladores tener dentro de la aplicación un enlace que los enviara a soluciones de pago alternativas significaría «esencialmente [renunciar] a la rentabilidad total de nuestra IP».[160] Ningún internet de nueva generación debería estar tan

160. Robertson, Adi, «Tim Cook Faces Harsh Questions about the App

limitado por tales políticas. Y, sin embargo, Roblox, el «protometaverso» más popular hasta ahora, prospera por muchas de las mismas razones que el iOS de Apple: un control estricto de la mayor parte posible de su experiencia, incluyendo los paquetes forzados de contenidos, la distribución, los pagos, los sistemas de cuentas, los bienes virtuales, etcétera.

Teniendo esto en cuenta, debemos reconocer que el crecimiento del metaverso se beneficia tanto de la descentralización como de la centralización, al igual que el mundo real. Y de nuevo, al igual que en el mundo real, el punto medio no es un punto fijo, ni siquiera conocible, y mucho menos consensuado. Pero hay algunos enfoques normativos obvios que se siguen si la mayoría de las empresas, desarrolladores y usuarios aceptan el punto básico de que no puede ser uno u otro.

Por ejemplo, la licencia de Unreal de Epic Games para los desarrolladores está redactada de forma que otorga a los licenciatarios derechos indefinidos sobre una versión específica de Unreal Engine. Epic puede cambiar su licencia para las siguientes versiones y actualizaciones, como la 4.13 y sobre todo la 5.0 o la 6.0, y ceder ese derecho sería poco práctico desde el punto de vista financiero y probablemente perjudicial para los desarrolladores. Pero el resultado de esta política es que los desarrolladores no tienen que preocuparse de que, al elegir usar Unreal, dependan para siempre de los caprichos, deseos y liderazgo de Epic (después de todo, no hay junta de control de alquileres en el metaverso, ni tribunal de apelaciones). Y como la licencia de Unreal permite a los desarrolladores dar rienda suelta a las personalizaciones e integraciones de terceros, los desarrolladores pueden optar por no utilizar las futuras actualizaciones y construir las suyas propias en lugar de lo que Epic añada en la 4.13, 4.14, 5.0 y siguientes.

En 2021, Epic introdujo otra importante modificación en su licencia de Unreal: renunció al derecho de rescindir la licencia,

Store from Judge in Fortnite Trial», *The Verge*, 21 de mayo, 2021, <https://www.theverge.com/2021/5/21/22448023/epic-apple-fortnite-antitrust-lawsuit-judge-tim-cook-app-store-questions/>.

incluso en el caso de que un desarrollador no hubiera efectuado un pago pendiente o directamente hubiera violado el acuerdo. En su lugar, Epic tendría que llevar a su cliente a los tribunales para exigirle el pago o conseguir una orden judicial que le permitiera suspender el soporte. Esto hace que sea más difícil, más lento y más caro para Epic hacer cumplir sus reglas, pero la política está diseñada para crear confianza con los desarrolladores, y Epic espera que, en general, sea un buen negocio. Imagina que tu casero pudiera echarte de tu apartamento en cualquier momento argumentando que has incumplido tu contrato de alquiler, o que has dejado de pagar un día, o incluso 60 días. Esto no sólo sería malo para tu salud mental, sino que también desalentaría el alquiler y, sobre todo, el vivir en la ciudad. En el metaverso, los inquilinos pueden ser bloqueados o expulsados permanentemente sin demasiadas razones, y sus posesiones revocadas permanentemente. La respuesta tecnológica libertaria es la descentralización, probablemente a través de blockchain. Otra respuesta, no excluyente, es ampliar los sistemas legales del «mundo real» para reflejar la materialidad de lo inmaterial. Tim Sweeney sostiene que nadie se beneficia de que «las empresas poderosas [tengan] la capacidad de actuar como juez, jurado y verdugo», capaces de impedir que una empresa «construya productos», «distribuya su producto» o atienda las «relaciones con los clientes».

Mi gran esperanza para el metaverso es que produzca una «carrera hacia la confianza». Para atraer a los desarrolladores, las principales plataformas están invirtiendo miles de millones de dólares para facilitar, abaratar y acelerar la construcción de bienes, espacios y mundos virtuales mejores y más rentables. Pero también están mostrando un renovado interés por demostrar, mediante políticas, que merecen ser un socio, no sólo un editor o una plataforma. Ésta siempre ha sido una buena estrategia comercial, pero la dimensión de la inversión necesaria para construir el metaverso, y la confianza que requiere de los desarrolladores, ha puesto esta estrategia en primer plano.

En abril de 2021, Microsoft anunció que los juegos vendidos en su Windows Store para PC pagarían sólo un 12 por ciento de tasa, en lugar del 30 por ciento habitual (que seguía vigente en

Xbox), y que los usuarios de Xbox podrían jugar a juegos gratuitos sin necesidad de suscribirse al servicio Xbox Live de la consola. Dos meses más tarde, esta política se revisó para que las aplicaciones que no fueran de juego pudieran utilizar su propia solución de facturación, en lugar de la de Microsoft, y así pagar sólo el 2-3 por ciento que cobraba un medio de pago subyacente, como Visa o PayPal. En septiembre, Xbox anunció que su navegador Edge se había actualizado a los «estándares web modernos», lo que permitía a los usuarios jugar a servicios de *streaming* de videojuegos en la nube propiedad de los competidores de Xbox, como Stadia de Google y GeForce Now de Nvidia, desde el dispositivo y sin utilizar la tienda o los servicios en vivo de Microsoft.

El cambio de política más significativo de Microsoft se produjo en febrero de 2022, cuando la empresa anunció una nueva política de catorce puntos para su sistema operativo Windows y los «mercados de próxima generación que [la empresa] construye para los videojuegos». Esto incluía el compromiso de dar soporte a las soluciones de pago y las tiendas de aplicaciones de terceros (y no perjudicar a los desarrolladores que decidan utilizarlas), el derecho de los usuarios a establecer estas alternativas como opciones predeterminadas y el derecho de los desarrolladores a comunicarse directamente con el usuario final (incluso si el objetivo de esa comunicación es decirle al usuario que puede obtener mejores precios o servicios prescindiendo de la tienda o el conjunto de servicios de Microsoft). Es fundamental que Microsoft declare que no todos estos principios «se aplicarán inmediatamente y al por mayor a la actual tienda de la consola Xbox», ya que el hardware de Xbox se diseñó para venderse con pérdidas y generar un beneficio acumulado a través del software vendido por la propia tienda de Microsoft. Sin embargo, Microsoft dijo que «reconocemos que tendremos que adaptar nuestro modelo de negocio incluso a la tienda de la consola Xbox. Nos comprometemos a cerrar la brecha en los principios restantes con el tiempo».[161]

Cuando desvelaba la estrategia del metaverso de Facebook en

161. Smith, Brad, «Adapting Ahead of Regulation: A Principled Approach

octubre de 2021, Mark Zuckerberg tenía clara la necesidad de «maximizar la economía del metaverso» y apoyar a los desarrolladores. Para ello asumió una serie de compromisos que, al menos según las estrategias adoptadas por otras plataformas de software en la actualidad, benefician a los desarrolladores al marginar el poder y los beneficios de los dispositivos de RV (y también de próxima aparición) de Facebook. Por ejemplo, dijo que, aunque los dispositivos de Facebook seguirían vendiéndose a precio de coste o por debajo de él (de forma similar a las consolas, pero a diferencia de los smartphones), la empresa permitiría a los usuarios descargar aplicaciones directamente del desarrollador o incluso a través de las tiendas de aplicaciones de la competencia. También anunció que los dispositivos de Oculus ya no requerirían una cuenta de Facebook (que se había convertido en una nueva política en agosto de 2020), y que seguirían utilizando WebXR, una colección de API de código abierto para aplicaciones de RA y RV basadas en el navegador, y OpenXR, una colección de API de código abierto para aplicaciones de RA y RV instaladas, en lugar de producir (y mucho menos exigir) su propio conjunto de API patentadas. Recordemos del capítulo 10 que casi todas las demás plataformas informáticas bloquean la renderización sofisticada basada en el navegador y/o exigen el uso de colecciones de API patentadas.

En las semanas siguientes, Facebook también empezó a habilitar varias API e integraciones con plataformas de la competencia que antes eran compatibles, pero que llevaban varios años cerradas. Uno de los ejemplos más notables fue la posibilidad de publicar un enlace de Instagram en Twitter, con lo que la foto correspondiente de Instagram se mostraría dentro de un tuit. Instagram ofrecía esta API poco después de su lanzamiento en 2010, pero la eliminó sólo ocho meses después de que la empresa fuera adquirida por Facebook en 2012.

Es fácil ser escéptico respecto de las actuaciones de Microsoft, Facebook y otros gigantes de la «web 2.0». En mayo de

---

to App Stores», Microsoft, 9 de febrero de 2022, <https://blogs.microsoft.com/on-the-issues/2022/02/09/open-app-store-principles-activision-blizzard/>.

2020, el presidente de Microsoft, Brad Smith, dijo que la empresa había estado «en el lado equivocado de la historia» en lo que respecta al software de código abierto, y luego, en febrero de 2022, apoyó públicamente un proyecto de ley aprobado por el Senado de Estados Unidos que exigiría a Apple y Google abrir sus sistemas operativos móviles a las tiendas de aplicaciones y servicios de pago de terceros (dijo que la «importante» legislación «promovería la competencia, y garantizaría la equidad y la innovación»).[162]

Si la empresa hubiera prosperado en el sector de los móviles, como hicieron Apple y Google, en lugar de verse desplazada por esas compañías, o si Xbox hubiera ocupado el primer lugar entre las consolas, en lugar del último, es posible que Microsoft no hubiera cambiado de opinión. Si Facebook tuviera su propio sistema operativo, en lugar de verse obstaculizada por su ausencia, ¿se mostraría tan relajada respecto a la carga lateral? Si no fuera demasiado tarde para construir una plataforma de videojuegos popular, ¿habría querido Facebook confiar en OpenXR y WebXR? Estas preguntas son justas, pero también pasan por alto las muchas lecciones auténticas (aunque no deseadas) que han aprendido los creadores y desarrolladores de plataformas en las últimas décadas. Y estos dos grupos no son los únicos que son más inteligentes de lo que eran en el 2000.

Como sugiere la naturaleza «sin necesidad de confianza» y «sin permiso» de la programación de blockchain, gran parte del movimiento de la web3 surge de una insatisfacción con los últimos veinte años de aplicaciones, plataformas y ecosistemas digitales. Sí, durante la «web 2.0» recibimos muchos servicios magníficos de forma gratuita, como Google Maps e Instagram, y muchas carreras y negocios se han construido sobre estos servicios y a través de ellos. Sin embargo, muchos creen que el intercambio no fue justo. A cambio de un «servicio gratuito», los usuarios proporcionaron a estos servicios «datos gratuitos»

162. Smith, Brad (@BradSmi), Twitter, 3 de febrero de 2022, <https://twitter.com/BradSmi/status/1489395484808466438>.

que se han utilizado para crear empresas que valen cientos de miles de millones o incluso billones de dólares. Y lo que es peor, estas empresas son efectivamente dueñas de los datos a perpetuidad, lo que a su vez dificulta que el usuario que generó los datos pueda utilizarlos en otro lugar. Las recomendaciones de Amazon, por ejemplo, son tan poderosas porque se basan en años de búsquedas y compras anteriores, pero como resultado, incluso con un inventario equivalente, precios más bajos y tecnología similar, Walmart (u otros «advenedizos») siempre lo tendrá más difícil para hacer feliz a un cliente de Amazon. Muchos argumentan que Amazon debería, por tanto, ofrecer a los usuarios el derecho a exportar su historial y llevarlo a los sitios de la competencia. Técnicamente, los usuarios de Instagram pueden exportar todas sus fotos en un archivo zip descargable y luego subirlas a un servicio de la competencia, pero no es un proceso fácil, y no hay forma de trasladar los «me gusta» y los comentarios de cada foto. En general, muchas personas también han llegado a creer que las empresas construidas «a partir de sus datos» han empeorado drásticamente el mundo real, perjudicando la salud mental y emocional de quienes utilizan sus servicios. Buena parte de las reacciones al anuncio de Zuckerberg del cambio de nombre a Meta fueron burlas. ¿Por qué una empresa como Facebook tiene que meterse aún más en nuestras vidas? ¿No han creado ya las grandes tecnológicas demasiadas de las distopías descritas por Gibson, Stephenson y Cline?

No es de extrañar entonces que los términos *web3* y *metaverso* se hayan confundido. Si uno no está de acuerdo con la filosofía y el desarrollo de la web 2.0, resulta aterrador pensar en el poder que se otorga a los gigantes de la tecnología cuando operan en un plano paralelo de la existencia, cuando los «átomos» del universo virtual son escritos, ejecutados y transmitidos por corporaciones con fines de lucro. Considerar el metaverso como algo distópico sólo porque el término y muchas de sus inspiraciones proceden de la ciencia ficción distópica es un error, pero hay una razón por la que los que controlan estos universos de ficción (Matrix, el metaverso, el Oasis) tienden a utilizarlo para el mal: su poder es absoluto, y el poder absoluto corrompe. Recordemos la advertencia de Sweeney: «Si una empresa central consigue el control del [metaverso], será más poderosa que cualquier Gobierno y será un dios en la Tierra».

Todo esto nos lleva a uno de los aspectos más importantes de cualquier debate serio sobre el metaverso: cómo afectará al mundo que nos rodea y qué políticas necesitaremos para dar forma a su impacto.

Capítulo 15

Existencia metaversal

La era digital ha mejorado muchos aspectos de nuestra vida. Nunca ha habido un mayor acceso a la información, ni una época en la que gran parte de la información disponible fuera gratuita. Muchos grupos e individuos marginados tienen ahora grandes e imparables megáfonos digitales en sus manos. Quienes están físicamente alejados pueden sentirse más cerca unos de otros. El arte nunca ha sido tan fácil de encontrar, ni nunca ha habido tantos artistas que son pagados por su trabajo.

Sin embargo, décadas después de la creación del conjunto de protocolos de internet, la sociedad sigue encarando numerosos problemas en su vida online: información errónea, manipulación y radicalización; acoso y abuso; derechos limitados sobre los datos; escasa seguridad de los datos; el papel posiblemente restrictivo y enardecedor de los algoritmos y la personalización; el descontento general como resultado de la participación en línea; el inmenso poder de las plataformas en medio de una regulación desdentada; entre muchos otros. La mayoría de estos problemas han crecido con el tiempo.

Aunque la tecnología los ha proporcionado, facilitado o exacerbado, los retos a los que nos enfrentamos en la era móvil son, en esencia, problemas humanos y sociales. A medida que aumenta el número de personas, el tiempo y el gasto en internet, también aumentan nuestros problemas. Facebook tiene decenas de miles de moderadores de contenidos; si la contratación de más moderadores solucionara el acoso, la desinformación y otros males de la plataforma, nadie tendría más razones para hacerlo que Mark Zuckerberg. Y, sin embargo, el mundo de la tecnología, incluidos cientos de millones, si no miles de millones, de personas que lo usan cada día —piensa en todos los creadores individuales de Roblox, por ejemplo— están presionando para conseguir el «próximo internet». La propia idea del metaverso significa que una mayor parte de nuestra vida, trabajo, ocio, tiempo, gasto, riqueza, felicidad y relaciones se harán online. En realidad, *existirán* online, en lugar de limitarse a ponerse online como una publicación en Facebook o una foto subida a Instagram, o con la ayuda de dispositivos y software digitales, como podría ser una búsqueda en Google o un iMessage. Como resultado, muchos de los beneficios de internet crecerán, pero este hecho también exacerbará nuestros grandes y no resueltos desafíos sociotecnológicos. Éstos también se permutarán, lo que hará difícil volver a aplicar las lecciones aprendidas en los últimos quince años de internet social y móvil.

A mediados de la década de 2010, el grupo militante suní Estado Islámico, conocido comúnmente como ISIS, utilizó las redes sociales para radicalizar a ciudadanos extranjeros que luego visitarían Siria para formarse. Esto dio lugar a muchas «banderas rojas» para quienes tenían un historial de viajes que incluía un tiempo en Siria, entre otras naciones de Oriente Próximo, ya que varios países se enfrentaban a la amenaza de que sus ciudadanos se convirtieran en combatientes. Los mundos virtuales sofisticados en tiempo real facilitarán sin duda la radicalización y ofrecerán una mejor formación a quienes nunca abandonen su país de origen (y por algunas de las mismas razones por las que la educación a distancia mejorará). Al mismo tiempo, el metaverso puede facilitar aún más el conocimiento y el seguimiento de las personas a través de su actividad digital, por lo que quizá muchas más personas acaben en las listas del Gobierno o bajo su vigilancia.

La desinformación y la manipulación de las elecciones probablemente aumentarán, haciendo que nuestras complicaciones actuales de mensajes fuera de contexto, los tuits de troles y la información científica incorrecta nos resulten pequeñas. La descentralización, a menudo vista como la solución a muchos de los problemas creados por los gigantes tecnológicos, también hará más difícil imponer moderación y contener a los descontentos, y facilitará la recaudación ilícita de fondos. Incluso cuando se limita principalmente a texto, fotos y vídeos, el acoso ha sido una plaga aparentemente imparable en el mundo digital, que ya ha arruinado muchas vidas y perjudicado a otras tantas. Hay varias estrategias hipotéticas para minimizar el «abuso del metaverso». Por ejemplo, es posible que los usuarios tengan que conceder a otros usuarios niveles explícitos de permiso para interactuar en determinados espacios (por ejemplo, para la captura de movimiento, la capacidad de interactuar a través de la háptica, etcétera), y las plataformas también bloquearán automáticamente ciertas capacidades, estableciendo límites. Sin embargo, no cabe duda de que surgirán nuevas formas de acoso. Tenemos razones para estar aterrados por la forma que podría tomar la «pornografía de venganza» en el metaverso, impulsada por avatares de alta fidelidad, *deepfakes*, construcciones de voz sintéticas, captura de movimiento y otras tecnologías virtuales y físicas emergentes.

La cuestión de los derechos y el uso de los datos es más abstracta, pero igual de tensa. No sólo existe la cuestión del acceso de las empresas privadas y los Gobiernos a los datos personales, sino también cuestiones más fundamentales, como por ejemplo si los usuarios comprenden lo que están compartiendo. ¿Lo valoran adecuadamente? ¿Qué obligación tiene una plataforma de devolver los datos a ese usuario? ¿Debería un servicio gratuito ofrecer a los usuarios la opción de «comprar» el total de sus datos? Ahora mismo no tenemos respuestas perfectas a estas preguntas, ni forma de encontrarlas. Pero el metaverso implicará poner en línea más datos y más información importante. También significará compartir estos datos con innumerables terceras partes, al mismo tiempo que permitirá a estas partes modificar los datos. ¿Cómo se gestiona este nuevo proceso de forma segura? ¿Quién lo gestiona? ¿Cuál es la solución a los errores, los fallos, las pérdidas y las infracciones? Además, ¿quién debería ser el propietario de los datos virtuales? ¿Debería una empresa que gasta millones en desarrollar dentro de Roblox tener derecho a lo que ha construido? ¿Derecho a llevárselo a otro sitio? ¿Tienen ese derecho los usuarios que han comprado terrenos o bienes dentro de Roblox? ¿Deberían?

El metaverso redefinirá aún más la naturaleza del trabajo y de los mercados laborales. En la actualidad, la mayoría de los trabajos deslocalizados son de poca importancia y sólo de audio, como el soporte técnico y el cobro de facturas. La economía de los trabajos, por su parte, suele ser presencial, pero no del todo disímil: viajes compartidos, limpieza de casas, paseo de perros. Esto cambiará a medida que mejoren los mundos virtuales, las pantallas volumétricas, la captura de movimientos en vivo y los sensores hápticos. Un crupier de *blackjack* no necesita vivir cerca de Las Vegas, ni siquiera en Estados Unidos, para trabajar en el gemelo virtual de un casino. Los mejores tutores del mundo (y las trabajadoras del sexo) programarán y luego participarán en experiencias por horas. Un empleado de una tienda puede «ayudar a los clientes» desde miles de kilómetros de distancia, y sería mejor para él. En lugar de deambular por la tienda esperando a un cliente, acudirán cuando un cliente necesite ayuda y, a través de las cámaras de seguimiento y proyección, podrán aconsejar sobre dónde, por ejemplo, las tallas alternativas o la sastrería pueden ser de ayuda.

Pero ¿qué significa el metaverso para los derechos de contratación y las leyes de salario mínimo? ¿Puede un instructor de Mirror vivir en Lima? ¿Puede un crupier de *blackjack* estar en Bangalore? Y si pueden, ¿cómo afecta eso a la oferta de trabajo presencial (y a los sueldos pagados por el trabajo presencial)? Estas preguntas no son del todo nuevas, pero serán más significativas si el metaverso se convierte en una parte de la economía mundial de varios billones de dólares (o, como espera Jensen Huang, más de la mitad). Una de las visiones más oscuras del futuro es aquélla en la que el metaverso es un patio de recreo virtual en el que lo imposible es posible, pero que está alimentado por trabajadores del «tercer mundo» en aras del beneficio del «primer mundo».

También está la cuestión de la identidad en el mundo virtual. Mientras la sociedad moderna se enfrenta a cuestiones de apropiación cultural y a la ética de la ropa y los peinados, nosotros nos enfrentamos a la tensión entre el uso de avatares para revelar una versión diferente, y potencialmente más verdadera, de nosotros mismos, y la necesidad de reproducirla fielmente. ¿Es aceptable que el avatar de un hombre blanco sea el de una mujer india? ¿Importa el realismo del avatar a la hora de responder a esta pregunta? ¿O si está hecho de material orgánico (virtual) o de metal?

Las cuestiones de la identidad online se han planteado recientemente en torno a la colección NFT de los cryptopunks, por ejemplo. Recordemos que hay 10.000 de estos avatares 2D de 24 × 24 píxeles generados algorítmicamente, todos ellos acuñados en blockchain de Ethereum y que suelen utilizarse como fotos de perfil en diversas redes sociales. En un día cualquiera, es probable que los cryptopunks más baratos que se pongan a la venta sean los que tienen pigmentaciones oscuras. Algunos creen que esta dinámica de precios es una manifestación obvia de racismo. Otros argumentan que refleja la creencia de que no es apropiado que los miembros blancos de la comunidad de criptomonedas utilicen estos cryptopunks. Los que sostienen esta opinión también afirman que ni siquiera es apropiado que los blancos las posean. Si es así, el descuento en el precio refleja el hecho de que el número de cryptopunks blancos es desproporcionadamente bajo en comparación con la composición de Estados Unidos, donde se compran y venden la mayoría de los cryptopunks, y la criptocomunidad en general. Por tanto, no es que los precios de los cryptopunks «no blancos» sean bajos, sino que los «blancos» son demasiado escasos. Una de las posturas es que quizá el «descuento» de los primeros sea positivo: hace que estos supuestos avatares y carnés de socio sean más asequibles para quienes tienen menos riqueza en general.

Otras preocupaciones son la «brecha digital» y el «aislamiento virtual», aunque parecen más fáciles de abordar. Hace una década, a algunos les preocupaba que la adopción de dispositivos móviles superpotentes —la mayoría de los cuales cuestan cientos de dólares más que un «teléfono tonto»— agravara la desigualdad. El ejemplo más utilizado era el de los iPads en la educación. ¿Qué pasaría si algunos estudiantes no pudieran permitirse el dispositivo y tuvieran que depender de libros de texto «analógicos», anticuados y no personalizados, mientras que sus compañeros ricos (tanto si se sientan a su lado como en colegios privados exclusivos a kilómetros de distancia) se benefician de libros de texto digitales y actualizados dinámicamente? Estas preocupaciones se han visto disipadas por el rápido descenso del coste de estos dispositivos, así como por su creciente utilidad. En 2022, un iPad nuevo puede comprarse por menos de 250 dólares, lo que lo hace más barato que la mayoría de los ordenadores, aunque sea considerablemente más potente. El iPhone más caro cuesta tres veces más que el original de 2007, pero el iPhone más asequible que vende Apple es un 20 por ciento más barato (un 40 por ciento más barato después de ajustar por la inflación) y ofrece una potencia de cálculo más de cien veces superior. Y no es necesario comprar ninguno de estos dispositivos para el aula; la mayoría de los estudiantes ya poseen uno. Éste es el desarrollo de la mayoría de los productos electrónicos de consumo: comienzan como un juguete para los ricos, pero las primeras ventas permiten una mayor inversión, lo que conduce a mejoras en los costes, que impulsan mayores ventas, que facilitan una mayor eficiencia en la producción, lo que conduce a precios más bajos, y así sucesivamente. Las gafas de RV y RA no serán diferentes.

Es natural preocuparse por un futuro en el que nadie salga a la calle y se pase la existencia atado a unas gafas de RV. Sin embargo, estos temores suelen carecer de contexto. En Estados Unidos, por ejemplo, casi 300 millones de personas ven una media de cinco horas y media de vídeo al día (1.500 millones de horas en total). Además, tendemos a ver vídeos solos, en el sofá o en la cama, y nada de ello es social. Como suelen presumir los de Hollywood, estos contenidos se consumen de forma pasiva (en la jerga de la industria, se trata de un «entretenimiento sencillo»). Cambiar este tiempo por un entretenimiento social, interactivo y más comprometido probablemente sea un resultado positivo, no negativo, aunque todos sigamos en casa. Esto beneficiará especialmente a las personas mayores. La persona mayor media en Estados Unidos pasa siete horas y media al día viendo la televisión. Pocos de nosotros soñamos con la jubilación y una larga vida para pasar la mitad de los días que nos quedan viendo la televisión. Puede que el metaverso no sustituya a la navegación real por el Caribe, pero navegar en un velero virtual junto a viejos amigos puede acercarse bastante y ofrecer todo tipo de ventajas digitales, además de ser mejor que ver las noticias de la Fox o la MSNBC del mediodía.

Gobernar el metaverso

Por las mismas razones por las que el metaverso es tan perturbador —es imprevisible, recursivo y todavía vago—, es imposible saber qué problemas surgirán, cuál es la mejor manera de resolver los que ya existen y cuál es la mejor manera de dirigirlo. Pero como votantes, usuarios, desarrolladores y consumidores, tenemos capacidad de acción. No sólo sobre nuestros avatares virtuales cuando navegan por el espacio virtual, sino sobre las cuestiones más amplias que tienen que ver con quién construye el metaverso, cómo y sobre qué filosofías.

Como canadiense, probablemente creo en un mayor papel del Gobierno en el metaverso que muchos otros, aunque he pasado buena parte de mi vida pensando, escribiendo y hablando sobre lo que algunos consideran el sueño de un capitalista de libre mercado. Sin embargo, lo que está claro es que uno de los mayores retos a los que se enfrenta el metaverso es que carece de órganos de gobierno más allá de los operadores de plataformas de mundos virtuales y los proveedores de servicios. A estas alturas deberías estar convencido de que estos grupos no son suficientes para crear un metaverso saludable.

Recordemos la importancia del Grupo de Trabajo de Ingeniería de Internet. Este organismo fue creado originalmente por el Gobierno federal de Estados Unidos para dirigir los estándares voluntarios de internet, especialmente de TCP/IP. Sin el IETF y otros organismos sin ánimo de lucro, algunos de los cua-

378 · El metaverso

les fueron creados por el Departamento de Defensa, no tendríamos el internet que conocemos. En su lugar, probablemente sería un internet más pequeño, más controlado y menos vibrante, o quizá uno de varias «redes» diferentes.

El IETF es un gran desconocido para las generaciones más jóvenes, aunque su trabajo continúa hasta hoy. Pero las contribuciones de la organización, sobre todo entre bastidores, se cuentan entre las razones por las que muchos creen que los países occidentales son incapaces de regular o supervisar eficazmente la tecnología. No me refiero a la defensa de la competencia, aunque es una cuestión urgente. Me refiero más bien a la idea de un papel del Gobierno en el desarrollo de la tecnología. En realidad, la aparente división entre Gobierno y tecnología es un problema relativamente reciente. A lo largo del siglo XX, los Gobiernos demostraron ser más que capaces de dirigir las nuevas tecnologías, de las telecomunicaciones a los ferrocarriles, el petróleo y los servicios financieros y, obviamente, internet. Ha sido en los últimos quince años, más o menos, cuando se han quedado cortos. El metaverso presenta una oportunidad no sólo para los usuarios, los desarrolladores y las plataformas, sino también para nuevas reglas, normas y órganos de gobierno, así como nuevas expectativas para esos órganos de gobierno.

¿Cómo deberían ser estas políticas? Permíteme empezar con una confesión transparente. Como estas cuestiones abarcan la ética, los derechos humanos y los anales de la jurisprudencia, soy deliberadamente cauto y modesto. Hay cuestiones claras de justicia social que van más allá de muchas de las que se detallan a lo largo de este libro, como los dispositivos utilizados para acceder al metaverso (y su coste), la calidad de la experiencia que proporcionan estos dispositivos y las tarifas de la plataforma que se cobran. Soy consciente de ello y de la autoridad de otros para hablar de ello con mayor claridad. En su lugar, ofreceré un marco que refleja mis propias áreas de experiencia y profundiza sobre cuestiones planteadas en los capítulos anteriores del libro.

En 2022, muchos Gobiernos, incluidos los de Estados Unidos, la Unión Europea, Corea del Sur, Japón e India, se centran en si Apple y Google deberían tener un control unilateral sobre las políticas de facturación dentro de la aplicación y el derecho a bloquear los servicios de pago de la competencia o eliminar otros medios de pago intermediarios (por ejemplo, ACH y transferencia). Desmantelar la hegemonía de Apple y Google sería un buen comienzo y aumentaría rápidamente los márgenes de los desarrolladores y/o reduciría los precios al consumidor, permitiría que prosperaran nuevas empresas y modelos de negocio, y eliminaría las comisiones incoherentes que animan a los desarrolladores a centrarse en los productos físicos o la publicidad en lugar de en las experiencias virtuales y el gasto de los consumidores. Pero, como hemos visto, los pagos no son más que una de las muchas palancas que las plataformas utilizan para imponer su control sobre los desarrolladores, los usuarios y los posibles competidores. El objetivo de Apple y Google es maximizar sus respectivas cuotas de ingresos online. En consecuencia, los legisladores deberían obligar a las plataformas a separar la identidad, la distribución de software, las API y los derechos de sus sistemas operativos y de hardware. Para que el metaverso y la economía digital prosperen, los usuarios deben ser capaces de «poseer» su identidad en línea y el software que compran. Los usuarios también deben poder elegir cómo instalar y pagar este software, mientras que los desarrolladores deben ser libres de decidir cómo se distribuye su software en una plataforma determinada. En última instancia, estos dos grupos deberían poder determinar qué estándares y tecnologías emergentes son los mejores, independientemente de las preferencias de la empresa cuyo sistema operativo ejecuta el código resultante. La desagregación obligaría a las empresas centradas en el sistema operativo a competir más claramente en función de los méritos de sus ofertas individuales.

También necesitamos una mayor protección para los desarrolladores que crean motores de juego independientes, mundos virtuales integrados y tiendas de aplicaciones. El planteamiento de Sweeney sobre la licencia de Unreal a los desarrolladores es el correcto: entregar el control sobre la terminación de esa licencia a los procesos judiciales, en lugar de a los internos de la empresa. Sin embargo, las empresas con ánimo de lucro no deberían ser los únicos grupos que decidan dónde terminan sus leyes *de facto* y dónde empiezan los procesos legislativo-judiciales. No podemos contar con su altruismo, incluso si, como en el caso de Epic, ese «altruismo» está vinculado a mejores prácticas empresariales. Lo más importante es que, a menos que se redacten nuevas leyes específicas para los activos virtuales, la tenencia virtual y las comunidades virtuales, es probable que las que se diseñaron para la era de los bienes físicos, los centros comerciales físicos y la infraestructura física acaben aplicándose mal e instrumentalizadas. Si la economía del metaverso rivalizara algún día con la del mundo físico, entonces los Gobiernos deberán tratar los puestos de trabajo, las transacciones comerciales y los derechos de los consumidores en su interior con la misma seriedad.

Un buen punto de partida sería la promulgación de políticas relativas a cómo y hasta qué punto se debe exigir a los proveedores de servicios de internet que apoyen a los desarrolladores que quieren exportar los entornos, activos y experiencias que han creado. Éste es un problema relativamente nuevo para los legisladores. En el internet actual, casi todas las «unidades de contenido» online, desde una foto hasta un texto, un archivo de audio o un vídeo, pueden transferirse entre plataformas sociales, bases de datos, proveedores de la nube, sistemas de gestión de contenidos, dominios web, empresas de alojamiento, etcétera. El código también es en su mayor parte transferible. A pesar de esto, es obvio que las plataformas online centradas en el contenido no tienen problema para construir un negocio multimillonario (o billonario). Estas empresas no necesitan ser «dueñas» de los contenidos de los usuarios para crear una rueda de negocios en torno a su consumo. YouTube es el ejemplo perfecto. Es fácil que un *youtuber* se vaya a otro servicio de vídeo en línea —y se lleve toda su biblioteca—, pero se queda porque YouTube ofrece a los creadores de contenidos un mayor alcance y, normalmente, mayores ingresos.

Precisamente el hecho de que un *youtuber* pueda marcharse tan fácilmente a Instagram, Facebook, Twitch o Amazon ha llevado a muchas otras plataformas a tratar de robar a los creadores de contenidos de YouTube. Esto, a su vez, empuja a YouTube a innovar, a trabajar más para satisfacer a sus creadores de contenidos y a ser una plataforma más responsable en general. De la misma forma, el hecho de que un creador de Snapchat pueda publicar sus contenidos con la misma facilidad en todas las redes sociales, desde Instagram hasta TikTok, YouTube y Facebook, significa que puede ampliar su audiencia sin multiplicar sus presupuestos de producción. Si una plataforma, como YouTube, quiere tener a un determinado creador en exclusiva, deberán pagar esa exclusividad, en lugar de confiar en que resulte demasiado difícil y caro para el creador operar en múltiples plataformas. Hay una razón por la que todas las redes sociales han cambiado con el tiempo hacia la programación original, las garantías de ingresos y los fondos de los creadores.

Por desgracia, la dinámica que se aplica a las redes de contenido «2D» no se traslada fácilmente a IVWP. La mayor parte del contenido que se hace en YouTube o Snapchat no se produce con las herramientas de esas plataformas. En realidad, se producen con aplicaciones independientes, como la aplicación Cámara de Apple, o Photoshop y Premiere Pro de Adobe. Incluso cuando el contenido se hace en una plataforma social, como una historia de Snapchat, que utiliza los filtros de Snap, el contenido suele ser fácil de exportar (y de volver a utilizar en Instagram) porque es sólo una foto. Por el contrario, el contenido hecho para un IVWP se hace principalmente en ese IVWP. No se puede exportar fácilmente, ni reutilizar, y no hay «trucos» disponibles como el uso de la función de «captura de pantalla» de un iPhone para obtener una historia de Snapchat. Por lo tanto, el contenido hecho en Roblox es esencialmente sólo para Roblox. Y a diferencia de un vídeo de YouTube o de una historia de Snapchat, el contenido de Roblox no es efímero (como una transmisión en directo), ni está destinado a ser catalogado (como es el caso de los videoblogs de un *youtuber*). Al contrario, está pensado para ser actualizado continuamente.

Las consecuencias de estas diferencias son profundas. Si un desarrollador quiere operar a través de múltiples IVWP, debe reconstruir casi todas las partes de sus experiencias, una inversión que no produce ningún valor para los usuarios y desperdicia tiempo y dinero. En muchos casos, un desarrollador ni siquiera se molestará en hacerlo, limitando así su alcance y concentrando su confianza en una sola plataforma. Cuanto más invierta un desarrollador en un determinado IVWP, más difícil le resultará abandonarlo: no sólo tendrá que volver a captar a sus clientes, sino que tendrá que reconstruirlo desde cero. Por lo tanto, los desarrolladores serán menos propensos a apoyar a nuevos proveedores de servicios de internet que puedan ofrecer una funcionalidad, economía o potencial de crecimiento superiores, y los proveedores de servicios de internet existentes tendrán menos presión para mejorar. Con el tiempo, los proveedores de servicios IVWP dominantes podrían incluso «buscar rentas». Durante la última década, la mayoría de las principales plataformas han sido criticadas por este tipo de comportamientos. Por ejemplo, muchas marcas argumentan que los cambios realizados en el algoritmo de Newsfeed de Facebook las obligaron a comprar anuncios para llegar a los mismos usuarios de Facebook a los que voluntariamente les habían gustado sus páginas. En 2020, Apple revisó su política de la App Store de tal manera que, con algunas excepciones, cualquier aplicación de iOS que utilizara sistemas de identidad de terceros (por ejemplo, el inicio de sesión con la cuenta de Facebook o Gmail) también tendría que utilizar el sistema de cuentas de Apple.

Algunos IVWP admiten exportaciones selectivas. Roblox permite a los usuarios tomar modelos producidos en Roblox y llevarlos a Blender utilizando el formato de archivo OBJ. Pero como hemos visto a lo largo de este libro, sacar datos de un sistema no significa que luego esos datos sean utilizables. Incluso si lo fueran, el proceso para hacerlo no es necesariamente fácil (intenta descargar tus datos de Facebook e importarlos a Snapchat) y queda a discreción de la plataforma (recordemos que Instagram cerró la API utilizada para compartir publicaciones en Twitter). En este sentido, los Gobiernos tienen tanto la obligación de regular como la oportunidad de dar forma a las normas del metaverso. Al establecer las convenciones de exportación, los tipos de archivo y las estructuras de datos para los IVWP, los legisladores también estarían informando sobre las convenciones de importación, los tipos de archivo y las estructuras de datos de cualquier plataforma que quiera acceder a ellos. En última instancia, deberíamos querer que fuera lo más fácil posible trasladar un entorno educativo inmersivo virtual o una zona de juegos de RA de una plataforma a otra, tan fácil como trasladar un blog o un boletín informativo. Es cierto que este objetivo no es totalmente alcanzable: ni los mundos en 3D ni su lógica son tan sencillos como el HTML o las hojas de cálculo. Pero debería ser nuestro objetivo y es mucho más importante que el establecimiento de puertos de carga estandarizados.

Puede parecer injusto que las empresas que ayudaron a construir la era de los móviles (como Apple y Android), así como las que ayudaron a fundar la era del metaverso (en concreto, pero no exclusivamente, Roblox y Minecraft), se vean obligadas a renunciar al control de sus ecosistemas y dejar que los competidores se beneficien de su éxito. Al fin y al cabo, es la rica integración entre los numerosos servicios y tecnologías de estas plataformas lo que las ha hecho tan exitosas. Sin embargo, la mejor manera de pensar en estas regulaciones sería como un comentario sobre este éxito —y una respuesta a él—, y sobre lo que se necesita para mantener un mercado que sea colectivamente próspero y capaz de producir nuevos líderes. Cuando Apple revisó sus políticas de juego en la nube en septiembre de 2020, *The Verge* escribió: «Discutir sobre si las directrices de Apple incluían o no una cosa no tiene sentido, porque Apple tiene la máxima autoridad. La compañía puede interpretar las directrices como quiera, hacerlas cumplir cuando quiera y cambiarlas a voluntad».[163] Esto no es una base fiable para la economía digital, y mucho menos para el metaverso.

Más allá de la regulación de las principales plataformas, podemos identificar otras leyes y cambios políticos obvios que ayudarán a producir un metaverso saludable. Los contratos inteligentes y las DAO deben ser reconocidos legalmente. Incluso si

163. Hollister, Sean, «Here's What Apple's New Rules about Cloud Gaming Actually Mean», *The Verge*, 18 de septiembre de 2020, <https://www.theverge.com/2020/9/18/20912689/apple-cloud-gaming-streaming-xcloud-stadia-app-store-guidelines-rules>.

estos convenios, y las blockchains en general, no perduran, el estatus legal inspirará más espíritu empresarial y protegerá a muchos de la explotación, y además conducirá a un uso y una participación más amplios. Las economías florecen cuando esto ocurre. Otra oportunidad clara es la expansión de las llamadas regulaciones KYC (*Know Your Customer*, «conozca a su cliente» en inglés) para las inversiones, carteras, contenidos y transacciones de criptomonedas. Estas regulaciones requerirían que plataformas como OpenSea, Dapper Labs y otros grandes juegos basados en blockchain validaran la identidad y el estatus legal de los clientes, a la vez que proporcionaran los registros necesarios a los Gobiernos, organismos fiscales y agencias de valores. La naturaleza de blockchain es tal que los requisitos de KYC no pueden llegar a todo lo «cripto» —similar al hecho de que ni Hacienda ni la policía puedan controlar todas las transacciones en efectivo—. Pero si casi todos los servicios, mercados y plataformas contractuales principales exigen esta información, la mayoría de las transacciones se realizarán bajo estos requisitos y las que no lo hagan se descartarán debido al riesgo percibido de estafa (al igual que la mayoría prefiere utilizar eBay y comprar a vendedores verificados que comprar a través de un mercado sin marca y desde una cuenta anónima).

Una última propuesta es que el Gobierno adopte una postura mucho más seria en cuanto a la recopilación de datos, su uso, los derechos y las sanciones. La cantidad de información que las plataformas centradas en el metaverso generarán, recopilarán y procesarán activa y pasivamente será extraordinaria. Los datos abarcarán las dimensiones de tu habitación, el detalle de tus retinas, las expresiones faciales de tu recién nacido, tu rendimiento laboral y tu sueldo, dónde has estado, durante cuánto tiempo y probablemente por qué. Casi todo lo que digas y hagas será captado por una u otra cámara o micrófono, y a veces se colocará en un gemelo virtual propiedad de una empresa privada que lo compartirá con muchas más. Hoy en día, lo que está permitido depende a menudo del desarrollador o del sistema operativo que ejecuta la aplicación del desarrollador, y el usuario lo entiende sólo vagamente. Los legisladores harían bien en indicar y ampliar de vez en cuando lo que está permitido, en lugar de limitarse a responder a las consecuencias imprevistas. En el apartado de «lo permitido» debería incluirse el derecho del usuario a solicitar la eliminación de los datos, o a descargarlos y subirlos fácilmente a otro lugar. Éste es otro ámbito en el que los Gobiernos pueden, y deben, dictar las normas del metaverso.

Igualmente importante es la forma en que las empresas demuestran su capacidad para asegurar la información privilegiada, y cómo se las castiga cuando no lo hacen. La Reserva Federal de Estados Unidos realiza rutinariamente «pruebas de estrés» a los bancos para asegurarse de que pueden resistir las crisis económicas, las caídas del mercado y las retiradas masivas de fondos, al mismo tiempo que responsabiliza individualmente a los ejecutivos por la negligencia de la empresa o por sus declaraciones financieras. En la actualidad existen versiones primitivas de estos mecanismos de supervisión para los datos de los usuarios, pero se trata sobre todo de consultas informales, más que de procesos formalizados, y es poco probable que las grandes empresas tecnológicas se ofrezcan a realizar auditorías. Las multas por violaciones y pérdidas de datos son particularmente inofensivas. En 2017, la agencia estadounidense de información crediticia Equifax reveló que piratas informáticos extranjeros habían accedido ilegalmente a sus sistemas durante más de cuatro meses y habían almacenado los nombres completos, números de la seguridad social, fechas de nacimiento, direcciones y números de carné de conducir de casi 150 millones de estadounidenses y 15 millones de residentes en el Reino Unido. Dos años después, Equifax aceptó un acuerdo de 650 millones de dólares, una suma inferior al flujo de caja anual de la empresa y que sólo proporcionó un par de dólares a cada víctima.

Múltiples metaversos nacionales

Desde hace unos quince años, lo que consideramos «internet» está cada vez más regionalizado. Todos los países utilizan el conjunto de protocolos de internet, pero las plataformas, los servicios, las tecnologías y las convenciones de cada mercado han divergido, en parte debido al crecimiento de los gigantes tecnológicos no estadounidenses. Ya sea en Europa, el Sudeste Asiático, la India, América Latina, China o África, cada vez hay más *start-ups* locales y líderes de software exitosos que satisfacen todo tipo de necesidades, desde los pagos hasta las compras y el vídeo. Si el metaverso va a desempeñar un papel cada vez más importante en la cultura y el trabajo de los seres humanos, también es probable que su aparición dé lugar a más y más fuertes actores regionales.

La causa más importante de la fragmentación de la red moderna son las regulaciones específicas de cada país en todo el mundo. Los «internets» chino, europeo y de Oriente Próximo son cada vez más diferentes de aquéllos a los que se accede en Estados Unidos, Japón o Brasil debido a las mayores restricciones sobre los derechos de recopilación de datos, los contenidos permitidos y los estándares técnicos. Mientras los Gobiernos de todo el mundo se enfrentan a la necesidad de regular el metaverso —y al mismo tiempo, mientras intentan reducir el poder acumulado por los líderes de la web 2.0—, el mundo terminará sin duda con muy diferentes resultados y, me atrevo a decir, «metaversos».

Al principio de este libro, mencioné «La Alianza (surcoreana) del Metaverso», creada por el Ministerio de Educación, Ciencia y Tecnología del país a mediados de 2021 y que incluye a más de 450 empresas nacionales. El objetivo específico de la organización aún no está claro, pero es probable que se centre en construir una economía del metaverso más fuerte en Corea del Sur, así como una mayor presencia surcoreana en el metaverso a nivel mundial. Para ello, es probable que el Gobierno impulse la interoperación y los estándares que, en ocasiones, perjudicarán a un determinado miembro de la alianza, pero aumentarán su fuerza colectiva y, sobre todo, beneficiarán a Corea del Sur.

Siguiendo las tendencias visibles en el internet chino actual, es casi seguro que el «metaverso» de China será aún más diferente (y con un control más centralizado) en comparación con el de las naciones occidentales. Puede que llegue mucho antes y que sea más interoperable y estandarizado. Pensemos en Tencent, cuyos videojuegos llegan a más jugadores, generan más ingresos, abarcan más propiedad intelectual y emplean a más desarrolladores que cualquier otro editor del mundo. En China, Tencent publica los títulos de empresas como Nintendo, Activision Blizzard y Square Enix, y desarrolla ediciones locales de juegos de éxito como PUBG (que no pueden operar de otro modo en el país). Los estudios de Tencent también son responsables de las versiones globales de Call of Duty Mobile, Apex Legends Mobile y PUBG Mobile. También poseen aproximadamente el 40 por ciento de Epic Games, el 20 por ciento de Sea Limited (creadores de Free Fire) y el 15 por ciento de Krafton (PUBG), y son propietarios y operadores de WeChat y QQ, las dos aplicaciones de mensajería más populares de China (que también sirven como tiendas de aplicaciones *de facto*). WeChat es también la segunda empresa/red de pagos digitales más grande de China y Tencent ya utiliza software de reconocimiento facial para validar la identidad de sus jugadores mediante el sistema nacional de identificación de China. Ninguna otra empresa está mejor situada para facilitar la interoperabilidad de los datos de los usuarios, los mundos virtuales, la identidad y los pagos, ni para influir en las normas del metaverso.

El metaverso puede ser una «red masiva e interoperable de mundos virtuales 3D renderizados en tiempo real», pero, como hemos visto, se realizará mediante hardware físico, procesadores informáticos y redes. Sea que los controlen empresas, Gobiernos o grupos descentralizados de programadores y desarrolladores expertos en tecnología, el metaverso dependerá de ellos. Puede que la existencia de un árbol virtual y su caída esté siempre en duda, pero la física es inmutable.

Conclusión

Todos somos espectadores

«La tecnología a menudo da sorpresas que nadie predice. Pero los desarrollos más grandes y fantásticos se prevén, a menudo, con décadas de antelación.» Estas palabras abrieron este libro y, tras las páginas siguientes, espero que hayas llegado a estar de acuerdo con esta observación, y que comprendas también sus limitaciones. Vannevar Bush tenía una asombrosa capacidad para predecir los dispositivos del futuro y gran parte de lo que podrían hacer, así como el papel crucial del Gobierno para hacerlos útiles y para el beneficio colectivo. Al mismo tiempo, su Memex tenía el tamaño de un escritorio y era electromecánico, y almacenaba y conectaba físicamente todo el contenido que un usuario pudiera solicitar. Los ordenadores de bolsillo actuales, que funcionan con software, se parecen al Memex sólo en su espíritu. En *2001: Una odisea del espacio*, Stanley Kubrick imaginó un futuro en el que la humanidad había colonizado el espacio y había surgido una IA sensible, pero las pantallas tipo iPad se utilizaban para poco más que ver la televisión mientras se desayunaba y los teléfonos seguían siendo tontos y requerían cables. *Snow Crash*, de Neal Stephenson, ha inspirado décadas de proyectos de I+D y ahora guía a muchas de las empresas más poderosas del planeta. Sin embargo, Stephenson creía que el metaverso surgiría de la industria de la televisión, no de los videojuegos, y se sorprendió de que «en lugar de que la gente vaya a los bares de la calle en *Snow Crash*, lo que tenemos ahora son gremios de Warcraft» que hacen incursiones dentro del juego.

Tengo clara gran parte del futuro. Estará cada vez más centrado en mundos virtuales 3D renderizados en tiempo real. El ancho de banda, la latencia y la fiabilidad de la red mejorarán. La cantidad de potencia de cálculo aumentará, lo que permitirá una mayor simultaneidad, mayor persistencia, simulaciones más sofisticadas y, en conjunto, nuevas experiencias (y, aun así, la oferta de computación seguirá siendo muy inferior a la demanda). Las generaciones más jóvenes serán las primeras en adoptar el «metaverso», y lo harán en mayor medida que sus padres. Los legisladores desagregarán en parte los sistemas operativos, pero las empresas propietarias de estos SO seguirán prosperando porque sus ofertas desagregadas seguirán siendo líderes del mercado y la aparición del metaverso hará crecer la mayoría de estos mercados. Es probable que la estructura general del metaverso sea similar a la actual: un puñado de empresas integradas horizontal y verticalmente controlará una parte sustancial de la economía digital y su influencia será aún mayor. Los legisladores las someterán a un mayor escrutinio, pero probablemente se queden cortos. Algunos de los principales líderes de la categoría en el metaverso serán diferentes de los que conocemos hoy, mientras que algunos de los líderes actuales serán desplazados, pero sobrevivirán e incluso crecerán. Otros perecerán. Seguiremos utilizando muchos de los productos digitales y móviles de la era premetaverso; la renderización 3D en tiempo real no es la mejor forma de realizar muchas tareas o experimentar todas las formas de contenido.

La interoperabilidad se logrará de forma lenta, imperfecta y nunca en profundidad o sin coste alguno. Aunque el mercado acabará consolidándose en torno a un subconjunto de estándares, no se adaptarán perfectamente entre ellos y cada uno tendrá sus inconvenientes. Y antes de eso, se propondrán, adoptarán, desaprobarán y bifurcarán decenas de opciones. Varios mundos virtuales y plataformas integradas de mundos virtuales se irán abriendo poco a poco, como ocurrió con la economía mundial, al mismo tiempo que adoptarán diferentes métodos para el intercambio de datos y usuarios. Por ejemplo, muchos llegarán a acuerdos a medida con desarrolladores independientes, del mismo modo que Estados Unidos tiene políticas diferentes con Canadá, Indonesia, Egipto, Honduras y la Unión Europea (que a su vez es una colección de acuerdos que abarcan un conjunto finito de «mundos»). Habrá impuestos, aranceles y otras tasas, así como la necesidad de múltiples sistemas de identidad, carteras y taquillas de almacenamiento virtual. Y todas las políticas estarán sujetas a cambios. El papel de blockchain es el aspecto menos claro de nuestro futuro metaverso. Para muchos, es fundamental para el éxito del metaverso o estructuralmente necesaria para que exista en primer lugar. Otros consideran que es una tecnología interesante que contribuirá al metaverso, pero que éste existiría a pesar de ello y en gran medida de la misma forma. Muchos la consideran una auténtica estafa. Durante 2021 y principios de 2022, las blockchains siguieron creciendo, atrayendo a desarrolladores convencionales, fundadores con talento, decenas de miles de millones de capital de riesgo y aún más en inversiones institucionales en criptomonedas. Sin embargo, el historial de éxito de blockchain sigue siendo bastante limitado en el momento de redactar este libro, y los impedimentos técnicos, culturales y legales son significativos.

A finales de la década, estaremos de acuerdo en que el metaverso habrá llegado[164] y en que valdrá muchos billones. La cuestión de cuándo empezó exactamente y cuántos ingresos genera seguirá siendo incierta. Antes de llegar a ese punto, saldremos de la fase actual de bombo publicitario, para volver a entrar y después salir de otra. El ciclo de despliegue publicitario será causa-

164. Es posible que en última instancia utilicemos un término diferente para este futuro debido a que el término *metaverso* se utiliza de forma incorrecta, y a sus asociaciones potencialmente negativas con la ciencia ficción distópica, las grandes tecnológicas, blockchain y las criptomonedas, etcétera. Recordemos que en mayo de 2021, Tencent optó por denominar sus intentos de metaverso «realidad hiperdigital», antes de cambiar a «metaverso» cuando este último se hizo popular. Es posible que se produzca algún cambio de este tipo.

do por al menos tres factores: la realidad de que muchas empresas prometerán en exceso qué tipo de experiencias del metaverso serán posibles y cuándo; la dificultad de superar las barreras técnicas clave; y el hecho de que, incluso cuando se superen esas barreras, llevará tiempo averiguar exactamente qué deben construir las empresas «en el metaverso».

Piensa en tu primer iPhone (o quizá, en tus primeros seis). De 2007 a 2013, el sistema operativo de Apple era muy esqueumorfo: su aplicación iBooks mostraba versiones digitales de libros en una estantería digital, su aplicación de notas estaba diseñada para parecer un bloc de notas amarillo físico, su calendario tenía costuras simuladas y su centro de juegos pretendía parecerse a una mesa de fieltro. Con iOS 7, Apple abandonó estos principios de diseño por los nativos de la era móvil. Fue durante la era esqueumorfa de Apple cuando se fundaron muchas de las principales empresas digitales de hoy en día. Compañías como Instagram, Snap y Slack reimaginaron lo que serían las comunicaciones digitales, no para usar la IP para llamar a un teléfono fijo (Skype) ni para enviar mensajes de texto (BlackBerry Messenger), sino para reinventar cómo nos comunicamos, por qué y para qué. Spotify no trató de retransmitir la radio por internet (Broadcast.com), ni de producir radio sólo por internet (Pandora), sino que cambió la forma en que accedemos y descubrimos la música. En un futuro previsible, las «aplicaciones del metaverso» se quedarán estancadas en la fase inicial de desarrollo: una videoconferencia, pero en 3D y situada en una sala de juntas corporativa simulada; Netflix, pero dentro de un cine virtual. Sin embargo, poco a poco iremos reinventando todo lo que hacemos. Será cuando este proceso comience, no antes, cuando el metaverso nos parezca significativo; se alejará de la visión fantástica y lo veremos como una realidad práctica. Todas las tecnologías necesarias para construir Facebook estaban disponibles años antes de que Mark Zuckerberg creara la red social. Tinder no se inventó hasta cinco años después del iPhone, momento en el que el 70 por ciento de los jóvenes de dieciocho a treinta y cuatro años tenían un smartphone con pantalla táctil. La tecnología limita el metaverso, pero también lo que imaginamos y cuándo.

Los arrebatos del desarrollo del metaverso darán lugar a críticas, así como a episodios de decepción y desilusión. En 1995, Clifford Stoll, astrónomo estadounidense y antiguo administrador de sistemas en el Laboratorio Nacional Lawrence Berkeley del Departamento de Energía de Estados Unidos, escribió el ahora famoso libro *Silicon Snake Oil: Second Thoughts on the Information Highway* [La panacea de silicio: una reflexión sobre la autopista de la información]. En un artículo de fondo para *Newsweek* en torno a la publicación del libro, afirmaba que «después de dos décadas en línea, estoy perplejo [...], inquieto por esta comunidad tan de moda y alabada. Los visionarios ven un futuro de trabajadores a distancia, bibliotecas interactivas y aulas multimedia. Hablan de reuniones electrónicas y comunidades virtuales. El comercio y los negocios pasarán de las oficinas y los centros comerciales a las redes y los módems. Y la libertad de las redes digitales hará que el Gobierno sea más democrático. Una tontería. Nuestros expertos en informática carecen de todo sentido común [...], lo que los charlatanes de internet no te dirán es que internet es un gran océano de datos sin editar, sin ninguna pretensión de integridad».[165] Hoy en día esto parece una crítica del metaverso que aún no se ha publicado. En diciembre de 2000, el *Daily Mail* publicó una noticia titulada «Internet puede ser sólo una moda pasajera, ya que millones de personas lo abandonan», respaldada por una investigación que supuestamente estimaba que Gran Bretaña iba a perder dos de sus 15 millones de usuarios de internet.[166] La crítica se produjo después de que comenzara el desplome de las puntocom, momento en el que el NASDAQ había caído casi un 40 por ciento, pero que seguiría cayendo hasta quedar en la mitad. El NASDAQ tardó doce años en volver a su máximo previo a la crisis de las puntocom. En el momento en que se imprimió este libro, el

165. Stoll, Clifford, «Why the Web Won't Be Nirvana», *Newsweek*, 26 de febrero de 1995, <https://www.newsweek.com/clifford-stoll-why-web-wont-be-nirvana-185306>.

166. Chapman, James, «Internet "May Just Be a Passing Fad as Millions Give Up on It"», *Daily Mail*, 5 de diciembre de 2000.

NASDAQ se situaba más de tres veces por encima de ese máximo.

El futuro es difícil de predecir, incluso para los pioneros. Ahora estamos en el umbral del metaverso, pero consideremos, por última vez, las dos últimas eras de la informática y las redes. Incluso los más entusiastas de internet se esforzaron por imaginar un futuro en el que podría haber miles de millones de páginas web en millones de servidores web, 300.000 millones de correos electrónicos al día, con miles de millones de usuarios diarios, y una sola red, Facebook, que cuenta con más de tres mil millones de usuarios mensuales y dos mil millones diarios. Cuando anunció el primer iPhone en enero de 2007, Steve Jobs lo describió como un producto revolucionario. Tenía razón, por supuesto. Pero este primer iPhone carecía de una App Store y no tenían pensado permitir que los desarrolladores de terceros fabricasen aplicaciones. ¿Por qué? Jobs dijo a los desarrolladores que «el motor completo de Safari está dentro del iPhone y, por tanto, se pueden escribir increíbles aplicaciones web 2.0 y Ajax que sean iguales y se comporten exactamente igual que las aplicaciones del iPhone».[167]

Pero en octubre de 2007, diez meses después de la presentación del iPhone y cuatro meses después de su puesta a la venta, Jobs cambió de opinión. Se anunció un kit de desarrollo de software para marzo de 2008, y la App Store se lanzó en julio de ese mismo año. Al cabo de un mes, el millón de propietarios de iPhone había descargado una cantidad de aplicaciones que equivalía al 30 por ciento del número de canciones que habían descargado los más de cuarenta millones de usuarios de iTunes. Jobs declaró entonces a The Wall Street Journal: «No me fiaría de ninguna de nuestras predicciones, porque la realidad las ha superado con creces y nos hemos visto reducidos a espectadores como vosotros, observando este increíble fenómeno».[168]

---

167. 9to5 Staff, «Jobs' Original Vision for the iPhone: No Third-Party Native Apps», *9to5Mac*, 21 de octubre de 2011, <https://9to5mac.com/2011/10/21/jobs-original-vision-for-the-iphone-no-third-party-native-apps/>.

168. Wingfield, Nick, «"The Mobile Industry's Never Seen Anything Like

La trayectoria del metaverso será, en líneas generales, similar. Cada vez que se produce un avance tecnológico, los consumidores, los desarrolladores y los empresarios responden. Al final, algo que parece trivial —un teléfono móvil, una pantalla táctil, un videojuego— se convierte en algo esencial y acaba cambiando el mundo de formas tanto previstas como nunca consideradas.

This": An Interview with Steve Jobs at the App Store's Launch», *The Wall Street Journal*, originalmente grabada el 7 de agosto de 2008 y publicada completamente el 25 de julio de 2018, <https://www.wsj.com/articles/the-mobile-indus trys-never-seen-anything-like-this-an-interview-with-steve-jobs-at-the-app -stores-launch-1532527201>.

Agradecimientos

Este libro existe gracias a los muchos familiares, defensores, profesores, amigos, empresarios, soñadores, escritores y creadores que me han inspirado y enseñado durante las últimas cuatro décadas. Ésta es una pequeña selección de estas personas: Jo-Anne Boluk, Ted Ball, Poppo, Brenda y Al Harrow, Anshul Ruparell, Michael Zawalsky, Will Meneray, Abhinav Saksena, Jason Hirschhorn, Chris Meledandri, Tal Shachar, Jack Davis, Julie Young, Gady Epstein, Jacob Navok, Chris Cataldi, Jayson Chi, Sophia Feng, Anna Sweet, Imran Sarwar, Jonathan Glick, Peter Rojas, Peter Kafka, Matthew Henick, Sharon Tal Yguado, Kuni Takahashi, Tony Driscoll, Mark Noseworthy, Amanda Moon, Thomas LeBien, Daniel Gerstle, Pilar Queen, Charlotte Perman, Paul Rehrig y Gregory McDonald.